普通高等院校材料工程类规划教材

预拌砂浆应用技术

主　编　钱慧丽
副主编　赵北龙　梁会忠

中国建材工业出版社

图书在版编目（CIP）数据

预拌砂浆应用技术 / 钱慧丽主编. —北京：中国建材工业出版社，2015.4

普通高等院校材料工程类规划教材

ISBN 978-7-5160-1017-4

Ⅰ.①预… Ⅱ.①钱… Ⅲ.①混合砂浆-高等学校-教材 Ⅳ.①TQ177.6

中国版本图书馆 CIP 数据核字（2014）第 261275 号

内 容 简 介

本书以最新颁布的行业标准《预拌砂浆应用技术规程》为基准，统一概念和术语，结合相关企业的实际情况，以预拌砂浆的生产、施工为主线，融合了预拌砂浆的组成材料、生产工艺、生产设备、配合比设计、应用技术、施工工艺和性能的检测方法，是一本较全面、系统地介绍预拌砂浆的专业化教材。

本书适合作为高职高专或应用型本科院校材料类专业教材，也可供从事预拌砂浆生产的企业管理者、技术人员参考使用。

预拌砂浆应用技术

主　编　钱慧丽

副主编　赵北龙　梁会忠

出版发行：中国建材工业出版社

地　　址：北京市海淀区三里河路 1 号

邮　　编：100044

经　　销：全国各地新华书店

印　　刷：北京鑫正大印刷有限公司

开　　本：787mm×1092mm　1/16

印　　张：12.25

字　　数：306 千字

版　　次：2015 年 4 月第 1 版

印　　次：2015 年 4 月第 1 次

定　　价：39.80 元

本社网址：www.jccbs.com.cn　　微信公众号：zgjcgycbs

本书如出现印装质量问题，由我社网络直销部负责调换。联系电话：（010）88386906

前　言

本书以最新颁布的行业标准《预拌砂浆应用技术规程》为基准，统一概念和术语，结合相关企业的实际情况，以预拌砂浆的生产、施工为主线，融合了预拌砂浆的组成材料、生产工艺、生产设备、配合比设计、应用技术、施工工艺和性能的检测方法，是一本较全面、系统地介绍预拌砂浆的专业化教材。

内容分为9章：绪论、预拌砂浆的组成、预拌砂浆矿物掺合料、预拌砂浆化学外加剂、湿拌砂浆生产工艺、干混砂浆生产工艺与设备、砌筑砂浆、抹面砂浆和建筑装饰工程砂浆以及建筑砂浆基本性能试验方法标准。

本书适合作为高职高专或应用型本科院校材料类专业教材，也可供从事预拌砂浆生产的企业管理者、技术人员参考使用。

本书由钱慧丽担任主编，赵北龙、梁会忠担任副主编。其中钱慧丽编写第1章、第5章、第6章及建筑砂浆基本性能试验方法标准，并负责统稿；赵北龙编写第3章、第4章；梁会忠编写第7章、第8章；韩飞编写第9章；李小娟编写第2章。

由于作者学识水平有限，难免有错误和疏漏之处，恳请批评指正。

编　者

2015年3月

前言

目　录

1 绪　　论

砂浆是细集料混凝土，由一定比例的胶凝材料、细集料和水组成。有的砂浆还掺有其他组分。按所用胶凝材料和胶结材料，砂浆可分为水泥砂浆、石灰砂浆、水泥石灰混合砂浆、石膏砂浆、沥青砂浆、聚合物砂浆等。

按用途砂浆可分为普通砂浆和特种砂浆，前者包括普通砌筑砂浆、普通抹面砂浆等，后者包括专用砌筑砂浆、专用抹面砂浆、粘结砂浆、防水砂浆、勾缝砂浆、修补砂浆、保温砂浆、装饰砂浆等。

预拌砂浆在建筑施工中的应用起源于19世纪末的欧洲，并于二战后的三十年间在欧洲得到迅速发展。目前，德国、法国、意大利、奥地利、美国以及新加坡、韩国、中国香港等工业发达国家和地区，建筑施工中预拌砂浆的应用已非常普及，并形成了从生产、运输、施工到检验等环节的一系列相关标准和规范，各种不同用途的预拌砂浆品种已有200多种，满足现代建筑对保温、隔热、防水、色彩等不同建筑功能的需要。

进入21世纪以来，随着我国建筑业的快速发展，社会文明进步，人们对建筑质量、建筑功能、外观色彩以及对环保、劳动保护等方面要求的不断提高，有力地促进了我国预拌砂浆生产及相关产业的发展。与此同时，随着我国新型墙体材料的推广和应用，也对建筑砂浆产品的质量和性能提出了更高的要求。

与传统的建筑砂浆相比，预拌砂浆作为一种新型建材，具有质量稳定、品种众多、色彩丰富、使用方便、节材省工、绿色环保等诸多优点。用预拌砂浆来替代现场搅拌砂浆，不是简单意义的同质产品替代，而是增加了技术含量和产品性能的更高层次的产品替代，是用一种新型、先进的建筑材料来替代传统、落后的建筑材料。推广使用预拌砂浆对提高建筑质量、发展绿色建材、加强建筑节能、缩短建筑周期具有重要意义。

1.1　砂浆的发展

砂浆的历史发展经历了石灰砂浆、罗马砂浆、近代砂浆、商品砂浆、现代建筑功能砂浆和预拌砂浆六个阶段。

1.1.1　石灰砂浆

科学考察证明，石灰砂浆的应用已有7000～14000年的历史。在东土耳其卡耶尼的考古挖掘中，发现了用石灰砂浆粘结的水磨石地面。对该出土文物的年代评估是公元前12000～公元前5000年之间，也就是说，距今已有14000年。在文献中，通常认为已知的最古老的石灰砂浆（含有石膏砂浆成分）的历史为公元前12000年。

在中国，大约公元前5000～公元前3000年的仰韶文化时期，就有人用“白灰面”涂抹山洞、地穴的地面和四壁，使其变得光滑和坚硬。“白灰面”因呈白色粉末状而得名，它由天然姜石磨细而成。姜石是一种含二氧化硅较高的石灰石块，常夹在黄土中，是黄土中的钙质结核。“白灰面”是至今被发现的中国最早的建筑胶凝材料。

古欧洲的大建筑家格里星（Griechen）在他的许多重要建筑中都使用石灰砂浆，例如建于公元前450年的雅典城墙和建于公元前400年的普尼克斯（Pnyx）城墙。老佩尔加蒙（Pergamon）在1911年对一种有1800年龄期的砂浆进行研究，分析结果表明，所用石灰是由海洋贝壳烧制的，为了石灰浆化，在砂浆中加入砂和砾石，还加了一些贝壳。至今还可以看到的闻名于世的中国长城，其粘土砖砌筑材料用的就是石灰砂浆。

1.1.2 罗马砂浆

公元前146年，罗马帝国吞并希腊，这一事件催生了建筑史上一种非常有名的材料——罗马砂浆。古罗马人在继承希腊人生产和使用石灰的基础上，对石灰的使用工艺进行了改进。这种工艺不仅要在石灰中掺入砂子，而且还要掺入磨细的火山灰（在没有火山灰的地区，则掺入与火山灰具有同样效果的磨细碎砖）。这种“石灰—火山灰—砂子”三组分砂浆就是建筑史上大名鼎鼎的“罗马砂浆”。罗马砂浆在强度和耐水性方面都较“石灰—砂子”的二组分砂浆有很大改善，用它砌筑的普通建筑和水中建筑都较耐久，有些甚至保留到现在。

罗马砂浆的制作工艺在当时得到了广泛的传播。古代法国和英国都曾普遍采用这种三组分砂浆砌筑各种建筑。在欧洲建筑史上，“罗马砂浆”的应用延续了很长时间。

公元5世纪，在中国南北朝时代出现了一种名叫“三合土”的建筑材料，它由石灰、粘土和细砂所组成。“三合土”是以石灰与黄土或其他火山灰质材料作为胶凝材料，以细砂、碎石或炉渣作为填料的混凝土。“三合土”与“罗马砂浆”有许多类似之处。

在公元9～11世纪的欧洲，“罗马砂浆”技术几乎失传。由于石灰煅烧效果较差，再加上碎石也并未磨细，这一时期的砂浆质量很差。公元12～14世纪，石灰煅烧质量逐渐好转，碎砖和火山灰也已磨细，“罗马砂浆”质量恢复到原来的水平。

18世纪中叶，英国航海业蓬勃发展，然而，由于找不到合适的胶凝材料砌筑灯塔，英国的航海业同时也面临着严峻的安全问题。英国国会不惜重金聘请专家建造坚固耐用的灯塔。被尊称为英国土木之父的工程师史密顿（J. Smeaton）承担起了这项任务。

1756年，史密顿在建造灯塔的过程中，研究了“石灰—火山灰—砂子”三组分砂浆中不同石灰石对砂浆性能的影响。他发现，使用含有粘土的石灰石制成的砂浆加水后能慢慢硬化，在海水中的强度较“罗马砂浆”高出很多。史密顿的这一发现是水泥发明过程中知识积累的一大飞跃，不仅对英国航海业做出了贡献，也对“波特兰水泥”的发明起到了重要作用。1759年，史密顿使用这种新发现的砂浆一举建造成功了举世闻名的普利茅斯港的漩岩（Eddystone）大灯塔。

1.1.3 近代砂浆

1883年，德国出版的《建筑百科词典》对近1000年的砂浆发展作了说明。其中提到：砂浆是建筑墙体胶粘剂，因而又称墙体胶泥，也可以用于墙体抹灰，使墙体外表产生拉毛或平坦的艺术效果。大约从公元900年开始，砂浆的制备和在建筑上的应用不再局限于罗马人居住的地带。大约从公元1000～1130年，砂浆开始变成一种商品，不过直到公元1250年，砂浆的制备方法仍十分粗糙。从那以后，制备方法逐渐改进，到公元1450年前后，砂浆的质量得到很大提高。到公元1600年，随着科学进步，已经有可能对砂浆进行化学分析，过去，仅仅将砂浆的胶结性看成是一种力学性能，现在才知道砂浆的胶结强度来源于渐渐发生的化学变化。

欧洲近代砂浆的种类按下列方法划分：

（1）按材料划分

① 石灰砂浆；② 粗砾石砂浆；③ 石膏砂浆；④ 火山灰砂浆；⑤ 水泥砂浆；⑥ 硬石灰砂浆；⑦ 耐火土砂浆。

（2）按用途划分

① 气硬性砂浆；② 水硬性砂浆；③ 打井胶粘剂。

（3）按性能划分

① 富石灰砂浆；② 稀薄砂浆；③ 低级砂浆；④ 贫瘠砂浆；⑤ 缓慢硬化砂浆；⑥ 快速硬化砂浆。

1.1.4 商品砂浆

在20世纪50年代，世界各地使用的全部是现场混合砂浆，即将无机粘结剂（水泥等）和集料（石英砂）分别运输到工地，然后按照适当比例手工混合在一起，加水搅拌形成湿砂浆使用。

20世纪50～60年代，在西欧和美国，尤其是联邦德国，建筑行业对新型建筑材料和技术的需求迅速增长。当时因熟练工人的缺少，伴随着劳动力成本的上升，市场要求缩短工期，降低成本和提高质量，现场拌制砂浆技术在过去和现在都无法完全满足上述要求。因此，西方国家建筑行业对从技术上开发和提高适用于特殊用途的建筑材料，主要受到两种趋势的影响，现在这些趋势已遍及世界各地。

首先，预混合预包装干混砂浆代替现场拌制砂浆后，已越来越多地使用机械化施工。这种现代化施工体系可大大提高生产效率以及工程质量，目前称此类砂浆为商品砂浆。虽然现代商品砂浆的生产工艺发生了重大变革，但其材料组成和砂浆使用功能方面仍然沿革了传统砂浆。

商品砂浆，除湿法砂浆、干混散装砂浆外，还有干混包装砂浆。湿法砂浆生产在原有的预拌混凝土搅拌站设备基础上略加改造就可生产，运输设备为混凝土搅拌车，工地用特定的容器储存，无需二次加水搅拌，即到即用，价格与现场拌制砂浆相当。干混砂浆若为散装形式供应，用散装物料运输车，工地上配备带计量的贮存库，使用时需拆去包装袋，将其投入专用设备加水搅拌喷涂。

1.1.5 现代建筑功能砂浆

现代建筑功能砂浆是砂浆发展史的又一新的里程碑，它是在传统砂浆产品的基础上发展起来的。功能砂浆与传统砂浆的差别在于，功能砂浆除了传统砂浆砌筑抹面功能外，还具有保温隔热、防水抗裂、吸波、吸声和耐腐蚀等特殊功能，其关键技术在于建筑功能砂浆外加剂。

在传统的建筑砂浆的基础上，通过配入功能外加剂可赋予砂浆特种功能，配制出各种用途的建筑功能砂浆。建筑功能砂浆的种类有，建筑装饰工程用功能砂浆、建筑节能体系功能砂浆、建筑地坪功能砂浆、加气混凝土配套功能砂浆、建筑修复工程用功能砂浆和建筑特种功能砂浆。

1.1.6 预拌砂浆

按配制场合砂浆可分为现场配制砂浆和预拌砂浆。现场配制砂浆一般是在施工现场将原材料进行称量、混合或搅拌。预拌砂浆是由专业生产厂生产的砂浆拌合物。预拌砂浆是以产品形式进行交易的，按物理形态商品砂浆分为湿拌砂浆和干混砂浆（图 1-1～图 1-3）。

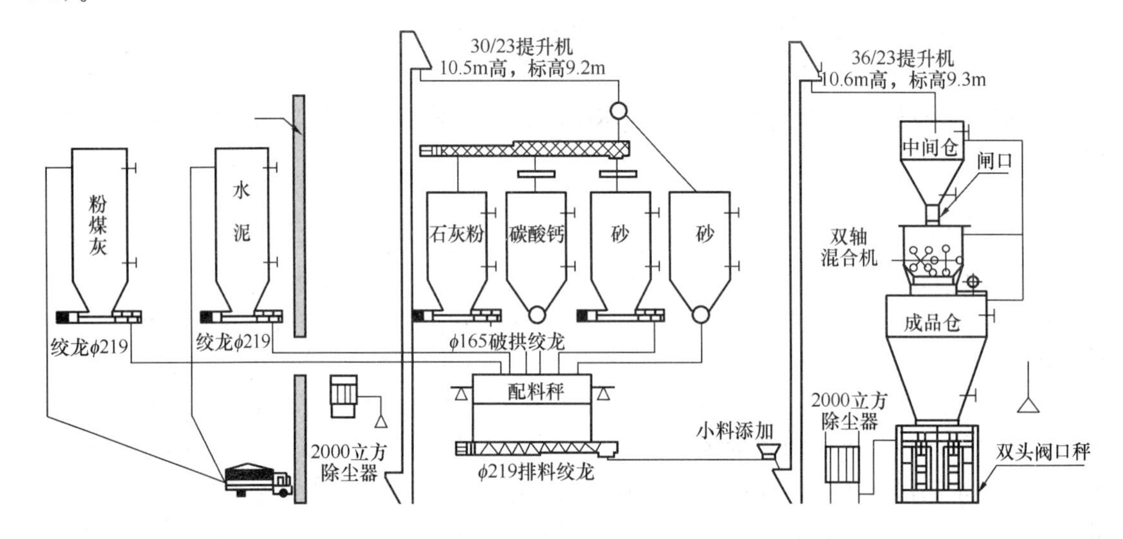

图 1-1 8～10t/h 干混砂浆生产线流程图

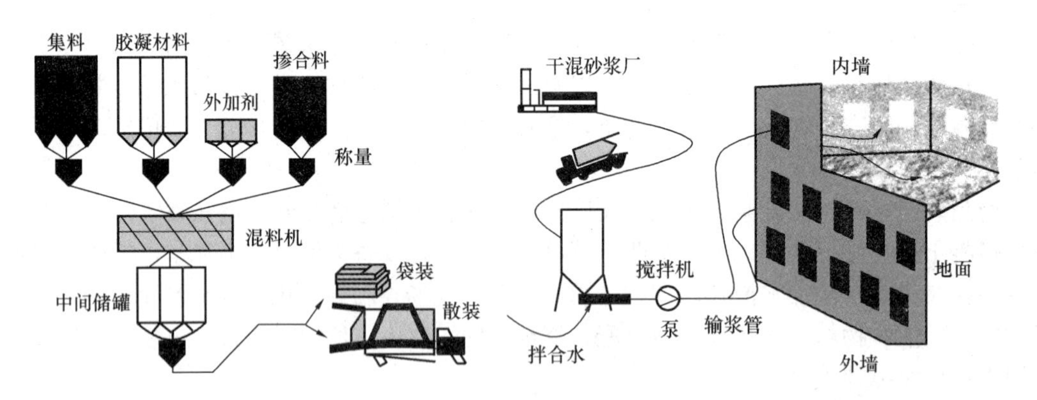

图 1-2 袋装干混砂浆生产工艺示意图

图 1-3 散装干混砂浆运输和施工示意图

湿拌砂浆指由胶凝材料、细集料、保水增稠材料、矿物掺合料、添加剂和水等组分按一定比例，在专业搅拌站（厂）经计量、拌制后，用搅拌运输车运至使用地点，放入密封容器储存，并在规定时间内使用完毕的砂浆拌合物。湿拌砂浆包括湿拌砌筑砂浆、湿拌抹灰砂浆、湿拌地面砂浆和湿拌防水砂浆四种，因特种用途的砂浆黏度较大，无法采用湿拌的形式生产，因而湿拌砂浆中仅包括普通砂浆。

干混砂浆又称干粉砂浆，由专业生产厂生产的一种干状混合物，它既可由专用罐车运输至工地加水拌合使用，也可采用包装形式运到工地拆包加水拌合使用。干混砂浆又分为干混普通砂浆和干混特种砂浆。干混普通砂浆主要用于砌筑、抹灰、地面、防水及抗裂工程，而特种干混砂浆是指具有特种性能要求的砂浆。相应产品标准的10种特种干混砂浆是：瓷砖粘结砂浆、耐磨地坪砂浆、界面处理砂浆、特种防水砂浆、自流平砂浆、灌浆砂浆、外保温粘结砂浆、抹面砂浆、聚苯颗粒保温砂浆和无机集料保温砂浆。

1.2 预拌砂浆的定义、特点、组成及种类

1.2.1 预拌砂浆的定义

传统砂浆是以手工操作，现场搅拌为主，这种砂浆的品种少、质量波动大、材料浪费大，施工现场的扬尘现象造成环境污染也很严重。在工程上经常出现开裂、渗漏、脱落等质量通病。预拌砂浆是由专业生产厂生产的砂浆拌合物或砂浆混合物。预拌砂浆根据生产和供应形式，可以分为预拌湿砂浆和预拌干砂浆。

（1）预拌湿砂浆

水泥、细集料、保水增稠材料、外加剂和水以及根据需要掺入的矿物掺合料等组分，按一定比例，在搅拌站经计量、拌制后，采用搅拌运输车运至使用地点，放入专用容器储存，并在规定时间内使用完毕的砂浆拌合物。

（2）预拌干砂浆

经干燥筛分处理的细集料与水泥、保水增稠材料以及根据需要掺入的外加剂、矿物掺合料等组分，按一定比例在专业生产厂混合而成的固态混合物，在使用地点按规定比例加水或配套液体拌合使用。

1.2.2 预拌砂浆的主要特点

由以上定义可以看出，预拌砂浆的主要特点为：

① 预拌砂浆以商品化形式供应。和传统现场搅拌砂浆相比，使用预拌砂浆对用户更经济。无原材料存储费用，无浪费，无人工搅拌费用，降低劳动强度。

② 预拌砂浆在工厂自动化生产，其质量稳定，并可按照不同的要求设计配合比，灵活性高。

③ 预拌砂浆属无机材料，无毒无味，利于健康居住，是真正的生态材料。

④ 建筑工地无灰尘，益于环境，促进文明施工。

⑤ 适合于机械化施工。如散装仓储、气力输送、机器喷涂等，从而提高施工质量，提高工作效率。

1.2.3 预拌砂浆的基本组成

预拌砂浆的组成材料主要有：胶凝材料、矿物外加剂、功能外加剂、集料和水。

预拌砂浆胶凝材料一般为无机胶凝材料，包括水泥、石膏等胶凝材料。

预拌砂浆矿物掺合料主要有粉煤灰、矿渣微粉和粘土质矿物。

砂浆功能外加剂种类很多，主要包括：改善拌合物流变性能的超塑化剂；保水增稠作用

的纤维素醚类和淀粉类化学外加剂；调节拌合物凝结时间与硬化速率的缓凝剂和促凝剂；调节浆体含气量的消泡剂和引气剂；改善砂浆粘结强度和韧性的聚合物；赋予砂浆特种功能的外加剂。

砂浆集料按来源分为天然砂和人工砂。天然砂是指粒径小于 5mm，在湖、海、河等天然水域中形成和堆积的岩石碎屑，也可以是岩体风化后在山间适当地形中堆积下来的岩石碎屑。人工砂是经除土处理的机制砂、混合砂。集料的最大粒级也取决于砂浆的种类，当砂浆的涂层较薄时，需要采用较小粒径的集料。

将蛭石和珍珠岩经快速加热可膨胀成一种低容重、多孔状材料，称膨胀珍珠岩和膨胀蛭石。由于其容重小、热导率低、耐火和隔声性能好，且具无毒、价低等特点，故可用作保温砂浆的集料。预拌砂浆基本组成如表 1-1 所示。

表 1-1　预拌砂浆基本组成

胶结材料	集　料	添加剂
水　泥 消石灰粉 细磨石灰粉 石　膏 粉煤灰 可再分散乳胶粉	砂/粗砂 填料/颜料 轻集料 工业尾矿 风积砂	引气剂　消泡剂 促凝剂　塑化剂 缓凝剂　粘结剂 防水剂　聚合物 增稠剂　保水剂

与传统砂浆产品相比，预拌砂浆优异的性能来源于胶凝材料的优化选择、基料的最佳搭配和最关键的各种添加剂的加入。这些材料要达到一个最佳灰砂比、最佳聚灰比、最紧密堆积以及各种添加剂的最佳组合，才能赋予预拌砂浆产品优异的性能。每一种添加剂在改善砂浆性能的同时也会带来一些不足，因此添加剂对预拌砂浆性能的改善是一种取长补短的协同效果。添加剂会因为型号、供应厂家的变化，导致预拌砂浆产品性能的变化。因此，最佳性能价格比的预拌砂浆产品，需要对众多原材料和添加剂进行正交试验，在产品的生产过程中随时对原材料特别是添加剂的变化进行试验，以达到产品质量的稳定和最佳性能价格比。一个性价比最佳的预拌砂浆产品配比的获得，试验量少则几十次，多则几百次。

1.2.4　预拌砂浆的分类

预拌砂浆分为预拌湿砂浆和预拌干砂浆。

（1）预拌湿砂浆分类

根据用途分为预拌砌筑砂浆、预拌抹灰砂浆、预拌地面砂浆和预拌防水砂浆。

预拌砌筑砂浆：用于砌筑工程的预拌砂浆。

预拌抹灰砂浆：用于抹灰工程的预拌砂浆。

预拌地面砂浆：用于建筑地面及屋面找平层的预拌砂浆。

预拌防水砂浆：用于抗渗防水部位的预拌砂浆。

预拌湿砂浆应在表 1-2 的范围内规定砂浆强度等级、稠度、凝结时间及预拌防水砂浆的抗渗等级。

表 1-2　预拌湿砂浆的分类

项　目	预拌砌筑砂浆	预拌抹灰砂浆	预拌地面砂浆	预拌防水砂浆
强度等级	M5、M7.5、M10、M15、M20、M25、M30	M5、M10、M15、M20	M15、M20、M25	M10、M15、M20
稠度（mm）	50、70、90	70、90、110	50	50、70、90
凝结时间（h）	≥8、≥12、≥24	≥8、≥12、≥24	≥4、≥8	≥8、≥12、≥24
抗渗等级	—	—	—	P6、P8、P10

（2）预拌干混砂浆分类

根据用途分为普通干混砂浆和特种干混砂浆。

普通干混砂浆根据用途分为干混砌筑砂浆、干混抹灰砂浆、干混地面砂浆、干混普通防水砂浆。

干混砌筑砂浆：用于砌筑工程的干混砂浆。

干混抹灰砂浆：用于抹灰工程的干混砂浆。

干混地面砂浆：用于建筑地面及屋面找平层的干混砂浆。

干混普通防水砂浆：用于抗渗防水部位的干混砂浆。

普通干混砂浆应在表 1-3 的范围内规定砂浆强度等级及干混防水砂浆的抗渗等级。

特种干混砂浆包括干混普通抗裂砂浆、干混界面砂浆、干混薄层砌筑砂浆、干混薄层抹灰砂浆。

表 1-3　干混砂浆分类

项目	干混砌筑砂浆		干混抹灰砂浆		干混地面砂浆	干混普通防水砂浆	干混普通抗裂砂浆
	普通砌筑砂浆	薄层砌筑砂浆	普通抹灰砂浆	薄层抹灰砂浆			
强度等级	M5、M7.5、M10、M15、M20、M25、M30	M5、M10	M5、M10、M15、M20	M5、M10	M20、M25	M15、M20	M5、M10、M15
抗渗等级	—	—	—	—	—	P6、P8、P10	—

1.3 预拌砂浆应用

十八大报告提出新名词之“美丽中国”：面对资源约束趋紧、环境污染严重、生态系统退化的严峻形势，必须树立尊重自然、顺应自然、保护自然的生态文明理念，把生态文明建设放在突出地位，融入经济建设、政治建设、文化建设、社会建设各方面和全过程，努力建设美丽中国，实现中华民族永续发展。施工企业应积极推广使用散装预拌砂浆，全面贯彻落实“禁现”政策。

1.3.1 预拌砂浆性能突出，优势明显

一是砂浆散装储存，简化现场管理；二是消灭施工扬尘，实现绿色施工；三是产品适应

性强，施工质量高；四是节省人工费用，提升综合效益。

1.3.2 政策宣贯要求与希望

① 责任感：“限制袋装，鼓励散装”是国家大力发展散装水泥工作的重要方针，推广预拌砂浆是发展散装水泥的重要途径。

② 使命感：施工企业肩负着加快推进预拌砂浆散装化应用的使命。一是抓紧研究、完善施工管理制度，从企业制度上使预拌砂浆散装化应用得以保证；二是加强相关政策、标准的培训，不断提升人员专业技能；三是企业要进行综合经济比较，不要认为使用预拌砂浆成本就一定高；四是做好自查自纠工作，确保按期实现预拌砂浆的散装化应用，不得违反规定进行现场搅拌砂浆、使用袋装预拌砂浆。

③ 紧迫感：2012 年 10 月 1 日起北京市禁现区域内的施工现场执行《使用散装预拌砂浆的规定》以来，联合相关部门对政策执行情况进行了检查并对大施工集团进行了培训。2014 年，上级机关对散装预拌砂浆使用量提出了具体数量要求，因此 2015 年必然会加大检查和处罚力度。天津市 2012 年 5 月发布《建筑节约能源条例》，规定在全市范围内的建设工程中必须使用散装预拌砂浆。

2 预拌砂浆的组成

预拌砂浆是由胶凝材料、细集料、水、矿物掺合料、保水增稠材料、化学外加剂和其他组分按一定比例配制而成的建筑砂浆。胶凝材料、细集料、矿物掺合料、保水增稠材料、化学外加剂等的种类和含量随应用场合而不同。

胶凝材料分无机胶凝材料和有机胶凝材料，无机胶凝材料包括水泥、石灰、石膏等，有机胶凝材料包括聚合物乳液、可再分散乳胶粉和水溶性聚乙烯醇等。保水增稠材料是指在砂浆中起保水增稠作用但未列入国标《混凝土外加剂》（GB 8076—2008）的外加剂中，如纤维素醚、稠化粉等。这里的化学外加剂指国标《混凝土外加剂》（GB 8076—2008）规定的九种混凝土外加剂，包括普通减水剂、高效减水剂、缓凝高效减水剂、早强减水剂、缓凝减水剂、引气减水剂、早强剂、缓凝剂和引气剂等。细集料包括砂和惰性粉末等，但后者也归于矿物外加剂中，属于矿物掺合料的还有矿渣粉、粉煤灰、硅灰等。其他组分主要指纤维和颜料等。在预拌砂浆中还有一些尚未包括在上述方面的原材料，如消泡剂、憎水剂、膨胀剂、阻锈剂、降低泛碱外加剂等，这里也归入化学外加剂中。

预拌砂浆与传统砂浆最大的不同是有机胶凝材料、保水增稠材料和化学外加剂的使用。许多用于混凝土的化学外加剂可以直接在干混砂浆产品中使用。那么，有机胶凝材料和保水增稠材料是区别于传统砂浆和混凝土的最主要的原材料。

有机胶凝材料、保水增稠材料和化学外加剂的总掺量大多控制在0.01%～5%（指占砂浆混合料的比例）的范围内。它们可以影响到砂浆在搅拌和施工过程中以及硬化后的各种性能，主要表现在以下几个方面：

① 砂浆经常需要与各种难以粘结的表面进行粘结，如光滑致密基层、多孔基层、木材和钢材等。

② 施工在柔软的基层上作为保护层，如薄抹灰外墙外保温系统的抹面砂浆，需要获得良好的柔性和抗冲击性能。

③ 砂浆的施工厚度薄，暴露在空气中的面积大，因此要求砂浆具有良好的保水性能以保证无机胶凝材料的水化硬化。

④ 新拌状态下可以满足一些特殊的施工性要求，如具有高流动性而又不离析的自流平砂浆、具有高抗滑移性的薄层瓷砖胶等。

⑤ 砂浆硬化后除了要满足力学性能和耐久性的要求，还要满足装饰性的要求，如彩色饰面砂浆。

⑥ 需要具备一定的憎水、防水性以保持砂浆原有的功能，如对基层的保护、保温隔热性和装饰性等。

2.1 预拌砂浆胶凝材料

建筑上凡是经过一系列物理、化学作用，能把松散物质粘结成整体的材料称为胶凝材料。胶凝材料根据其化学组成，一般可分为无机胶凝材料和有机胶凝材料两大类。无机胶凝材料按照硬化条件，又可分为气硬性胶凝材料和水硬性胶凝材料（表 2-1）。气硬性胶凝材料只能在空气中（干燥条件下）硬化，也只能在空气中保持或继续发展其强度，如石灰、石膏、菱苦土和水玻璃等。这类材料一般只适用于地上或干燥环境中，而不宜用于潮湿环境中，更不可用于水中。水硬性胶凝材料则不仅能在空气中，而且能更好地在水中硬化，保持和继续发展其强度，如各品种水泥，它们既适用于地上，也适用于地下或水中工程。有机胶凝材料按其性质和状态一般可以分为四种类别，即聚合物乳液（聚合物胶乳）、聚合物乳胶粉（可再分散聚合物乳胶粉）、水溶性聚合物和液体聚合物（表 2-2）。

表 2-1　无机胶凝材料的分类

气硬性胶凝材料	石灰、石膏、镁质胶凝材料、耐酸胶凝材料、水玻璃	
水硬性胶凝材料	按用途分	通用水泥：硅酸盐水泥、普通硅酸盐水泥、复合水泥 特性水泥：水工水泥、油井水泥、装饰水泥、耐高温水泥、防辐射水泥
	按组成分	硅酸盐水泥、铝酸盐水泥、硫铝酸盐水泥等
	按性质分	快硬高强水泥、膨胀和自应力水泥、抗硫酸盐水泥、低热水泥

表 2-2　有机胶凝材料的分类

聚合物乳液	弹性乳液	天然橡胶乳液和合成橡胶乳液，如丁苯橡胶、氯丁橡胶、丁腈橡胶、聚丁二烯橡胶、甲基丙烯酸甲酯-丁二烯乳液等
	热塑性乳液	聚丙烯酸酯、乙烯-醋酸乙烯酯、聚醋酸乙烯酯、聚氯乙烯-偏氯乙烯乳液等
	热固性乳液	环氧树脂乳液
	沥青乳液	沥青、橡胶改性沥青、石蜡等
	混合乳液	将几种乳液混合使用，如混合橡胶乳液、混合树脂乳液等
聚合物乳胶粉	聚乙烯醋酸乙烯酯、聚苯乙烯-丙烯酸酯、聚丙烯酸酯等	
水溶性聚合物（单体）	纤维素衍生物、聚乙烯醇等	
液体聚合物	环氧树脂、不饱和聚酯树脂等	

2.1.1　水泥

水泥，粉状水硬性无机胶凝材料。加水搅拌后成浆体，能在空气中硬化或者在水中更好的硬化，并能把砂、石等材料牢固地胶结在一起（表 2-3）。

表 2-3　我国常用水泥品种与组成　　单位%

品种	代号	组　分				
		熟料＋石膏	粒化高炉矿渣	火山灰质混合材料	粉煤灰	石灰石
硅酸盐水泥	P·Ⅰ	100	—	—	—	—
	P·Ⅱ	≥95	≤5	—	—	—
		≥95	—	—	—	≤5

续表

品种	代号	组　分				
		熟料＋石膏	粒化高炉矿渣	火山灰质混合材料	粉煤灰	石灰石
普通硅酸盐水泥	P·O	≥80且＜95	＞5且≤20[a]			
矿渣硅酸盐水泥	P·S·A	≥50且＜80	＞20且≤50[b]	—	—	—
	P·S·B	≥30且＜50	＞50且≤70[b]	—	—	—
火山灰质硅酸盐水泥	P·P	≥60且＜80	—	＞20且≤40[c]		
粉煤灰质硅酸盐水泥	P·F	≥60且＜80	—	—	＞20且≤40[d]	
复合硅酸盐水泥	P·C	≥50且＜80	＞20且≤50[e]			

a　本组分材料为符合《通用硅酸盐水泥》GB 175—2007/XG1—2009 第5.2.3的活性混合材料，其中允许用不超过水泥质量8%且符合本标准5.2.4的非活性混合材料或不超过水泥质量5%且符合本标准5.2.5的窑灰代替；

b　本组分材料为符合GB/T 203或GB/T 18046的活性混合材料，其中允许用不超过水泥质量8%且符合《通用硅酸盐水泥》第5.2.3条的活性混合材料或符合本标准第5.2.4条的非活性混合材料或符合本标准第5.2.5条的窑灰中的任一种材料代替；

c　本组分材料为符合GB/T 2847的活性混合材料；

d　本组分材料为符合GB/T 1596的活性混合材料；

e　本组分材料为由两种（含）以上符合《通用硅酸盐水泥》第5.2.3条的活性混合材料或/和符合本标准第5.2.4条的非活性混合材料组成，其中允许用不超过水泥质量8%且符合本标准第5.2.5条的窑灰代替。掺矿渣时混合材料掺量不得与矿渣硅酸盐水泥重复。

1. 水泥的分类

（1）水泥按用途及性能分

① 通用水泥：一般土木建筑工程通常采用的水泥。通用水泥主要是指《通用硅酸盐水泥》(GB 175—2007）规定的六大类水泥，即硅酸盐水泥、普通硅酸盐水泥、矿渣硅酸盐水泥、火山灰质硅酸盐水泥、粉煤灰硅酸盐水泥和复合硅酸盐水泥。

② 专用水泥：专门用途的水泥。如G级油井水泥，道路硅酸盐水泥。

③ 特性水泥：某种性能比较突出的水泥。如快硬硅酸盐水泥、低热矿渣硅酸盐水泥、膨胀硫铝酸盐水泥、磷铝酸盐水泥和磷酸盐水泥。

（2）水泥按其主要水硬性物质名称分

① 硅酸盐水泥，即国外通称的波特兰水泥。

② 铝酸盐水泥。

③ 硫铝酸盐水泥。

④ 铁铝酸盐水泥。

⑤ 氟铝酸盐水泥。

⑥ 磷酸盐水泥。

⑦ 以火山灰或潜在水硬性材料及其他活性材料为主要组分的水泥。

（3）水泥按主要技术特性分

① 快硬性（水硬性）：分为快硬和特快硬两类。

② 水化热：分为中热和低热两类。

③ 抗硫酸盐性：分中抗硫酸盐腐蚀和高抗硫酸盐腐蚀两类。

④ 膨胀性：分为膨胀和自应力两类。

⑤ 耐高温性：铝酸盐水泥的耐高温性以水泥中氧化铝含量分级。

2. 水泥基本组成

（1）熟料基本组成与特性

水泥的性能主要决定于熟料质量，优质熟料应该具有合适的矿物组成和良好的岩相结构。

熟料品质与矿物组成密切相关，但水泥厂常规的化学分析结果却是用各种元素的氧化物来表示，这是因为测定矿物组成需要专门的物相分析仪器和技术的缘故。在水泥工业中，通常是利用鲍格（R. H. Bogue）首先导出的一组公式，根据氧化物分析结果计算出水泥熟料的矿物组成。在水泥行业通常习惯按表 2-4 简写形式来表示各种氧化物和熟料矿物。

表 2-4　水泥熟料化学成分与矿物成分的简写形式

氧化物	简写	矿物分子式	矿物名称	简写
CaO	C	$3CaO \cdot SiO_2$	硅酸三钙	C_3S
SiO_2	S	$2CaO \cdot SiO_2$	硅酸二钙	C_2S
Al_2O_3	A	$3CaO \cdot Al_2O_3$	铝酸三钙	C_3A
Fe_2O_3	F	$4CaO \cdot Al_2O_3 \cdot Fe_2O_3$	铁铝酸四钙	C_4AF
MgO	M	$CaSO_4 \cdot 2H_2O$	二水石膏	CSH_2
SO_3	S	$CaSO_4$	无水石膏	CS
H_2O	H			

硅酸盐水泥熟料主要矿物特性如下：

① 硅酸三钙：硅酸三钙是熟料主要矿物，其含量通常为 50%左右。C_3S 水化较快，粒径为 40～50μm 的 C_3S 颗粒水化 28d，其水化程度可达 70%左右，所以 C_3S 强度发展比较快，早期强度高，且强度增进率较大，28d 强度可达一年强度的 70%～80%。就 28d 或一年的强度来说，在四种矿物中最高。C_3S 水化凝结时间正常，水化热较高。

② 硅酸二钙：硅酸二钙在熟料中以 β 型存在，其含量一般为 20%左右，是硅酸盐水泥熟料的主要矿物之一。β-C_2S 水化较慢。28d 龄期仅水化 20%左右，凝结硬化缓慢，早期强度较低，但 28d 以后强度仍能较快增长，在一年后可以超过 C_3S，β-C_2S 水化热较小。

③ 铝酸三钙：熟料中 C_3A 含量在 7%～15%之间。C_3A 水化迅速，放热量大，凝结时间很快，如不加石膏作缓凝剂，易使水泥速凝。C_3A 硬化也很快，3d 就大部分发挥出来，故早期强度较高，但绝对值不高，以后几乎不再增长，甚至倒缩。C_3A 含量高的水泥浆体干缩变形大，抗硫酸盐性能差。

④ 铁铝酸四钙：实际上是熟料中铁相连续固溶体的代称，含量为 10%～18%。C_4AF 的水化速度在早期介于 C_3A 与 C_3S 之间，但随后的发展不如 C_3S。它的强度类似铝酸三钙，但后期还能不断增长，类似于 C_2S。C_4AF 的抗冲击性能和抗硫酸盐性能较好，水化热较 C_3A 低。

上述矿物的特性归纳于表 2-5。

表 2-5 熟料矿物的基本特性

矿物	强度		水化热	耐化学侵蚀性	干缩
	早期	后期			
C_3S	高	高	中	中	中
C_2S	低	高	小	良	小
C_3A	高	低	大	差	大
C_4AF	低	低	小	优	小

（2）水泥混合材

水泥混合材通常分为活性混合材和非活性混合材两大类。

① 活性混合材：混合材磨细后与石灰和石膏拌合，加水后既能在水中又能在空气中硬化的称为活性混合材。水泥中常用的活性混合材有粒化高炉矿渣、火山灰质混合材、粉煤灰。

② 非活性混合材：磨细的石英砂、石灰石、慢冷矿渣等属于非活性混合材料。它们与水泥成分不起化学作用或化学作用很小。非活性混合材掺入水泥中，仅起提高水泥产量，降低水泥等级，减少水化热等作用。

（3）石膏

一般水泥熟料磨成细粉与水拌合会产生速凝现象，掺入适量石膏不仅可调节凝结时间，同时还能提高早期强度，降低干缩变形，改善耐久性、抗渗性等一系列性能。对于掺混合材的水泥，石膏还对混合材起活性激发剂作用。

用于水泥中的石膏一般是二水石膏或无水石膏，所使用的石膏品质有明确的规定，天然石膏必须符合国家标准《天然石膏》（GB/T 5483）的规定，采用工业副产石膏时，必须经过试验证明对水泥性能无害。

水泥中石膏最佳掺量与熟料的 C_3A 含量有关，并且与混合材的种类有关。一般来说，熟料中 C_3A 多，石膏需多掺；掺混合材的水泥应比硅酸盐水泥多掺石膏。石膏的掺量以水泥中 SO_3 含量作为控制指标，国标对不同种类的水泥有具体的 SO_3 限量指标。石膏掺量过少，不能合适地调节水泥正常的凝结时间，但掺量过多，则可能导致水泥体积安定性不良。

3. 水泥品质要求

国家标准对水泥的品质要求一般有如下项目。

（1）凝结时间

《水泥标准稠度用水量、凝结时间、安全性检验方法》（GB/T 1346）规定，凝结时间用维卡仪进行测定。在研究水泥凝结过程时，还可以用测电导率或水化放热速率等方法。

凝结时间分初凝和终凝。初凝为水泥加水拌合至标准稠度净浆开始失去可塑性所经历的时间；终凝则为浆体完全失去可塑性并开始产生强度所经历的时间。国家标准规定：硅酸盐水泥、普通硅酸盐水泥、矿渣水泥、火山灰水泥、粉煤灰水泥、复合水泥初凝时间不得早于45min，砌筑水泥初凝时间不得早于60min；终凝时间硅酸盐水泥不得迟于390min，砌筑水泥不得迟于12h，其他品种都不得迟于10h。

一般要求砂浆、混凝土搅拌、运输、施工应在初凝之前完成，因此水泥初凝时间不宜过短；当施工完毕则要求尽快硬化并具有强度，故终凝时间不宜太长。

水泥的凝结时间与水泥品种有关，一般来说，掺混合材的水泥凝结时间较缓慢；凝结时间随水胶比增加而延长，因此砂浆、混凝土的实际凝结时间往往比用标准稠度净浆所测得的时间要长得多；此外环境温度升高，水化反应加速，凝结时间缩短。所以在炎热季节或高温条件下施工时，须注意凝结时间的变化。

（2）强度

水泥强度是评价水泥质量的重要指标。水泥强度测定必须严格遵守国家标准规定的方法。测定水泥强度一方面可以确定水泥的强度等级以评定和对比水泥的质量，另一方面可作为设计混凝土和砂浆配合比的强度依据。

除砌筑水泥外，强度检验是根据《水泥胶砂强度检验方法（ISO 法）》（GB/T 17671—1999）规定，将按质量计的一份水泥、三份中国 ISO 标准砂，用 0.5 的水灰比拌制的一组塑性胶砂，按规定的方法制成尺寸为 40mm×40mm×160mm 的棱柱体试体，试体成型后连模一起在（20±1)℃湿气中养护 24h，然后脱模在（20±1)℃水中养护。砌筑水泥强度检验按《水泥胶砂强度检验方法（ISO 法）》（GB/T 17671—1999）规定进行。但作如下补充规定：胶砂制备按 GB/T 17671—1999 的第 6 章进行，但水泥胶砂用水量按胶砂流动度达到 180～190mm 来确定，胶砂操作方法按 GB/T 2419 进行。但水泥强度较低，试体成型 24h 尚不易脱模时，可适当延长，但总湿气养护时间不得超过 48h，并作记录。

各类型水泥一般测定其 3d 和 28d 强度，各龄期强度不得低于表 2-6 中的数值。

表 2-6　通用硅酸盐水泥各龄期强度值　　单位 MPa

品种	强度等级	抗压强度		抗折强度	
		3d	28d	3d	28d
硅酸盐水泥	42.5	≥17.0	≥42.5	≥3.5	≥6.5
	42.5R	≥22.0		≥4.0	
	52.5	≥23.0	≥52.5	≥4.0	≥7.0
	52.5R	≥27.0		≥5.0	
	62.5	≥28.0	≥62.5	≥5.0	≥8.0
	62.5R	≥32.0		≥5.5	
普通硅酸盐水泥	42.5	≥17.0	≥42.5	≥3.5	≥6.5
	42.5R	≥22.0		≥4.0	
	52.5	≥23.0	≥52.5	≥4.0	≥7.0
	52.5R	≥27.0		≥5.0	
类别	名称	代号	CaO+MgO	MgO	SO_3
钙质消石灰	钙质消石灰 90	HCL90	≥90	<5	<2
矿渣硅酸盐水泥 火山灰硅酸盐水泥 粉煤灰硅酸盐水泥 复合硅酸盐水泥	32.5	>10.0	≥32.5	≥2.5	≥5.5
	32.5R	>15.0		≥3.5	
	42.5	>15.0	≥42.5	≥3.5	≥6.5
	42.5R	>19.0		≥4.0	
	52.5	>21.0	≥52.5	≥4.0	≥7.0
	52.5R	>23.0		≥4.5	

（3）体积安定性

体积安定性不良是指已硬化水泥石产生不均匀的体积变化现象。它会使构件产生膨胀裂缝，降低建筑物质量。

（4）细度

水泥的细度对水泥安定性、需水量、凝结时间及强度有较大的影响。水泥颗粒粒径越细，与水起反应的表面积越大，水化越快，其早期强度和后期强度越高，但粉磨能耗越大，因此应控制水泥在合理的细度范围。

国标规定：硅酸盐水泥和普通硅酸盐水泥以比表面积表示，不小于 $300m^2/kg$；矿渣硅酸盐水泥、火山灰质硅酸盐水泥、粉煤灰硅酸盐水泥和复合硅酸盐水泥以筛余表示，$80\mu m$ 方孔筛筛余不大于10%或 $45\mu m$ 方孔筛筛余不大于30%。

（5）保水性

由于砌筑水泥主要用于建筑砂浆，根据砂浆的特性，国家标准GB/T 3183—2003对砌筑水泥又提出了保水性指标。砂浆的保水率是指吸水处理后砂浆中保留的水的质量，并用原始水量的质量分数表示。具体试验步骤如下：

将空的干燥的试模和8张未使用的滤纸称量（分别精确至0.1g）。称取(450±2)g水泥和(1350±5)g ISO标准砂，量取(225±1)mL水，按GB/T 17671—1999制备砂浆，并按GB/T 2419测定砂浆的流动度，调整水量以水泥胶砂流动度在180～190mm范围内的用水量为准。当砂浆的流动度在180～190mm范围内时，将搅拌锅中剩余的砂浆在低速下重新搅拌15s，然后用刮刀将砂浆装满试模并抹平表面。将装满砂浆的试模称量精确至0.1g。用滤网盖住砂浆表面，并在滤网顶部放上8张已称量的滤纸，滤纸上放上刚性底板，将试模翻转180°。倒放在一个平面上并在倒转的试模上放上质量为2kg的铁砣。5min±5s后拿铁砣再倒放回去，去掉刚性底板、滤纸和滤网，并称量滤纸精确到0.1g。上述试验重复进行两次。

按下式计算吸水前砂浆中的水量

$$Z = Y(W - U)/(1350 + 450 + Y)$$

式中 U——空模的质量，g；

W——装满砂浆的试模质量，g；

Y——制备流动度值为180～190mm的砂浆的用水量，g。

按下式计算保水率（R）

$$R = [Z - (X - V)] \times 100/Z$$

式中 V——吸水前8张滤纸的质量，g；

X——吸水后8张滤纸的质量，g；

Z——吸水前砂浆中的水量，g。

计算两次试验的保水率的平均值，精确到整数。如果两个试验值与平均值的偏差大于2%，重复试验，再用一批新拌的砂浆做两组试验。

按GB/T 3183—2003要求，砂浆的保水率不低于80%。

（6）水泥化学品质指标

① 不溶物：水泥中的不溶物来自熟料中未参与矿物形成反应的粘土和结晶 SiO_2，是煅烧不均匀、化学反应不完全的标志。一般回转窑熟料不溶物小于0.5%，立窑熟料小于

1.0%，国标规定Ⅰ型硅酸盐水泥中不溶物不得超过0.75%，Ⅱ型不得超过1.5%。

② 烧失量：水泥中烧失量的大小，一定程度上反映熟料烧成质量，同时也反映了混合材掺量是否适当，以及水泥风化的情况。国标对烧失量规定如下：Ⅰ型硅酸盐水泥烧失量不得大于3.0%，Ⅱ型硅酸盐水泥不得大于3.5%，普通水泥应小于5.0%。由于混合材掺量较大的矿渣水泥、粉煤灰水泥、火山灰水泥、复合水泥中的烧失量不能反映上述情况，因此不予规定。砌筑水泥混合材掺量更大，故也不规定烧失量指标。

③ 氧化镁：熟料中氧化镁含量偏高是导致水泥长期安定性不良的因素之一。熟料中部分氧化镁固溶于各种熟料矿物和玻璃体中，这部分氧化镁并不引起安定性不良，真正造成安定性不良的是熟料中粗大的方镁石晶体。同理，矿渣等混合材料中的氧化镁若不以方镁石结晶形式存在，对安定性也是无害的。因此，国际上有的国家水泥标准规定用压蒸安定性试验合格来限制氧化镁的危害作用是合理的。但我国目前尚不普遍具备作压蒸安定性的试验条件，故用规定氧化镁含量作为技术要求。国标标准规定：硅酸盐水泥、普通硅酸盐水泥的MgO含量必须≤5.0%，若水泥压蒸安定性合格，允许MgO含量放宽至6.0%；矿渣硅酸盐、火山灰硅酸盐水泥、粉煤灰硅酸盐水泥、复合硅酸盐水泥的MgO含量必须≤6.0%。若水泥中氧化镁的含量（质量分数）>6.0%时，需进行水泥压蒸安定性试验并合格。

④ SO_3：水泥中的SO_3主要来自石膏，SO_3过量将造成水泥体积安定性不良，国标是通过限定水泥SO_3含量控制石膏掺量。国标规定矿渣水泥中SO_3含量不得超过4.0%，其他几类水泥中SO_3含量不得超过3.5%。砌筑水泥中SO_3含量不得超过4.0%。

⑤ 碱含量：若水泥中碱含量高，当选用含有活性SiO_2的集料配制混凝土时，会产生碱集料反应，严重时会导致混凝土不均匀膨胀破坏。由此而造成的危害，越来越引起人们的重视，因此国标将碱含量亦列入技术要求。根据我国的实际情况，国标规定：水泥碱含量按$Na_2O+0.658K_2O$计算值来表示，若使用活性集料，用户要求提供低碱水泥时，则水泥中的碱含量应不大于0.60%或双方商定。

（7）抗蚀性

对于水泥石耐久性有害的环境介质主要为：淡水、酸与酸性水、硫酸盐溶液和碱溶液等。

4. 常用水泥的基本特性与用途

（1）硅酸盐水泥与普通水泥

硅酸盐水泥与普通水泥强度等级较高，可用于配制高强预应力混凝土，但不适用于拌制砂浆。因为砂浆强度要求相对较低，若用硅酸盐水泥与普通水泥拌制砂浆，必将造成水泥用量的浪费，从而造成拌制砂浆的和易性不良。

（2）矿渣水泥

矿渣水泥中熟料含量比硅酸盐水泥少，而且混合材在常温下水化反应比较缓慢，因此凝结硬化较慢。早期（3d）强度低，但在硬化后期（28d以后）由于水化产物增多，使水泥石强度不断增长，最后甚至超过同强度等级的普通水泥。

矿渣水泥水化硬化过程对环境的温湿度条件较为敏感。为保证矿渣水泥强度稳步增长，需要较长时间的养护。采用蒸汽或压蒸养护等湿热处理方法，可显著加速硬化速度，且不影响后期强度的增长。矿渣水泥石中氢氧化钙较少，水化产物碱度低，抗碳化能力较差，但抗淡水、海水和硫酸盐侵蚀能力较强，宜用于水工和海港工程。矿渣水泥具有一定的耐热性，可用于耐热混凝土工程。

矿渣水泥中混合材掺量较多，其标准稠度用水量较大，但保持水分的能力较差，泌水性较大，但干缩性较大，容易使水泥石内部成毛细管通道或粗大孔隙，且养护不当易产生裂纹。因此矿渣水泥的抗冻性、抗渗性和抵抗干湿交替循环性能均不及硅酸盐水泥和普通水泥。

（3）火山灰水泥

火山灰水泥强度发展与矿渣水泥相似，早期发展慢，后期发展较快，后期强度增长是由于混合材中的活性 SiO_2与 $Ca(OH)_2$作用形成比硅酸盐水泥更多的水化硅酸钙凝胶所致。养护温度对其强度发展影响显著，环境温度低，硬化显著变慢，所以不宜用于冬期施工，采用蒸汽养护或湿热处理时，硬化加速。

与矿渣水泥相似，火山灰水泥石 $Ca(OH)_2$含量低，也具有较高的抗硫酸盐侵蚀的性能。在酸性水中，特别是碳酸水中，火山灰水泥的抗蚀性较差，在大气中的 CO_2长期作用下水化产物会分解，而使水泥石结构遭到破坏，因而这种水泥的抗大气稳定性较差。火山灰水泥的需水量和泌水性与所掺混合材的种类关系甚大，采用混合材是硬质混合材（如凝灰岩）时，则需水量与硅酸盐水泥相近，而采用软质混合材（如硅藻土等）时，则需水量增大、泌水性降低，但收缩变形增大。

根据火山灰水泥特性，主要用途如下：

① 最适宜用于地下或水下工程，特别是用于需要抗渗、抗淡水或抗硫酸盐侵蚀的工程，更具有优越性，由于抗冻性较差，不宜用于受冻部位。

② 与普通水泥一样，也适用于地面工程，但掺软质混合材的火山灰水泥由于干缩较大，不宜用于干燥地区。

③ 不宜低温施工。

（4）粉煤灰水泥

粉煤灰球形玻璃体颗粒表面比较致密且活性较低，不易水化，故粉煤灰水泥水化硬化较慢，早期强度较低，但后期强度可以赶上甚至超过普通水泥。

由于粉煤灰颗粒的结构比较致密，而且含有球状玻璃体颗粒，所以粉煤灰水泥的需水量小，配制成的砂浆、混凝土和易性好。因此该水泥干缩性小，抗裂性较好。

粉煤灰水泥抗硫酸盐侵蚀能力较强，但次于矿渣水泥，适用于水工和海港工程。粉煤灰水泥抗碳化能力差，抗冻性较差。

（5）复合水泥

复合水泥的特性取决于其所掺两种混合材的种类、掺量及相对比例，其特性与矿渣水泥、火山灰水泥、粉煤灰水泥有不同程度的相似之处，其适用范围可根据其掺入的混合材种类，参照其他混合材水泥适用范围选用。

（6）白色硅酸盐水泥

白色硅酸盐水泥主要用于装饰工程，白色硅酸盐水泥的熟料矿物的主要成分是硅酸盐，因此其性质与硅酸盐水泥相同。国标《白色硅酸盐水泥》（GB/T 2015—2005）规定：白色硅酸盐水泥分为 32.5、42.5、52.5、62.5 四个强度等级，白度分为特级、一级、二级、三级。

（7）彩色硅酸盐水泥

凡由硅酸盐水泥熟料及适量石膏（或白色硅酸盐水泥）、混合材及着色剂磨细或混合制成的带有色彩的水硬性胶凝材料称为彩色硅酸盐水泥。行业标准《彩色硅酸盐水泥》（JC/T 870—2012）规定：彩色硅酸盐水泥分为27.5、32.5、42.5三个强度等级，基本色有红色、黄色、蓝色、绿色、棕色和黑色等，主要用于建筑物的内外装饰工程。

2.1.2　石灰

石灰是一种以氧化钙为主要成分的气硬性无机胶凝材料，石灰是用石灰石、白云石、白垩、贝壳等碳酸钙含量高的产物，经900～1100℃煅烧而成。石灰是人类最早应用的胶凝材料。因其原材料蕴藏丰富、生产设备简单、成本低廉，所以至今在建筑工程中仍得到广泛应用。

公元前8世纪古希腊人已将石灰用于建筑，中国也在公元前7世纪开始使用石灰。至今石灰仍然是用途广泛的建筑材料。石灰有生石灰和熟石灰（即消石灰），按其氧化镁含量（以5%为限）又可分为钙质石灰和镁质石灰。

石灰具有较强的碱性，在常温下，能与玻璃态的活性氧化硅或活性氧化铝反应，生成有水硬性的产物，产生胶结。因此，石灰还是建筑材料工业中重要的原材料。

1. 石灰的原材料

石灰的主要原材料是以碳酸钙为主要成分的天然岩石，它是一种沉积岩，因其形成过程和条件的差异，而造成性质和品种的不同。最常用的原材料是石灰石，另外还有白云石、白垩等。石灰的原材料中，常含有部分粘土杂质，一般要求原材料中的粘土杂质不超过8%。

除天然原材料以外，还可以利用化学工业副产品，如用碳化钙（CaC）制取乙炔时所产生的电石渣，其主要成分是氢氧化钙，即消石灰（或称熟石灰）；或者用氨碱法制碱所得的残渣，其主要成分为碳酸钙等。

2. 石灰的生产

石灰石原料在适当的温度下煅烧，碳酸钙将分解，释放出CO_2，得到以CaO为主要成分的生石灰，反应式如下：

$$CaCO_3 \xrightarrow{900℃} CaO + CO_2 \uparrow$$

生石灰是一种白色或灰色的块状物质，因石灰原料中常含有一些碳酸镁成分，所以经煅烧生成的生石灰中，也相应含MgO的成分。按照我国建材行业标准《建筑生石灰》的规定，MgO含量≤5%时，称为钙质生石灰；MgO含量>5%时，称镁质生石灰。若将块状生石灰磨细，则可得到生石灰粉。

在实际生产中，为了加快石灰石的分解过程，使原料充分煅烧，并考虑到热损失，通常将煅烧温度提高至1000～1200℃之间。若煅烧温度过低、煅烧时间不充分，则$CaCO_3$不能完全分解，将生成欠火石灰，欠火石灰使用时，产浆量较低，质量较差，降低了石灰的利用率；若煅烧温度过高，将生成颜色较深、密度较大的过火石灰，它的表面常被粘土杂质融化形成的玻璃釉状物包覆，熟化很慢，使得石灰硬化后它仍继续熟化而产生体积膨胀，引起局部隆起和开裂而影响工程质量。所以，在生产过程中，应根据原材料的性质严格控制煅烧温度。

3. 石灰的熟化

石灰使用前，一般先加水，使之消解为熟石灰，其主要成分为$Ca(OH)_2$，这个过程称为石灰的熟化或消化。其反应式如下：

$$CaO + H_2O \longrightarrow Ca(OH)_2 + 64.9kJ$$

石灰熟化过程中，放出大量的热，使温度升高，而且体积要增大 1～2 倍。煅烧良好且 CaO 含量高的生石灰熟化较快，放热量和体积增大也较多。

工地上熟化石灰常用的方法有两种：石灰浆法和消石灰粉法。

（1）石灰浆法

将块状生石灰在化灰池中用过量的水（约为生石灰体积的 3～4 倍）熟化成石灰浆，然后通过筛网进入储灰坑。

生石灰熟化时，放出大量的热，使熟化速度加快。但温度过高，且水量不足时，会造成 $Ca(OH)_2$凝聚在 CaO 周围，阻碍熟化进行，而且还会产生逆方向。所以，要加入大量的水，并不断搅拌散热，控制温度不至于过高。

生石灰中也常含有过火石灰。为了使石灰熟化更充分，尽量消除过火石灰的危害，石灰浆应在储灰坑中存放两星期以上，这个过程称为石灰的陈伏。陈伏期间，石灰浆表面应保持有一层水，使之与空气隔绝，避免 $Ca(OH)_2$碳化。

石灰浆在储灰坑中沉淀后，除去上层水分即可得到石灰膏。它是建筑工程中砌筑砂浆和抹面砂浆常用的材料之一。

（2）消石灰粉法

这种方法是将生石灰加适量的水熟化成消石灰粉。生石灰熟化成消石灰粉理论需水量为生石灰质量的 32.1%，由于一部分水分会蒸发掉，所以实际加水量较多（60%～80%），这样可使生石灰充分熟化，又不致过湿成团。工地上常采用分层喷淋等方法进行消化。人工消化石灰，劳动强度大，效率低，质量不稳定，目前多在工厂中用机械加工方法将生石灰熟化成消石灰粉，再供应使用。

按照建材行业标准《建筑消石灰》（JC/T 481—2013）规定，建筑消石灰的化学成分应符合表 2-7 的要求。

表 2-7　建筑消石灰的化学成分　　单位：%

类别	名称	代号	CaO+MgO	MgO	SO3
钙质消石灰	钙质消石灰 90	HCL90	≥90	≤5	≤2
	钙质消石灰 85	HCL85	≥85		
	钙质消石灰 75	HCL75	≥75		
镁质消石灰	镁质消石灰 85	HML85	≥85	>5	≤2
	镁质消石灰 80	HML80	≥80		

注：表中数值以试样扣除游离水和化学结合水后的干基为基准。

4. 石灰的硬化

石灰在空气中的硬化包括两个同时进行的过程：结晶和碳化作用。

（1）结晶作用

石灰浆在使用过程中，因游离水分逐渐蒸发和被砌体吸收，引起溶液某种程度的过饱和，使 $Ca(OH)_2$逐渐结晶析出，促进石灰浆体的硬化。

(2)碳化作用

$Ca(OH)_2$与空气中的CO_2作用，生成不溶解于水的碳酸钙晶体，析出的水分则逐渐被蒸发，其反应如下：

$$Ca(OH)_2+CO_2+nH_2O \longrightarrow CaCO_3+(n+1)H_2O$$

这个过程称为碳化，形成的$CaCO_3$晶体使硬化石灰浆体结构致密，强度提高。

由于空气中CO_2的含量少，碳化作用主要发生在与空气接触的表层上，而且表层生成的致密$CaCO_3$膜层，阻碍了空气中CO_2进一步渗入，同时也阻碍了内部水分向外蒸发，使$Ca(OH)_2$结晶作用也进行得较慢，随着时间的增长，表层$CaCO_3$厚度增加，阻碍作用更大，在相当长的时间内，仍然是表层为$CaCO_3$，内部为$Ca(OH)_2$。所以石灰硬化是个相当缓慢的过程。

5. 石灰的技术性质

(1)可塑性和保水性

生石灰熟化后形成的石灰浆，是一种表面吸附水膜的高度分散的$Ca(OH)_2$胶体，它可以降低颗粒之间的摩擦，因此具有良好的可塑性，易铺摊成均匀的薄层，在水泥砂浆中加入石灰，可显著提高砂浆的可塑性和保水性。

(2)硬化

从石灰的硬化过程中可以看出，石灰是一种硬化慢的气硬性胶凝材料，硬化后的强度不高，又因为硬化过程要依靠水分蒸发促使$Ca(OH)_2$结晶以及碳化作用，加之$Ca(OH)_2$又易溶于水，所以在潮湿环境中强度会更低，遇水还会溶解溃散。因此，石灰不宜在长期潮湿环境中或有水的环境中使用。石灰在硬化过程中要蒸发掉大量的水分，引起体积显著地收缩，易出现干缩裂缝。所以，除制成石灰乳做薄层粉刷外，不宜单独使用。一般要掺入其他材料混合使用，如砂、纸筋、麻刀等，这样可以限制收缩，并能节约石灰。

(3)储存与运输

生石灰在空气中放置时间过长，会吸收水分而熟化成消石灰粉，再与空气中的二氧化碳作用形成失去胶凝能力的碳酸钙粉末，而且熟化时要放出大量的热，并产生体积膨胀，所以石灰在储存和运输过程中，要防止受潮，并不宜长期储存，运输时不准与易燃、易爆和液体物品混装，并要采取防水措施，注意安全。最好到工地或处理现场后马上进行熟化和陈伏处理，使储存期变成陈伏期。

(4)技术标准

建筑工程中所用的石灰分为建筑生石灰和建筑消石灰粉。根据建材行业标准可将其各分成三个等级。

6. 石灰的应用

石灰膏和消石灰粉可以单独与水泥一起配制成石灰砂浆和混合砂浆(消石灰粉不得直接用于砌筑砂浆)，可用于墙体砌筑或抹面工程，也可掺入纸筋、麻刀等制成石灰浆，用于内墙或顶棚抹面。

生石灰熟化成石灰膏时，应用孔径不大于3mm×3mm的网过滤，熟化时间不得少于7d；磨细生石灰粉的熟化时间不得少于2d。沉淀池中储存的石灰膏，应采取防止干燥、冻结和污染的措施。严禁使用脱水硬化的石灰膏。石灰膏、电石膏、粘土膏试配时的稠度应为(120±5)mm。

石灰的其他用途列举如下：

(1)制作石灰乳涂料

将熟化好的石灰膏或消石灰粉加入过量的水稀释成的石灰乳，是一种传统的涂料，主要用于室内粉刷。掺入少量佛青颜料，可使其呈纯白色；掺入合成树脂乳胶或少量水泥、粒化高炉矿渣或粉煤灰，可提高粉刷层的防水性；掺入各种耐碱颜料，可获得更好的装饰效果。

(2)拌制石灰土和三合土

石灰与粘土按一定比例拌合，可制成石灰土，或与粘土、砂石、炉渣等填料拌制成三合土，经夯实可与 $Ca(OH)_2$ 发生反应，而且粘土颗粒少量活性 SiO_2 和 Al_2O_3，与 $Ca(OH)_2$ 发生反应，生成不溶性的水化硅酸钙与水化铝酸钙将粘土颗粒胶结起来，提高了粘土的强度和耐水性，主要用于道路工程的基层、底基层和垫层或简易面层、建筑物的地基基础等。为了方便石灰与粘土的拌合，宜采用生石灰粉或消石灰粉，生石灰粉的应用效果会更好。生石灰粉也称磨细生石灰，加入适量的生石灰粉(一般为生石灰粉质量的100%～150%)进行调和，可使其熟化和硬化成为一个连续的过程。因生石灰粉熟化较快，且用水量相对较少，所以熟化形成的 $Ca(OH)_2$ 溶液迅速过饱和，$Ca(OH)_2$ 结晶析出，浆体进入凝结硬化过程，而熟化产生的热量又可加速硬化过程的进行，因此，硬化速度明显加快30～50倍，硬化后的浆体较为密实，强度和耐久性均有提高。另外，生石灰中的欠火和过火石灰在加工磨细过程中，也被磨成了细粉，提高了石灰的利用率，同时也克服了过火石灰对体积不安定的危害作用。生石灰粉在使用过程中，一般要严格控制加水量和凝结时间，这给在工地上使用带一定的难度。故拌制砂浆仍使用石灰膏或消石灰粉。

另外，石灰与粉煤灰、碎石拌制的“三渣”，也是目前道路工程中经常使用的材料之一。

(3)生产碳化制品和硅酸盐制品

用生石灰粉生产石灰板。将生石灰粉与纤维材料(如玻璃纤维)或轻质集料(如炉渣)加水搅拌、成型，然后用二氧化碳进行人工碳化，可制成轻质的碳化石灰板材，多制成碳化石灰空心板，它的热导率较小，保温绝热性能较好，可锯、可钉，宜用作非承重内隔墙板、天花板等。

将生石灰粉或消石灰粉与含硅材料(如天然砂、粒化高炉矿渣、炉渣、粉煤灰等)加水拌合、陈伏、成型后，经蒸压或蒸养等工艺处理，可制得其他硅酸盐制品，如灰砂砖、粉煤灰砖、粉煤灰砌块等。

2.1.3　石膏

石膏是一种以硫酸钙为主要成分的气硬性胶凝材料，它有着悠久的发展历史，具有良好的建筑性能，在建筑材料领域中得到了广泛的应用，特别是在石膏制品方面发展较快。常用的石膏胶凝材料种类有：建筑石膏、高强石膏、无水石膏水泥、高温煅烧石膏等。

1. 石膏胶凝材料的原材料

生产石膏胶凝材料的原料主要是天然二水石膏($CaSO_4 \cdot 2H_2O$)，还有天然无水石膏($CaSO_4$)以及含 $CaSO_4 \cdot 2H_2O$ 或 $CaSO_4 \cdot 2H_2O$ 与 $CaSO_4$ 混合物的化工副产品。

天然二水石膏又称软石膏或生石膏，是以二水硫酸钙($CaSO_4 \cdot 2H_2O$)为主要成分的矿石。纯净的石膏呈无色透明或白色，但天然石膏常因含有杂质而呈灰色、褐色、黄色、红色、黑色等颜色。国家标准中规定，天然二水石膏和无水石膏(又称硬石膏)按矿物成分含量分级。

天然无水石膏（$CaSO_4$）又称天然硬石膏，质地较二水石膏硬，一般为白色，若有杂质则呈灰红等颜色。只可用于生产无熟料水泥。

含 $CaSO_4 \cdot 2H_2O$ 或 $CaSO_4 \cdot 2H_2O$ 与 $CaSO_4$ 混合物的化工副产品，也可用作生产石膏胶凝材料的原料，常称之为化工石膏。如磷石膏是生产磷酸和磷肥时所得的废料；硼石膏是生产硼酸时所得到的废料；氟石膏是制造氟化氢时的副产品；此外还有盐石膏、芒硝石膏、钛石膏等，都有一定的利用价值。

2. 石膏胶凝材料的生产

生产石膏胶凝材料的主要工艺流程是破碎、加热与磨细。由于加热方式和加热温度的不同，可以得到具有不同性质的石膏产品。现简述如下：

将天然二水石膏在常压下加热，至 65℃时 $CaSO_4 \cdot 2H_2O$ 开始脱水，在 107～170℃时成为β型半水石膏 $CaSO_4 \cdot \frac{1}{2}H_2O$（即建筑石膏，又称熟石膏），反应式为：

$$CaSO_4 \cdot 2H_2O \longrightarrow CaSO_4 \cdot \frac{1}{2}H_2O + \frac{3}{2}H_2O$$

加热方式一般是在炉窑中进行煅烧。若在具有 131723Pa、124℃过饱和蒸汽条件下的蒸压釜中蒸炼，得到的是α型半水石膏（即高强石膏），它比β型半水石膏晶体要粗，调制成可塑性浆体的需水量少。

当加热温度为 170～200℃时，脱水加速，半水石膏变为结构基本相同的脱水半水石膏，而后成为可溶性硬石膏，它与水调和后仍能很快凝结硬化；当温度升至 250℃时，石膏中只残留很少的水分；当温度超过 400℃时，则完全失去水分，形成不溶性硬石膏，又称死烧石膏，它难溶于水，失去凝结硬化的能力；温度继续升高超过 800℃时，部分石膏分解出氧化钙，使产物又具有凝结硬化的能力，这种产品称煅烧石膏（过烧石膏）。

3. 建筑石膏的硬化机理

建筑石膏与水拌合后，可调制成可塑性浆体，经过一段时间反应后，将失去塑性，并凝结硬化成具有一定强度的固体。

建筑石膏的凝结和硬化主要是由于半水石膏与水相互作用，还原成二水石膏。

$$CaSO_4 \cdot \frac{1}{2}H_2O + \frac{3}{2}H_2O \longrightarrow CaSO_4 \cdot 2H_2O$$

半水石膏在水中发生溶解，并很快形成饱和溶液，溶液中的半水石膏与水化合，生成二水石膏。由于二水石膏在水中的溶解度比半水石膏小得多（仅为半水石膏溶解的 1/5），所以半水石膏的饱和溶液对二水石膏来说，就成了过饱和溶液，因此二水石膏从过饱和溶液中以胶体微粒析出，这样促进了半水石膏不断地溶解和水化，直到半水石膏完全溶解。在这个过程中，浆体中的游离水分逐渐减少，二水石膏胶体微粒不断增加，浆体稠度增大，可塑性逐渐降低，此时称之为“凝结”；随着浆体继续变稠，胶体微粒逐渐凝聚成为晶体，晶体逐渐长大、共生并相互交错，使浆体产生强度，并不断增长，这个过程称为“硬化”。实际上，石膏的凝结和硬化是一个连续的、复杂的物理化学变化过程。

4. 建筑石膏的技术性质

建筑石膏是一种白色粉末状的气硬性胶凝材料，密度为 2.60～2.78g/cm^3，堆积密度为 800～1000kg/m^3。建筑石膏的技术性质包括如下几个方面。

（1）凝结硬化快

建筑石膏凝结硬化速度快，它的凝结时间随煅烧温度、磨细程度和杂质含量等情况的不同而不同。一般与水拌合后，在常温下数分钟即可初凝，30min以内即可达终凝。在室内自然干燥状态下，达到完全硬化约需一星期。凝结时间可按要求进行调整，若要延缓凝结时间，可掺入缓凝剂，以降低半水石膏的溶解度和溶解速度，如亚硫酸盐酒精废液、硼砂或用石灰活化的骨胶、皮胶和蛋白胶等；若要加速建筑石膏的凝结，则可掺入促凝剂，如氯化钠、氯化镁、氟硅酸钠、硫酸钠、硫酸镁等，它的作用在于增加半水石膏的溶解度和溶解速度。

（2）硬化时体积微膨胀

建筑石膏在凝结硬化过程中，体积略有膨胀，硬化时不出现裂缝，所以可不掺加填料而单独使用，并可很好地填充模型。硬化后的石膏，表面光滑、颜色洁白，其制品尺寸准确、轮廓清晰，可锯、可钉，具有很好的装饰性。

（3）硬化后孔隙率较大、表观密度和强度较低

建筑石膏的水化，理论需水量只占半水石膏质量的18.6%，但实际上为使石膏浆体具有一定的可塑性，往往需加水60%～80%，多余的水分在硬化过程中逐渐蒸发，使硬化后的石膏留有大量的孔隙，一般孔隙率约为50%～60%。因此建筑石膏硬化后，强度较低，表观密度较小，导热性较低，吸声性较好。

（4）防火性能良好

石膏硬化后的结晶物$CaSO_4 \cdot 2H_2O$遇到火烧时，结晶水蒸发，吸收热量并在表面生成具有良好绝热性的无水物，起到阻止火焰蔓延和温度升高的作用，所以石膏有良好的抗火性。

（5）具有一定的调温、调湿作用

建筑石膏的热容量大、吸湿性强，故能对室内温度和湿度起到一定的调节作用。

（6）耐水性、抗冻性和耐热性差

建筑石膏硬化后，具有很强的吸湿性和吸水性，在潮湿的环境中，晶体间的粘结力削弱，强度明显降低，在水中晶体还会溶解而引起破坏，在流动的水中破坏更快，硬化石膏的软化系数为0.2～0.3；若石膏吸水后受冻，则孔隙内的水分结冰，产生体积膨胀，使硬化后的石膏体破坏。所以，石膏的耐水性和抗冻性均较差。此外，若在温度过高的环境中使用（超过65℃），二水石膏会脱水分解，造成强度降低。因此，建筑石膏不宜用于潮湿和温度过高的环境中。

在建筑石膏中掺入一定量的水泥或其他含有活性SiO_2、Al_2O_3和CaO的材料，如粒化高炉矿渣、石灰、粉煤灰，或掺加有机防水剂等，可不同程度地改善建筑石膏制品的耐水性。

（7）储存及保质期

建筑石膏在储运过程中，应防止受潮及混入杂物。不同等级的建筑石膏应分别储运，不得混杂；一般储存期为三个月，超过三个月，强度将降低30%左右。超过储存期限的石膏应重新进行质量检验，以确定其等级。

（8）技术标准

根据国家标准《建筑石膏》（GB/T 9776—2008）规定，建筑石膏按强度、细度、凝结时间指标分为3.0、2.0和1.6三个等级，抗折强度和抗压强度为试样与水接触后2h测

得的。

5. 建筑石膏的应用

建筑石膏具有许多优良的性能，在建筑中的应用十分广泛，一般制成石膏抹面灰浆作内墙装饰；可用来制作各种石膏板、各种建筑艺术配件及建筑装饰、彩色石膏制品等。另外，石膏作为重要的外加剂，广泛应用于水泥、水泥制品及硅酸盐制品。下面择要介绍：

（1）制备粉刷石膏

建筑石膏硬化时不收缩，故使用时可不掺填料，直接做成抹面灰浆，也可以与石灰、砂等填料混合使用，制成内墙抹面灰浆或砂浆。

（2）石膏板材

目前应用较多的是在建筑石膏中掺入填料，加工后制成具有不同功能的复合石膏板材。石膏板具有轻质、保温绝热、吸声、不燃和可锯可钉等性能，还可调节室内温湿度，而且原料来源广泛、工艺简单、成本低，是一种良好的建筑功能材料，也是目前着重发展的轻质板材之一。

为了减轻自重、降低导热性，生产石膏板时，常掺加锯末、膨胀珍珠岩、膨胀蛭石、陶粒、煤渣等轻质多孔填料，或者掺加泡沫剂、加气剂等外加剂；若掺入纸筋、麻刀、芦苇、石棉及玻璃纤维等纤维状填料，或在石膏板表面粘贴护纸板等材料，则可提高石膏板的抗折强度和减少脆性；若掺入无机耐火纤维，还可同时提高石膏板的耐火性能。

石膏的耐水性较差，为了改善其板材的耐水性能，可如前所述掺入水泥、粒化高炉矿渣、石灰、粉煤灰或有机防水剂，也可同时在石膏板表面采用耐水护面纸或防水高分子材料面层，它可用于厨房、卫生间等潮湿的场合，扩大了其应用范围。

另外，通过调整石膏板的厚度、孔眼大小、孔距、空气层厚度，可制成适应不同频率的吸声板。在石膏板表面贴上不同的贴面，如木纹纸、铝箔等，可起到一定的装饰作用。

石膏板具有长期徐变的性质，在潮湿的环境中更严重，所以不宜用于承重结构。

目前我国生产的石膏板类型主要有纸面石膏板、空心石膏板、纤维石膏板和装饰石膏板，主要用作室内墙体、墙面装饰和吊顶等。

（3）装饰制品

建筑石膏配以纤维增强材料、胶粘剂等还可制成石膏角线、线板、角花、灯圈、罗马柱、雕塑等艺术装饰石膏制品。

6. 其他品种石膏胶凝材料

（1）高强度石膏

高强度石膏是将二水石膏在131723Pa、124℃条件下的蒸压釜中蒸炼得到的，主要成分是α型半水石膏，因将其调成可塑性浆体的需水量比建筑石膏（β型半水石膏）少一半左右，所以硬化后具有较高的密实度和强度。一般，3h抗压强度可达9～24MPa，7d可达15～40MPa。

高强度石膏主要适用于强度要求较高的抹灰工程、装饰制品和石膏板。掺入防水剂可制成高强度耐水石膏，可用于较潮湿的环境中。

（2）无水石膏水泥

由天然硬石膏或天然二水石膏加热至400～750℃，石膏将完全失去水分，成为不溶性硬石膏，失去凝结硬化能力，此时加入适量的激发剂——硫酸盐激发剂，如5%硫酸钠或硫酸氢钠与1%铁矾或铜矾的混合物；还有碱性激发剂如1%～5%石灰或石灰与少量半水石膏混合物、煅烧白云石、碱性粒化高炉矿渣等，使其又恢复胶凝性。无水石膏水泥亦称硬石膏水泥。无水石膏水泥属于气硬性胶凝材料，与建筑石膏相比，凝结速度较慢，调成一定稠度的浆体，需水量较少，硬化后孔隙率较小。它宜用于室内，主要用作石膏板和石膏建筑制品，也可作抹面灰浆等，具有良好的耐火性和抵抗酸碱侵蚀的能力。

（3）高温煅烧石膏

将天然二水石膏或天然无水石膏在800～1000℃煅烧，煅烧后的产物经磨细后，即可得到高温煅烧石膏。其主要成分为$CaSO_4$及部分$CaSO_4$分解出的CaO。CaO在这里可起到碱性激发剂的作用，使高温煅烧石膏具有凝结硬化的能力。

高温煅烧石膏凝结、硬化速度慢，掺入少量的石灰、半水石膏或$NaHSO_4$、明矾等，可加快凝结硬化的速度，提高其磨细程度，也可起到加速硬化，提高强度的作用。高温煅烧石膏硬化后，具有较高的强度和耐磨性，抗水性较好，宜用作地板，故又称地板石膏。

2.1.4 有机胶凝材料

1. 聚合物乳液

乳液是一个多相体系，其中至少有一种液体以液滴形式均匀地分散于一种和它不相混合的液体之中，液滴直径一般大于0.1μm。此种体系皆有一种最低值的稳定度，这个稳定度可因有表面活性物质或保护胶体的加入而大大增强。一般把乳液中的小液滴称为分散相或内相，其余的相叫连续相或外相。乳液不只是两种液体的混合物体系，有时有两种不互溶或部分互溶的液体，同时还有固体粒子存在。乳液不同于真溶液或悬浮液，也不完全同于真正的胶体溶液，它的粒子的大小、流变性能、电性质、成膜性、光学性能、稳定性，粘结性、黏度、表面张力等都具有一定的特殊性。这些性质的变化来源于制备方法及应用的技术条件，聚合物乳液是以聚合物为分散相的乳液。

目前建筑用聚合物乳液大多为非交联型的热塑性乳液。通常按其单体成分分类。主要的品种有：醋酸乙烯均聚物乳液（俗称白乳胶-PVAC乳液）；醚酸乙烯-顺丁烯二酸酯共聚物乳液；醋酸乙烯-乙烯共聚物乳液（VAE乳液）；醋酸乙烯-叔碳酸乙烯共聚物乳液（PVAC-VEOVA乳液）；醋酸乙烯-丙烯酸酯共聚物乳液（醋丙乳液、乙丙乳液）；醋酸乙烯-氯乙烯-丙烯酸共聚物乳液（氯醋丙乳液）；纯丙烯酸酯共聚乳液（纯丙乳液）；苯乙烯-丙烯酸酯共聚物乳液（苯丙乳液）；氯乙烯-偏氯乙烯共聚物乳液（氯偏乳液）；丁二烯-苯乙烯共聚物乳液（丁苯乳液）；硅氧烷-丙烯酸酯共混乳液（硅丙乳液）。另外，还有一类通常划为无机高分子热固性（交联）乳液，即聚硅氧烷乳液（硅树脂乳液）也经常应用在建筑中。

聚合物乳液要发挥最终的性能都要经过成膜过程，即聚合物树脂从乳液中“沉淀”出来。对建筑上用的聚合物乳液而言，聚合物一旦在材料内部和表面成膜，由于高分子分子间作用力主要为范德华力，便在无机材料表面、空隙中形成高分子网状的结构，对无机材料的内聚力、弹性模量、气孔分布、水化程度、凝结时间、抗压强度、抗折强度、透气率、耐热性、耐水耐冻性、耐酸碱性、尺寸变化、粘结性能、离子渗透、耐盐腐蚀性、施工性、流变性能、变形能力、蠕变、抗渗性、介电性能、抗裂性、耐油性、抗冲击性、环保性能、材料用途以及材料性价比都有不同程度的提高或改变。同时每种乳液由于其聚合物的种类、形态、特性，含有的其他化学添加剂等因素对最终产品的性能也有千差万别的影响，所以对任何一种乳液的评估都要全面地考察其对最终产品各项主导技术性能的影响，结合其对环境与聚合物自身经济性的评估，选择针对既定应用的适当产品与适当配方。

2. 可再分散聚合物乳胶粉

可再分散聚合物乳胶粉，习惯上又称可再分散乳胶粉或乳胶粉，或聚合物干粉。乳胶粉的来源就是将以上的聚合物乳液经过特殊处理，通过一定的工艺进行喷雾干燥后，得到的聚合物粉状颗粒，在将粉状聚合物与水再次混合时，聚合物树脂可以重新分散到水中，并且新分散体（乳胶）的分散性能与原始乳胶一致。

（1）可再分散乳胶粉的历史

早在1000多年前人类已经发现使用天然树脂或蛋白质类材料可以显著提高无机胶粘材料的耐久以及粘结等性能，例如我国的赵州桥经千年不毁就是很好的例证。这种经验一直延续到近代尤其是水泥的发明与大量普及。随着近代高分子合成树脂技术的不断进步，在20世纪50年代开始大量聚合物乳液应用到传统建筑材料的改性中。聚合物改性的两大类材料有聚合物水泥混凝土（PCC）与聚合物水泥砂浆（PCM）。由可再分散乳胶粉改性的特种商品砂浆也是PCM的一种。

（2）可再分散乳胶粉的种类

目前市场主要应用的可再分散乳胶粉有醋酸乙烯酯与乙烯共聚胶粉，乙烯与氯乙烯与月桂酸乙烯酯三元共聚胶粉，醋酸乙烯酯与乙烯与高级脂肪酸乙烯酯三元共聚胶粉，醋酸乙烯酯与高级脂肪酸乙烯酯共聚胶粉，丙烯酸酯与苯乙烯共聚胶粉，醋酸乙烯酯与丙烯酸酯与高级脂肪酸乙烯酯三元共聚胶粉，醋酸乙烯酯均聚胶粉（PVAC），苯乙烯与丁二烯共聚胶粉。除了以上单纯聚合物乳胶粉外，市场还有一类在乳胶粉中加入功能性添加剂并以乳胶粉为主要成分的配方胶粉。

前三种可再分散乳胶粉在全球市场上占有绝大多数份额（超过80%）。尤其是第一种醋酸乙烯酯与乙烯共聚胶粉，在全球领域占有领先的地位，并代表了可再分散乳胶粉特征的技术特性。

（3）可再分散乳胶粉的作用机理

① 定义：可再分散乳胶粉是高分子聚合物乳液经喷雾干燥而成的粉状热塑性树脂，其中主要用于提高干混砂浆内聚力、粘聚力与柔韧性。

② 组成：可再分散乳胶粉通常为白色的粉状，但少数也有其他的颜色，其成分包括如下：

a. 聚合物树脂。位于胶粉颗粒的核心部分也是可再分散乳胶粉发挥作用的主要成分，例如，聚醋酸乙烯酯、乙烯树脂。

b. 添加剂（内）。与树脂在一起起到改性树脂的作用，例如，降低树脂成膜温度的增塑剂（通常醋酸乙烯酯、乙烯共聚树脂不需要添加增塑剂），并非每一种胶粉都有添加剂成分。

c. 保护胶体。在可再分散乳胶粉颗粒的表面包裹的一层亲水性的材料，绝大多数可再分散乳胶粉的保护胶体为聚乙烯醇。

d. 添加剂（外）。为进一步扩展可再分散乳胶粉的性能又另外添加的材料，如添加超级减水剂在某些助流性乳胶粉中，与内添加的添加剂一样，不是每种可再分散乳胶粉都含有这种添加剂。

e. 抗结块剂。细矿物填料，主要用于防止胶粉在储运过程中结块，从而使乳胶粉可以像水一样从纸袋、吨袋或槽车中倾倒出来。

③ 基本特性：作为高分子聚合物热塑性树脂，可再分散乳胶粉的主要物理性能指标主要取决于树脂本身的特性。下面以典型的醋酸乙烯酯、乙烯可再分散乳胶粉为例说明典型乳胶粉的物理性能指标：固含量为(99±1)%，灰分(10±2)%，堆密度(490±50)g/L，外观为白色粉末，保护胶体为聚乙烯醇，粒径大于400μm的≤4%，主要胶粒分布1～7μm，最低成膜温度0℃，成膜外观：透明，弹性，pH(分散后50%含固量乳液，20℃)=7～8。自行燃烧：225℃(样品体积400cm³)。

④ 可再分散乳胶粉在干混砂浆中的作用机理：首先可再分散乳胶粉与其他无机胶粘剂（如水泥、熟石灰、石膏、粘土等）以及各种集料，填料和其他添加剂［如甲基羟丙基纤维素醚、聚多糖（淀粉醚）、纤维素纤维等］进行物理混合制成干混砂浆。当将干混砂浆加入水中搅拌时，在亲水性的保护胶体以及机械剪切力的作用下，胶粉颗粒分散到水中，其效果在现场加入聚合物分散液即乳液，但比例却更加准确。正常的可再分散乳胶粉分散所需要的时间非常短暂，例如，在于喷混凝土修补砂浆中，加有可再分散乳胶粉的干砂浆与水仅在喷嘴终处混合约0.1s的时间便喷射到施工面，这已经足以使可再分散乳胶粉充分地分散与成膜。

在这早期混合阶段胶粉已经开始对砂浆的流变性以及施工性产生影响，由于胶粉本身的特性以及改性的不同这种影响也就不同，有的有助流的作用，而有的有增加触变性的作用。其影响的机理来自多方面，有胶粉在分散时对水的亲和带来的影响，有胶粉分散后黏度不同的影响，有由于保护胶体带来的影响，有由于对水泥水化进程改变带来的影响，有对砂浆含气量提高以及气泡分布带来的影响，还有自身添加剂和与其他添加剂相互作用带来的影响等。

对施工性能的改善是由于可再分散乳胶粉与纤维素醚一道使砂浆具有稳定性较高的含气量，对砂浆的施工起到润滑的作用，以及胶粉尤其是保护胶体分散时对水的亲和以及随后的黏稠度，使得施砂浆的内聚力提高从而提高了和易性。

随后，含有聚合物的湿砂浆施工于作业面上，随着水分在三个方面的减少（基面的吸收，水硬性材料的反应消耗，面层的向空气挥发），吸附在无机材料表面和孔隙液中的树脂颗粒逐渐靠近，界面逐渐模糊，树脂逐渐相互融合，最终成为连续的高分子薄膜。这一过程主要发生在砂浆的孔隙以及无机材料的表面。

可再分散乳胶粉在新拌砂浆中的作用：提高施工性能；改善流动性能；增加触变与抗垂性；改进内聚力；延长开放时间；增强保水性。

可再分散乳胶粉在砂浆硬化以后的作用：提高拉伸强度（水泥体系中的附加粘结剂）；增强抗弯折强度；减小弹性模量；提高可变形性；增加材料密实度；增进耐磨强度；提高内聚强度；降低碳化深度；减少材料吸水性；使材料具有极佳憎水性（加入憎水性胶粉）。

随着最终聚合物薄膜的形成，在固化的砂浆中形成了由无机与有机粘结剂构成的框架体系，即水硬性材料构成的脆硬性骨架，以及可再分散乳胶粉在间隙与固体表面成膜构成的柔韧性连接，这种连接可以想象成由很多细小的弹簧连接在刚性的骨架上，由于聚合物自身出色的粘接拉伸强度，使得砂浆自身强度得以增强，即内聚力得以提高，形变能力远高于水泥等无机的刚性结构，砂浆的可变形性得以提高，分散内外应力的作用得到大幅提高，从而提高了砂浆的抗裂与抗外力能力。随着可再分散乳胶粉掺量的提高整个体系向塑性材料方向发展。

在高聚合物掺量的情况下，固化后砂浆中的聚合物连续相逐渐超过无机水化产物的连续相，砂浆发生质的改变，变成一个弹性体，这时水泥的水化产物变成一种“填料”，同时，分布于界面上的可再分散乳胶粉经分散后成的聚合物膜又起到了另一种关键的作用，即增加了对所接触材料的粘结性，这对一些难粘的表面，如极低吸水或不吸水的表面（光滑的混凝土及水泥板材表面、钢板、同质砖、玻化砖面）；有机材料表面，如木材、塑料显得尤其重要。

因为，无机粘结剂对材料的粘接是通过机械嵌固的原理达到，即水硬性的浆料渗透到其他材料的空隙中逐渐固化，最后像钥匙嵌在锁中一样将砂浆抓附在材料表面，对以上的难粘表面，由于无法有效地渗透到材料内部形成良好的机械嵌固，使得仅有无机粘结剂的砂浆达不到有效的粘结。

而聚合物的粘结机理则不同，聚合物是以分子间作用力与其他材料表面进行粘结，而不依赖于表面的空隙率（当然毛糙的表面与增大的接触面会提高粘结力），这一点在有机物基面的情况下表现地更为突出，同时含有乙烯的可再分散乳胶粉对非极性有机基面特别是同类的材料，如聚氯乙烯，聚苯乙烯等的粘结力更为突出，这在聚合物改性的干混砂浆用于聚苯乙烯板粘结时便是很好的例证。

（4）可再分散乳胶粉的进场检验

① 外观：产品是否标记正确，外部包装是否正常，有无破损，产品重量是否符合合同，有无受潮或结块等必要的外观检验。质量检测重点在检测含湿率与结块现象。对经过外力（搅拌）无法打开的结块，应避免加入砂浆。

② 实验室检验：根据企业的质量规定，进行抽样检查。试验项目如下：

a. 含固量。在标准室温条件［(23±3)℃，(50±5)%RH］下，称取一定质量的胶粉，在105℃烘至恒重，干燥器中冷却到室温后再称重，将干燥后的质量除以起始的质量应小于技术资料表中的含固量。

b. 负压筛筛分试验。按照可再分散乳胶粉厂家提供的技术资料表，选用相应的筛网，压筛分机（如水泥细度负压筛分仪）上测诫筛余是否符合技术资料表的数据说明。

c. 测试灰分。将少量（<2g）样品在标准室温条件［(23±3)℃，(50±5)%RH］下105℃烘至恒重，并于干燥器中冷却到室温后称取的质量作为起始质量，然后将胶粉放入105℃的马弗炉中烧至恒重，在干燥器中冷却至室温后再称量，将起始质量减去烧后质量再除以起始质量即为灰分，应当符合胶粉厂家的技术资料表中灰分的描述。

d. 标准配方中检验。对乳胶粉最终性能的评估应将可再分散乳胶粉按照其应用于何种施工，将其加入标准配方中然后检测其最终物理性能（凝结时间、流动度、开放时间、抗垂流、粘结强度、抗压抗折等），当然这就需要其他原材料（水泥、纤维素醚、砂等）测试方法，试验条件要有一定的稳定性。通过分析结果的稳定性评判胶粉的一致性。

2.2 集　　料

“集料”又称“骨料”，是指在砂浆和混凝土中起骨架作用的由不同尺寸的砂石组成的混合体。集料按粒径大小分为粗集料和细集料：粒径≥4.75mm 为粗集料，粒径<4.75mm 为

细集料。建筑砂浆所用的集料一般为细集料，但有些砂浆如底层抹面砂浆和饰面砂浆也会用粗集料（通常最大粒径为9.5mm），但一般来说仍以细集料为主。在砂浆中集料除了起填充作用之外，还使砂浆具有一定的和易性、改善工作性、降低水泥用量、减少水化热、减少收缩和徐变以及提高耐磨性等。

细集料主要分为天然砂和人工砂。天然砂是指由天然岩石经自然风化、水流搬运和分选、堆积形成的粒径<4.75mm的岩石颗粒，按其产源不同可分为河砂、湖砂、海砂及山砂等。海砂中含有贝壳及盐类等有害物质，河砂的质量一般较好。人工砂是指经过除土处理的机制砂和混合砂的统称。机制砂是将矿石、卵石或尾矿经机械破碎、筛分制成的粒径<4.75mm的岩石颗粒。混合砂是由机制砂和天然砂混合制成的砂。

干混砂浆用集料，欧洲标准将砂从粒径来分，分为两种：细集料（粒径较粗，最大粒径为8mm）和微集料（粒径较细，一般为0.1mm以下）。其中细集料又分为以下三类：

（1）普通集料

粒径在0～8mm的集料，如石英砂、河砂、石灰石破碎砂、白云砂等。

（2）装饰集料

粒径在0～8mm的具有特定颜色和花纹的集料，如石灰质圆石、大理石、侏罗纪石灰石、云母等。

（3）轻质集料

粒径在0～8mm的轻质集料，如陶粒、膨胀珍珠岩、膨胀蛭石、浮石、泡沫玻璃珠等。

微集料（即国内称呼的矿物掺合料）根据其活性，又分为两类：

（1）惰性微集料

这类填料没有活性，主要包括石灰石粉、石英粉、重质碳酸钙和轻质碳酸钙等。

（2）活性微集料

这类微集料本身不具有水化活性或仅具有微弱的水化活性，但在碱性环境或存在硫酸盐的情况下可以水化，并产生强度，其中包括粉煤灰、粒化高炉矿渣粉、硅灰等。

在干混砂浆中使用的集料必须经过加工处理才能满足使用要求。处理过程通常包括清洗、筛分和烘干，以达到去除集料有害成分，调整集料级配和降低含水率的目的。硬度、粒径、颗粒级配、杂质含量、表面特征、含水率等是影响用于干混砂浆产品的细集料的质量因素。

2.2.1　细集料的质量和性能

（1）砂的粗细及颗粒级配

砂的粗细程度是指不同粒径的砂粒，混合在一起的总体粗细程度。在一定质量或体积下，粗砂总表面积较小，细砂总表面积较大。例如，粒径为2.5～5mm的砂，$1m^3$砂的总表面积为$1600m^2$，粒径为0.05～0.14mm的砂，$1m^3$砂的总表面积为$160000m^2$，粒径越小，总表面积越大。在砂浆中，砂的表面需要由胶凝材料（或者再加上掺合料）浆体包裹，砂的总表面积越大，则需要包裹的浆体就越多。当砂浆拌合物的流动度要求一定时，显然用粗砂拌制的砂浆较之用细砂所需的浆体要省，且硬化后砂浆中胶凝材料较少，可提高砂浆的密实性。单砂粒过粗，却又使砂浆拌合物容易产生离析、分层、泌水现象。同时由于砂浆层较薄，对砂子最大粒径也应有所限制。对于毛石砌体所用的砂子，最大粒径应小于砂浆层厚度的 1/5～1/4；对于砖砌体以使用中砂为宜；对于光滑的抹面及勾缝砂浆则应采用细砂。

集料的级配指集料中不同粒径颗粒的分布情况。良好的级配应当能使集料的空隙率和总表面积均较小，从而不仅使所需水泥浆量较少，而且还可以提高混凝土的密实度、强度及其他性能，如图 2-1 所示。若集料的粒径分布全在同一尺寸范围内，则会产生很大的空隙率；若集料的粒径分布在两种尺寸范围内，空隙率就减小；若集料的粒径分布在更多的尺寸范围内则空隙率就更小了。由此可见，只有适宜的集料粒径分布，才能达到良好级配的要求。评定砂的粗细，通常采用筛分析法。

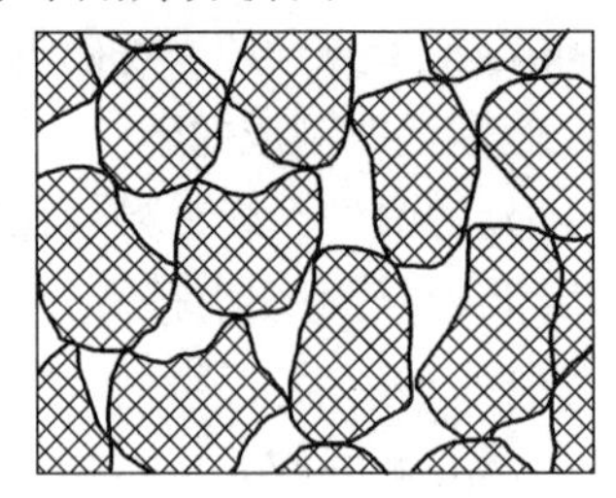

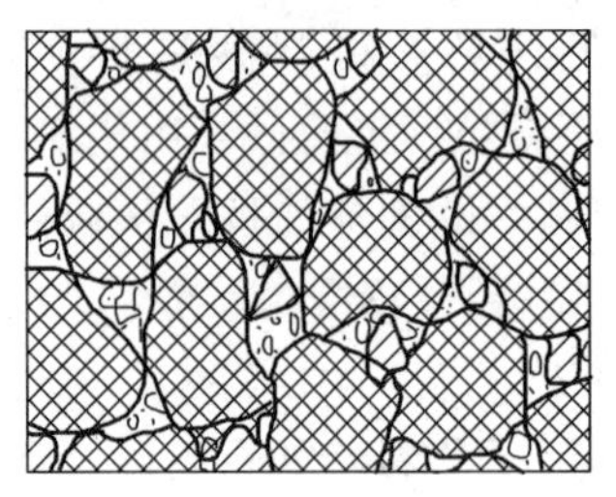

图 2-1　具有良好颗粒级配的圆形集料可以减小空隙率和水泥用量

如果砂的自然级配不合适，不符合级配区的要求，这时就要采用人工级配的方法来改善。最简单的措施是将粗、细砂按适当比例进行试配，掺和使用。为调整级配，在不得已时，也可将砂加以过筛，筛除过粗或过细的颗粒。

（2）泥和泥块含量

含泥量指集料中粒径小于 0.08mm 颗粒的含量。泥块含量在细集料中指粒径大于 1.25mm，经水洗、手捏后变成小于 0.630mm 的颗粒的含量。

砂中的泥颗粒极细，会粘附在砂的表面，影响水泥石与砂之间的胶结能力。而泥块会在砂浆中形成薄弱部分，对砂浆的质量影响更大。据此，对砂中泥和混块含量必须严加限制。按建设部行业标准，砂中含泥量需≤5.0%，泥块含量≤2.0%。

（3）有害物质含量

砂中不应混有草根、树叶、树枝、塑料、炉渣、煤块等杂物，并且砂中所含硫化物、硫酸盐和有机物等的含量要符合集料有害物质含量限制的规定。还有云母、轻物质（指密度小于 $2000kg/m^3$ 的物质）含量也须符合规定。如果是海砂，还应考虑氯盐含量。

（4）坚固性

集料的坚固性，按标准规定用硫酸钠溶液检验，试样经 5 次循环后其质量损失应符合相应的有关规定。

（5）碱活性

集料中若含有活性氧化硅或含有粘土的白云石质石灰石，在一定的条件下会与水泥中的碱发生碱-集料反应（碱-硅酸或碱-碳酸盐反应），产生膨胀并导致混凝土开裂。因此，当用于重要工程或对集料有怀疑时，须按标准规定，用岩相法或砂浆长度法对集料进行碱活性检验。

2.2.2　常用的几种细集料

（1）石英砂

石英砂分天然石英砂、人造石英砂和机制石英砂三种。人造石英砂及机制石英砂是将石英砂加以焙烧，经人工或机械破碎、筛分而成。它们比天然石英砂纯净，二氧化硅含量更高。

（2）色石渣

色石渣又称米粒石、色米石，是由天然大理石、白云石、花岗岩以及其他天然石材经破碎加工而成。它们是具有各种色泽的彩色集料，主要用于饰面抹灰砂浆。

（3）轻质集料

轻质集料包括天然轻集料，如浮石、火山灰、多孔凝灰岩、珊瑚岩和钙质壳岩等；人造轻集料，如页岩陶粒、粘土陶粒、膨胀珍珠岩、膨胀聚苯乙烯泡沫颗粒；工业废料轻集料，如粉煤灰陶粒、膨胀矿渣珠等。

（4）膨胀珍珠岩

珍珠岩是一种火山喷发时在一定条件下形成的酸性玻璃质熔岩，属非金属矿物质，主要成分是 SO_2、Al_2O_3、CaO 和一定含量的化合结晶水，经过人工粉碎，分级加工形成一定粒径的矿砂颗粒，在瞬间高温下，矿砂内部结晶水汽化产生膨胀力，将熔融状态下的珍珠岩矿砂颗粒瞬时膨胀，经冷却后形成多孔轻质白色颗粒，理化性能十分稳定，具有很好的绝热防火性能，是一种很好的无机轻质绝热材料，具有轻质、热导率小、无毒、无味、不燃烧、不腐烂、不老化和不被虫蛀等特点，可用于配制保温砂浆。

但膨胀珍珠岩在应用中也有其致命的缺点，它的吸水率较高，自身强度低，在墙体温度变化时，珍珠岩因吸水膨胀会产生鼓泡开裂现象，同时吸水还降低了材料的保温性能。正因为如此，膨胀珍珠岩的应用受到了一定的限制。

最近市场上出现了一种所谓的闭孔珍珠岩，通过电炉加热的方式，对珍珠岩矿砂的梯度加热和滞空至时间的精确控制，使产品表面熔融，气孔封闭，而内部保持蜂窝状结构不变。克服了传统膨胀珍珠岩吸水大、强度低和配制的砂浆流动度差等缺点，延伸了膨胀珍珠岩的应用领域。

（5）膨胀蛭石

蛭石是一种非金属矿物，由金云母和黑云母等矿物变化而形成的变质层状矿物。因其受热失水膨胀呈挠曲状，形态似水蛭，故称为蛭石。

蛭石被急剧加热煅烧时，层间的自由水将迅速汽化，在蛭石的鳞片层间产生大量蒸汽。急剧增大的蒸汽压力迫使蛭石在垂直解理层方向产生急剧膨胀。在 850～1000℃的温度煅烧时，其颗粒单片体积能膨胀 20 多倍，许多颗粒的总体积膨胀 5～7 倍。膨胀后的蛭石中细薄的叠片构成许多隔层，层间充满空气，因而具有很小的密度和热导率，成为一种良好的保温、隔热和吸声材料。

和膨胀珍珠岩一样，采用膨胀蛭石制作保温砂浆时由于其吸水率高造成水分不易挥发，容易引起涂层鼓泡开裂和保温性能的下降。

（6）玻化微珠

这是一种无机玻璃质矿物材料，经过特殊生产工艺技术加工而成，呈不规则球状体颗粒，内部多孔空腔结构，表面玻化封闭，光泽平滑，理化性能稳定，具有耐高低温、抗老化、吸水率小等优异特性，可替代粉煤灰漂珠、玻璃微珠、膨胀珍珠岩、聚苯颗粒等传统轻质集料在保温材料中使用。

3 预拌砂浆矿物掺合料

3.1 石灰石粉

石灰石粉按细度可分为单飞粉（200 目，筛余≤5%）、双飞粉（325 目，筛余≤1%）、三飞粉（325 目，筛余≤0.1%）和四飞粉（400 目，筛余≤0.05%）。单飞粉用于生产无水氯化钙，是重铬酸钠生产的辅助原料，也可作为玻璃及水泥生产的原料，此外，用于建筑材料和家禽饲料中。双飞粉是生产无水氯化钙和玻璃等的原料，批墙腻子、橡胶和涂料的白色填料。三飞粉用作塑料、涂料及涂料的填料。四飞粉用作电线绝缘层的填料、橡胶模压制品以及沥青制油毡的填料。

石灰石磨细后作为水泥生产的混合材或砂浆的掺合料，因其价格低廉，运输方便，不用烘干而显示出巨大的经济价值，具有明显的节能、增产、降低成本的效果。作为硅酸盐水泥的混合材或砂浆的掺合料，石灰石中 $CaCO_3$ 质量分数应大于 75%，Al_2O_3 质量分数应小于 2%。

长久以来，常将石灰石当作是非活性混合材，因此在我国水泥标准中，把石灰石在普通水泥中的掺量限制在 10%以下。事实上，石灰石不完全是一种惰性混合材，除起微集料作用外，对水泥早期水化也有促进作用，并形成新的水化相。石灰石在水泥熟料矿物的水化过程中，不仅会促进 C_3S 的水化过程，而且还会与 C_3A 反应，生成水化碳铝酸钙 $C_3A \cdot 3CaCO_3 \cdot 12H_2O$。同时，国外许多水泥标准，已把石灰石在水泥中的掺量允许到 20%以上。需要指出的是，石灰石的类型及品质指标对水泥的 3d 和 28d 强度有明显的影响，特别是含粘土成分较多的低钙石灰石一般不利于水泥早期、后期强度的发展。石灰石可部分取代石膏而且对凝结时间没有影响。

对于石灰石在水泥水化和硬化过程中的作用，主要是它与 C_3A 反应生成 $C_3A \cdot 3CaCO_3 \cdot 12H_2O$，一般它的形成略迟于 $CaSO_4 \cdot 2H_2O$ 和 C_3A 的反应。由于水化碳铝酸钙的形成，它起到了另一个作用，即可以阻止高硫型水化硫铝酸钙向低硫型水化硫铝酸钙的转化，或者是水化铝酸钙向立方晶型 C_3AH_6 的转化，这两种转化都将引起水泥石强度的降低，即所谓强度随养护龄期延长而倒缩的现象。石灰石的加入，尤其是当水泥熟料中 C_3A 的含量较高时，无疑是很有利的。

石灰石对水泥熟料中阿利特矿物是一种加速水化的促凝剂来加速它的早期水化作用。但是当碳酸盐的浓度较低时（8mmol/L），反而延迟 C_3S 的水化。这是因为少量的 CO_3^{2-} 能同 C_3S 水化释放出的 Ca^{2+} 反应生成 $CaCO_3$，后者是无定型的薄膜，覆盖在 C_3S 颗粒的表面，从而延缓了 C_3S 进一步的水化。至于石灰石对 C_3S 的加速水化作用主要是由于 $CaCO_3$ 对过饱和的 Ca^{2+} 溶液起了晶核作用，促使 CH 成核，并加速了 C_3S 的水化。虽然石灰石硅酸盐水泥有许多优异的性能，如耐化学腐蚀等性能，但是它的抗冻性和抗盐侵蚀性却不是很好。

3.2　矿　渣　粉

3.2.1　矿渣粉的来源

矿渣是冶炼生铁的副产品。这类废渣化学成分的特点是除含有SiO_2和Al_2O_3外，尚含有一定量的CaO（一般低于熟料中的CaO含量）。其物理性质特点是在形成过程中常呈高温熔融状态，后经水淬急冷成为含有大量玻璃相的粒状渣。这包括粒化高炉矿渣、高炉冶炼锰的副产品锰铁矿渣、化铁炉排出的化铁炉渣、用电炉还原法冶炼铬铁的铬铁渣、粒化电炉磷渣等。下面仅以粒化高炉矿渣为例。

粒化高炉矿渣是高炉炼铁的废渣以熔融状态流出后，经水淬急冷处理而成。每生产1t铁，将排渣0.3～1.0t。

粒化高炉矿渣的化学成分主要为氧化钙、氧化硅、氧化铝，其总量一般占90%以上。

① 氧化钙：是矿渣的主要成分之一，含量波动在35%～45%。氧化钙含量越高，矿渣的活性越大。

② 氧化铝：也是决定矿渣活性的主要成分，含量波动在15%～60%。Al_2O_3和CaO含量都高时，这种矿渣的活性最大。

③ 氧化硅：含量波动在25%～40%。

④ 氧化镁：一般波动在2%～15%。矿渣中的氧化镁呈稳定的化合物或玻璃体，不会产生安定性不良的现象。MgO含量增加时，有助于提高矿渣的粒化质量，增加其活性。因此，一般将MgO看成是矿渣的活性组分。

⑤ 硫化钙：CaS水解后生成$Ca(OH)_2$，对矿渣活性有利。

⑥ 氧化亚锰：矿渣中MnO含量一般波动在1%～3%。MnO的含量超过5%时，矿渣活性下降。

⑦ 氧化钛：TiO_2在矿渣中将与氧化硅、氧化铝、氧化钙和氧化镁等成分结合形成惰性矿物（钙钛矿）。因此，随着氧化钛含量的增加，矿渣的活性降低。

在正常冶炼时，矿渣中的氧化铁和氧化亚铁的含量很少，一般不超过3%，对矿渣活性无影响。此外，矿渣中还可能含有其他少量氧化物，如氟化物、氧化磷、氧化钠、氧化钾等。因含量很少，对矿渣质量影响不大。

经过水淬急冷处理的粒化高炉矿渣，一般含有80%～90%或更多的玻璃相。粒化高炉矿渣的活性，除化学成分影响外，主要取决于玻璃体的数量和性能。在化学成分大致相同的情况下，矿渣中的玻璃体含量越多，其活性也就越高。

化学成分是判断矿渣品质的重要根据。在国家标准中规定，粒化矿渣的品质可用品质系数K的大小来评定。

矿渣微粉的活性与其化学成分有很大的关系。各钢铁企业的高炉矿渣，其化学成分虽大致相同，但各氧化物的含量并不一致，因此矿渣有碱性、酸性和中性之分。以矿渣中碱性氧化物和酸性氧化物含量的比值M来区分：

$$M=\frac{(CaO+MgO+Al_2O_3)\%}{SiO_2\%}$$

$M>1$ 为碱性矿渣；$M<1$ 为酸性矿渣；$M=1$ 为中性矿渣。酸性矿渣的胶凝性差，而碱性矿渣的胶凝性好，因此，矿渣微粉应选用碱性矿渣，其 M 值越大，反映其活性越好。

根据国家标准《用于水泥中的粒化高炉矿渣》（GB/T 203—2008）规定，用质量系数 K 来评价矿渣质量：

$$K=\frac{CaO+MgO+Al_2O_3}{SiO_2+MnO+TiO_2}\geqslant 1.2$$

式中，CaO、MgO、Al_2O_3、SiO_2、MnO、TiO_2分别代表其质量分数。K 表达的是矿渣微粉中碱性氧化物含量与酸性氧化物含量之比，它反映矿渣微粉活性的高低，一般规定$K\geqslant 1.2$。

矿渣和硅酸盐水泥熟料及石膏混合均匀，配成矿渣水泥（矿渣掺量为 30%）。以标准的方法，测定矿渣水泥和硅酸盐水泥 28d 抗压强度比 R。R 值越大，矿渣活性越好。

粒化高炉矿渣粉（简称矿渣粉）是用符合《用于水泥中粒化高炉矿渣》（GB/T 203—2008）标准规定的粒化高炉矿渣经干燥、粉磨（或添加少量石膏一起粉磨）达到相当细度且符合相应活性指数的粉体。矿渣粉磨时允许加入助磨剂，加入量不得大于矿渣粉质量的 1%。

与使用矿渣水泥相比，直接将矿渣粉加入预拌砂浆中具有更优异的特点。粒化高炉矿渣比较坚硬，与水泥熟料混在一起，不容易同步磨细。所以矿渣水泥往往保水性差，容易泌水，而且较粗颗粒的粒化矿渣活性不能得到充分发挥。而将粒化高炉矿渣单独粉磨或加入少量石膏或助磨剂一起粉磨，可以根据需要控制粉磨工艺，得到所需细度的矿渣粉，有利于其中活性组分更快、更充分水化。

3.2.2 矿渣微粉性能指标

用于砂浆中的矿渣粉可参照国家标准《用于水泥和混凝土中的粒化高炉矿渣粉》（GB/T 18046—2008），可以将矿渣粉分为 S 105、S 95 和 S 75 三个等级，可根据预拌砂浆品种灵活选用矿渣粉的细度和掺量。其中对用于混凝土的矿渣微粉规定的一系列技术要求如表 3-1 所示。

表 3-1 矿渣微粉的技术要求

项目			级别		
			S 105	S 95	S 75
密度（g/cm^3）		≥	2.8		
比表面积（m^2/kg）		≥	500	400	300
活性指数（%） ≥	7d		95	75	55
	28d		105	95	75
流动度比（%）		≥	95		
含水量（质量分数）（%）		≤	1.0		
三氧化硫（质量分数）（%）		≤	4.0		
氯离子（质量分数）（%）		≤	0.06		
烧失量（质量分数）（%）		≤	3.0		
玻璃体含量（质量分数）（%）		≥	85		
放射性			合格		

矿渣粉的活性大小用活性指数来衡量。活性指数指受检胶砂与基准胶砂标准养护至规定龄期的抗压强度之比，用百分数表示。活性指数反映矿渣微粉对硬化混凝土的影响。

标准中规定胶砂配合比如下。受检胶砂：水泥 225g；矿渣微粉 225g；标准砂 1035g；水 225mL；基准胶砂：水泥 450g；标准砂 1035g；水 225mL。其中水泥用 42.5 级硅酸盐水泥，当有争议时应符合 GB 175—2007/XG1—2009 的规定。

矿渣粉的流动度比是指受检胶砂流动度与基准胶砂流动度之比。胶砂配比与活性指数检测时相同。试验参照国家标准。

矿渣粉的细度比用表面积表示，用勃氏法测定。矿渣粉细度越高，则颗粒越细，其活性效应发挥得越充分，但过细需要消耗较多的生产能耗，因此细度的选择应根据商品砂浆种类，以满足要求为宜。

3.2.3　矿渣粉的应用

（1）凝结时间

矿渣微粉砂浆的初凝、终凝时间比普通砂浆有所延缓，但幅度不大。

（2）流动性

在掺用同样塑化剂（减水剂）和同样的砂浆配合比的情况下，矿渣微粉砂浆的流动度得到明显的提高，且流动度经时损失也得到明显缓解。流动度的改善是由于矿渣微粉的存在，延缓了水泥水化初期水化产物的相互搭接，还由于 C_3A 矿物含量的降低而与减水剂有更好的相容性，而且达到一定细度的矿渣微粉也具有一定的减水作用。

（3）泌水性

矿渣微粉砂浆具有良好的粘聚性，因而显著改善了砂浆的泌水性。

（4）强度

在相同的配合比、强度等级与自然养护的条件下矿渣微粉砂浆的早期强度比普通砂浆略低，但 28d 及以后的强度增长显著高于普通砂浆。

（5）耐久性

由于矿渣微粉砂浆的浆体结构比较致密，且矿渣微粉能吸收水泥水化生成的氢氧化钙晶体而改善了混凝土的界面结构。因此，矿渣微粉砂浆的抗渗性明显优于普通砂浆。由于矿渣微粉具有较强的吸附氯离子的作用，因此能有效阻止氯离子扩散进入，提高了砂浆的抗氯离子能力。砂浆的耐硫酸盐侵蚀性主要取决于砂浆的抗渗性和水泥中铝酸盐含量和碱度，矿渣微粉砂浆中铝酸盐和碱度均较低，且又具有高抗渗性，因此，矿渣微粉砂浆抗硫酸盐侵蚀性得到很大改善。由于矿渣微粉砂浆的密实性得到改善，故它们的抗冻性也优于普通砂浆。矿渣微粉砂浆的碱度降低，对预防和抑制碱-集料反应也是十分有利的。

3.3　粉　煤　灰

3.3.1　粉煤灰的来源

粉煤灰又称飞灰，是一种颗粒非常细以至能在空气中流动并被除尘设备收集的粉状物质。我们通常所指的粉煤灰是指燃煤电厂中磨细煤粉在锅炉中燃烧后从烟道排出、被收尘器收集的物质。粉煤灰呈灰褐色，通常为酸性，比表面积为 2500～7000cm^2/g，颗粒尺寸从几百微米到几微米，通常为球状颗粒，主要成分为 SiO_2、Al_2O_3 和 Fe_2O_3，有些时候还含有比较高的 CaO。粉煤灰是一种典型的非均质性物质，含有未燃尽的碳、未发生变化的矿物（如石英等）和碎片等，而且相当大比例（通常＞50%）是颗粒粒径小于 10μm 的球状铝硅颗粒。

3.3.2 粉煤灰的分类及标准

（1）根据粉煤灰的细度和烧失量

澳大利亚的标准（用于波特兰水泥的粉煤灰）将粉煤灰分为以下三个等级。

细灰：75%的粉煤灰通过 45μm 筛且烧失量不超过 4%。

中灰：60%的粉煤灰通过 45μm 筛且烧失量不超过 6%。

粗灰：40%的粉煤灰通过 45μm 筛且烧失量不超过 12%。

我国国家标准《用于水泥和混凝土中的粉煤灰》（GB/T 1596—2005）也主要根据粉煤灰的细度和烧失量对用于作为混凝土和砂浆掺合料的粉煤灰分为三个等级。

Ⅰ级粉煤灰：0.045mm 方孔筛余小于 12%，需水量小于 95%，烧失量小于 5.0%。

Ⅱ级粉煤灰：0.045mm 方孔筛余小于 25%，需水量小于 105%，烧失量小于 8.0%。

Ⅲ级粉煤灰：0.045mm 方孔筛余小于 45%，需水量小于 115%，烧失量小于 15.0%。

（2）根据粉煤灰的状态

一般根据粉煤灰中含水量的变化将粉煤灰分成干灰、湿灰和陈灰。

干灰是含水率不超过 3%的新排放粉煤灰和存放不超过半年的粉煤灰。对于低钙粉煤灰，存放时间不会影响粉煤灰的性质。

湿灰指在排放过程中加入一定量水的粉煤灰。

陈灰是指露天堆放的粉煤灰，这类粉煤灰由于在存放过程中吸收了雨水和空气中的水分，都有很高的含水率。

已有的实验表明，相对于干灰，湿灰和陈灰作为土木工程材料，其使用价值大为下降。

（3）根据粉煤灰的化学性质

ASTM 标准将粉煤灰分为 C 类和 F 类。

高钙 C 类粉煤灰：褐煤或亚烟煤的粉煤灰，$SiO_2+Al_2O_3+Fe_2O_3 \geqslant 50\%$；

低钙 F 类粉煤灰：无烟煤或烟煤的粉煤灰，$SiO_2+Al_2O_3+Fe_2O_3 \geqslant 70\%$。

我国国家标准将粉煤灰按煤种和氧化钙含量分为 F 类和 C 类。

F 类粉煤灰：由无烟煤燃烧收集的粉煤灰，游离 CaO 含量≤1.0%。

C 类粉煤灰：氧化钙含量一般大于 10%，由褐煤或次烟煤燃烧收集的粉煤灰，游离 CaO 含量≤4.0%。

3.3.3 粉煤灰的作用机理

1. 粉煤灰的火山灰活性

铝硅质材料本身不具有或只具有很弱的胶凝性，但在水存在的条件下与 CaO 化合将会形成水硬性固体，这种性质称为火山灰活性。因为粉煤灰的火山灰活性通常采用抗压强度比来表示，因此，也有不少研究者将粉煤灰的火山灰活性划归为粉煤灰的物理性质。粉煤灰特别是低钙粉煤灰，从化学组成上看是一种比较典型的火山灰质材料，粉煤灰的很多工程应用都是建立在对粉煤灰这种潜在的火山灰性质的利用上，因此，火山灰性质是粉煤灰最基本的性质。

粉煤灰的火山灰活性是针对粉煤灰中的活性氧化硅和活性氧化铝，并且主要是针对活性氧化硅而言的。不少研究者甚至将粉煤灰的火山灰活性等同于粉煤灰中可溶性 SiO_2 的含量。当然，高钙粉煤灰因为含有比较多的硫酸钙、石灰、C_3A、C_2S 等矿物相，本身就可以水化硬化，不同的测试方法得出的火山灰活性指标差异可能比较大。

当火山灰质粉煤灰、石灰、水混合后，水化产物将在粉煤灰颗粒嵌面集中形成一层膜，这层膜主要由无定形的 $Ca(OH)_2$ 和 C-S-H（水化硅酸钙）凝胶组成，随凝胶的逐渐密实将形成硬化壳体，如果混合物的水适量，最终混合物将硬化，具有强度。

粉煤灰中的玻璃体越多，火山灰化学反应性越强，硬化体的强度也越高。对高钙粉煤灰而言，一定量的 C_3A、硫酸钙和石灰的存在也有利于硬化体的强度。粉煤灰的火山灰活性很大程度上受粉煤灰中玻璃体类型的影响。巴特拉（Batra）认为，粉煤灰中有伊利石和石英两种类型的玻璃体，粉煤灰的火山灰活性受这两种类型玻璃体的比例的影响，因为石英比伊利石粗大，因此具有更高的火山灰的活性。粉煤灰中的玻璃体结构非常复杂，虽然不少研究者采用先进的分析手段，但有关研究结果仍然比较少。有关玻璃体结构对粉煤灰火山灰活性影响的研究结果更少。

一些研究者对影响粉煤灰火山灰活性的因素进行了研究，根据 151 个粉煤灰试样的试验，发现粉煤灰的细度、需水量与抗压强度相比有较高的相关系数。乔希（Joshi）等认为烧失量、比表面积、化学组成、细度是影响粉煤灰火山灰活性的主要因素，并且认为影响程度的顺序为：玻璃体类型＞玻璃体含量＞玻璃体的细度＞玻璃体的化学组成。他们选用了十几种类型的粉煤灰，以石灰火山灰活性指数来表示火山灰活性，测试了粉煤灰细度、SiO_2、$Al_2O_3+Fe_2O_3$ 含量、氧化钙含量、可溶性物质与粉煤灰火山灰活性的关系。但从他们的试验结果来看，除细度指标与粉煤灰的火山灰活性有相关性外，其他指标的相关性不强。实际上，对某一种具体粉煤灰，如果用某几种参数来准确表示粉煤灰的火山灰活性是比较困难的，因为不同粉煤灰中，不同因素对其活性的贡献是不同的。总的来说，粉煤灰越细，烧失量越低，玻璃体含量越高，粉煤灰的火山灰活性也越高。

2. 粉煤灰的化学反应性

上面介绍的火山灰活性属于粉煤灰的化学反应性的一种，表示粉煤灰与石灰反应能力，而化学反应性包括的范围就比较广，如粉煤灰本身的水化能力、酸碱溶液中粉煤灰的反应性、温度等因素对粉煤灰化学反应性的影响、在有硅酸盐水泥存在的条件下粉煤灰的化学反应性等。对于粉煤灰这些化学反应性的认识，有利于粉煤灰的处置和利用。目前对在水泥存在条件下粉煤灰化学反应性的研究结果比较多，而其他方面的研究结果则很少。

一般认为，化学组成对粉煤灰化学反应性的影响并不显著，而粉煤灰的表面状态对化学反应性影响非常显著，粉煤灰越细，反应性越强。彼得逊（Pietersen）等的研究结果表明，高的 pH 值和温度比粉煤灰的化学反应性能影响更为重要。

（1）pH 值变化

通常条件下粉煤灰的水化反应速度虽然很慢，但粉煤灰溶液的 pH 值变化则比较快。根据粉煤灰在水中 pH 值的高低还可以将粉煤灰分为酸性、中性和碱性。

粉煤灰溶液的 pH 值变化规律虽然比较简单，但有关研究结果却相对比较少。Joshi 等对不同类型粉煤灰的pH值变化规律进行过一些研究，他们采用十余种粉煤灰，研究结果显示，几乎所有的粉煤灰刚加入水中一开始溶液都呈酸性，然后pH值逐渐上升呈比较强的碱性，只有个别粉煤灰的溶液在比较长的时间内仍呈酸性。

（2）粉煤灰的水化

粉煤灰的水化速度与氧化钙含量关系很大，高钙粉煤灰通常加水后能有比较强烈的水化反应，而低钙粉煤灰这种水化反应则比较弱。

托克亚伊（Tokyay）等采用XRD对高钙粉煤灰的水化产物进行分析。他们共采用三种高钙粉煤灰，XRD分析结果显示，氧化钙含量最高的粉煤灰1#，加水后石灰立即生成$Ca(OH)_2$，无水石膏生成石膏（$CaSO_4 \cdot 2H_2O$），接着$Ca(OH)_2$、$CaSO_4 \cdot 2H_2O$又与活性氧化铝很快生成钙矾石，3d水化产物中仍有$Ca(OH)_2$、$CaSO_4 \cdot 2H_2O$，7d时$Ca(OH)_2$、$CaSO_4 \cdot 2H_2O$消失，表明完全生成钙矾石。氧化钙含量为25.4%的粉煤灰2#水化过程与粉煤灰1#基本类似，只是到了3d时才发现有石膏生成，即粉煤灰2#中的无水石膏水化速度比较慢；两种高钙粉煤灰水化到7d时，有迹象显示有一定量的C-S-H凝胶生成，至90d时还有C_4ACH_{11}和C_4AH_{13}生成。而粉煤灰3#因为游离氧化钙的含量很少，加水后只发现有石膏的水化产物，且石膏的生成速度比较慢，直到28d无水石膏才完全生成石膏，90d才会有钙矾石生成，但是当粉煤灰与20%的消化石灰混合后，无水石膏生成石膏的速度加快，其XRD图谱与粉煤灰1#类似。

低钙粉煤灰水化速度非常缓慢，目前关于低钙粉煤灰水化的研究结果很少。哈塞特（Hassett）等对粉煤灰加水后的水化热进行了研究，他们将100g粉煤灰加入200mL去离子水，然后测量水化热的变化情况，研究结果显示，低钙粉煤灰的放热高峰大约在加水后的100s，峰值涨到0.37℃，最大温度升高在水化后的10000s左右可能接近1℃，而高钙粉煤灰有三个放热高峰，发生在加水后的1000s内，放热高峰温度可达到0.5℃，最大温度升高在4000s时可达到6℃以上，表明高钙粉煤灰的水化速度明显高于低钙粉煤灰。因此他们认为可以通过测定水化热的高低来表示粉煤灰的火山灰活性和水化性质。

（3）与水泥的反应

粉煤灰与水泥的反应通常被描述为“与水泥的水化产物$Ca(OH)_2$反应生成C-S-H凝胶”，习惯上称之为“二次反应”。实际上这种描述是不够确切或者说是比较粗糙的。

粉煤灰在有水泥存在的条件下反应可能是这样的，首先是粉煤灰颗粒表面形成一层C-S-H凝胶外壳（C-S-H凝胶为硅酸盐水泥的水化产物），然后是粉煤灰颗粒表面的玻璃体的溶解，这种溶解的速度通常受水泥基本系统孔隙中含有高浓度碱性水化产物溶液的影响，粉煤灰再与$Ca(OH)_2$反应形成水化产物，所产生的C-S-H凝胶相对素硅酸盐水泥混凝土有比较低的硅钙比，并且在C-S-H凝胶内连接硅酸盐四面体的框架结构也有所不同。由于火山灰反应，$Ca(OH)_2$的含量要比素水泥混凝土低。

尽管关于粉煤灰与水泥反应的研究结果比较多，但要揭示粉煤灰与水泥之间的化学反应仍然有很多研究工作值得深入，因为不同粉煤灰之间，同种粉煤灰不同颗粒之间的差异都比较大。如果说粉煤灰与水泥存在化学反应，还不如说粉煤灰与水泥之间是物理反应，因为粉煤灰的颗粒尺寸分布将非常明显地影响新拌混凝土和硬化混凝土的性能，例如需水量的降低很有可能是因为粉煤灰的熔融结构的改性作用，而不是假定的粉煤灰球状颗粒的滚珠作用。很多研究者通过微观测试手段发现粉煤灰颗粒中的玻璃体完全溶解后留下的骨架状的晶体分散相，然而对于这些玻璃体是如何参与其他水化反应的，又生成什么新的水化产物以及生成过程都不是很清楚。由于粉煤灰的火山灰反应，$Ca(OH)_2$随着时间延长逐渐降低，特别对于低钙粉煤灰，这种降低更为明显，由于$Ca(OH)_2$的减少势必要在硬化水化产物中留下空隙，特别是砂、石集料颗粒的附近，实际情况又是怎样仍有待研究。

总的来说，粉煤灰与水泥的反应将显著影响硬化水泥浆体和混凝土的最终性质，粉煤灰的CaO含量不同，粉煤灰与水泥反应差异也比较大。低钙粉煤灰中，可与水泥反应的组分主要是玻璃体，粉煤灰颗粒中的石英、赤铁矿、磁铁矿等晶体相在水泥中是没有反应性的，而玻璃体通常温度下与水泥反应速度也很慢，但是在尺寸相对比较大的构件中，因为水泥水化热而有较高温度的情况下，这种水化反应将更快，程度也更大；如果在蒸汽养护或蒸压条件下，这种反应速度非常迅速；高钙粉煤灰中，不仅玻璃体还有一些晶体组分都有化学反应性；一些粉煤灰含有游离氧化钙、硫酸钙、C_3A，这些活性晶体组分的含量比较高，加水后可直接生成钙矾石、单硫型水化硫铝酸钙，甚至C-S-H凝胶。

3.3.4　粉煤灰的活化

活化是指通过一定手段，使粉煤灰的潜在活性得以较快的发挥，即玻璃体中的活性SiO_2和Al_2O_3能较早地与CH反应。活化的措施有物理（机械）法及化学法。

（1）物理（机械）法（磨细活化法）

物理法是将粉煤灰与水泥熟料、石膏共同入磨机粉磨，这时粉煤灰细颗粒填充于熟料颗粒间的空隙，而受不到粉磨作用。

若是将粉煤灰在适当粉磨设备中磨细，然后再与水泥粉混合，将会达到较好的效果。因为粉煤灰在单独粉磨时，可以把空心球和碳粒粉碎，粘连的球体被分散，从而使粉煤灰的表面积大幅度增加，而多孔玻球体和碳粒的内比表面积减少，所以把磨细的粉煤灰加在水泥或混凝土中后的需水量减少。

如果将比表面积大的粉煤灰水泥的水灰比减小，则强度还将提高，例如某种粉煤灰经磨细后，在45μm筛上的筛余为3%～5%，需水量比是90%～93%，当用它取代混凝土中水泥量的20%时，混凝土的减水率为6%～9%，3d和90d的抗压强度比分别为95%～100%、100%～115%，可见其效果显著。

磨细粉煤灰之所以起到活化效果的原因，是在比表面积增大的同时，改变了系统的颗粒堆积状态，提高了粉煤灰可参与火山灰反应的面积，从而提高了反应速率。

（2）化学活化

常用的方法是加一定量的化学激发剂，使之促进粉煤灰玻璃体中Si—O—Si、Si—O—Al键的断裂，并同时与之生成水化物。普通的激发剂有芒硝、明矾石、石膏等无机外加剂，也有用氟钙酸盐及其他无机物的，它们在有CaO存在的条件下，与SO_4^{2-}和Al_2O_3形成钙矾石，同时SO_4^{2-}对SiO_2形成水化硅酸钙也有促进作用。

（3）复合活化法

鉴于单纯的化学激发并不十分有效，因此采用机械-化学的复合激发法，取得的效果就显著得多，复合激发法的优点表现在，不仅对早期抗压强度有明显提高，而且对抗折强度的提高亦有利。

3.3.5 粉煤灰砂浆性能

(1) 硬化以前的特点

① 减少砂浆需水量。

② 改善砂浆的输送性能。

③ 提高砂浆密实性、流动性和塑性。

④ 减少泌水和离析。

⑤ 减少流动度损失。

⑥ 延长砂浆、混凝土的凝结时间。

(2) 粉煤灰砂浆的养护

一般认为，相对于普通砂浆，养护温度的提高更有利于粉煤灰砂浆的性能。粉煤灰砂浆早期强度发展相对较低，因此适当提高砂浆的养护温度将有利于粉煤灰砂浆强度等性能的发展。相对普通砂浆，同等工作性的粉煤灰砂浆的用水量较低，因此粉煤灰砂浆对养护更为敏感，保持比较高的湿度有利于粉煤灰砂浆的强度等性能的发展。

(3) 强度

通常随粉煤灰掺量的增加，粉煤灰砂浆的强度发展特别是早期降低比较明显，90d 后在掺量比较小的情况下粉煤灰砂浆强度接近普通砂浆 1 年后甚至超过普通砂浆强度。

(4) 弹性模量

粉煤灰砂浆的弹性模量与抗压强度也成正比关系。相比普通砂浆，粉煤灰砂浆的弹性模量 28d 后不低于甚至高于相同抗压强度的普通砂浆。粉煤灰砂浆弹性模量与抗压强度一样，也随龄期的增长而增长；如果由于粉煤灰的减水作用而减少了新拌砂浆的用水量，则这种增长速度是比较明显的。

(5) 变形能力

粉煤灰砂浆的徐变特性与普通砂浆没有多大差异。粉煤灰砂浆由于有比较好的工作性，砂浆更为密实，某种程度上会有比较低的徐变。相对而言，由于粉煤灰砂浆早期强度比较低，在加荷初期各种因素影响徐变的程度可能高于普通砂浆。

由于粉煤灰的掺加非常有效地改善了普通砂浆的工作性，在同样的工作性能的情况下，粉煤灰砂浆的收缩会比普通砂浆低；由于粉煤灰的未燃碳粉会吸附水分，因此同样工作性的情况下，粉煤灰烧失量越高，粉煤灰砂浆的收缩也越大。

(6) 耐久性

一般认为，粉煤灰砂浆的抗渗性要高于普通砂浆，因为粉煤灰改善了砂浆的孔结构。随粉煤灰掺量的增加，粉煤灰砂浆抗渗性将提高，养护温度的提高有利于粉煤灰的水化，因此也将提高粉煤灰砂浆的抗渗性。

已有的研究结果表明，粉煤灰砂浆相对普通砂浆有非常好的抗硫酸盐侵蚀的能力。一般认为，粉煤灰砂浆优异的抗硫酸盐侵蚀的能力，既是其物理性能的表现，也是化学性质的表现：① 由于粉煤灰的火山灰化学反应，减少了砂浆和混凝土中的 $Ca(OH)_2$ 以及游离氧化钙的含量。② 由于粉煤灰通常降低砂浆的需水量，改变砂浆的工作性，同时二次水化产物填充混凝土中粗大毛细孔而提高砂浆和混凝土的抗渗性。

3.4 天然沸石粉

天然沸石粉是由天然沸石经过机械粉磨而成。天然沸石由原始的铝硅酸盐物质在晚期经过岩浆热液蚀变、接触交接沉淀成岩后变质和风化等阶段形成的矿物。

3.4.1 天然沸石粉的化学组成、矿物组成和颗粒组成

天然沸石粉的化学组成因产地不同有所差异，一般来说，SiO_2含量大约为61%～69%，Al_2O_3含量大约为12%～14%，Fe_2O_3含量大约为0.8%～1.5%，CaO含量大约为2.5%～3.8%，MgO含量大约为0.4%～0.8%，K_2O含量大约为0.8%～2.9%，Na_2O含量大为0.5%～2.5%，烧失量大约为10%～15%。从化学组成上看，天然沸石粉以SiO_2和Al_2O_3为主，占3/4以上，而碱性氧化物较少，特别是碱土金属氧化物很少。因此，天然石粉属于火山灰质材料。

天然沸石粉的矿物组成主要为沸石族矿物，这种矿物为骨架铝硅酸盐结构，其结构特征为：具有稳定的正四面体硅（铝）酸盐骨架；骨架内含有可交换的阳离子和大量的孔穴通道，其直径为0.3～1.3nm，因此，具有很大的内比表面积；沸石结构中通常含有一定数的水，这种水在孔穴和通道内可以自由进出，空气也可以自由进出这些孔穴和通道。

天然沸石粉颗粒一般为多孔的多棱角颗粒，正是由于天然沸石粉这种多孔和多棱角的粒特征，导致了天然沸石粉通常具有较大的需水量。与矿渣粉相同，天然沸石粉也是经过粉磨过程而获得的，因此，它的颗粒组成也取决粉磨工业。

3.4.2 天然沸石粉在水泥基材料中的作用

尽管天然沸石粉与粉煤灰都是一种火山灰质材料，但是由于组成和结构的差异，在水泥基材料中表现出不同的行为，也将发挥不同的作用。

（1）天然沸石粉的需水行为和减水作用

影响矿物外加剂需水行为的三个基本要素是颗粒大小、颗粒形态和比表面积。颗粒大小决定其填充行为，影响填充水的数量；颗粒形态影响其润滑作用；比表面积其表面水的数量。

对于天然沸石粉，颗粒大小是由粉磨细度决定的。细度越高，越有利于填充在水泥颗粒堆积的空隙中，从而减少填充水的数量。天然沸石粉是通过粉磨而成的，具有不规则的颗粒形状，这种颗粒运动阻力较大，因此，不具有润滑作用。天然沸石粉具有很大的内比表面积，能吸附大量的水。由这三个基本要素来看，天然沸石粉不具有减水作用。将天然沸石粉磨得很细，可以更好地填充减少颗粒堆积的空隙，减少填充水量。

但是，在提高细度的同时，也增大了比表面积，相应地增加了表面水量。这两个互为相反的作用常常是得不偿失。因此，即使增大粉磨细度，也不能使天然沸石粉表现出减水作用。大量试验结果证明了这一点。非但如此，掺入天然沸石粉通常都使得需水量较大幅度地增加。

（2）天然沸石粉的活性行为和胶凝作用

天然沸石粉一般比粉煤灰等其他一些火山灰料的活性行为和胶凝作用高。粉煤灰等一些

工业废渣是经过高温煅烧的，它们的活性主要由于保留了高温时的结构特征，使其处于高能量状态。而天然沸石粉是经过长期地质演变而形成的。尽管它也经过一个高温过程，但经过长期的地质演变，高温型的结构特征已经变的不明显，特别是玻璃体结构的无序化特征已经基本消失。天然沸石粉之所以具有较高的火山灰活性是因为在它的骨架内含有可交换的阳离子以及较大的内比表面积。结构中存在着活阳离子是凝胶材料具有活性的一个本质因素。

天然沸石粉结构中这些活性阳离子的存在，使得它具有较高的火山灰反应能力。同时，硅酸盐矿物的水化反应是一种固相反应，天然沸石粉结构中的孔穴为水和一些阳离子的进入提供了通道，而较大的内比表面积为水和阳离子提供较多与固体骨架接触和反应的面，使反应能够较快地进行。由于这两个方面的因素，天然沸石粉常常表现出较高的活性。

(3) 天然沸石粉的填充行为和致密作用

天然沸石粉的填充行为取决于它的细度。一般来说，天然沸石粉表现出较好的填充行为，能使硬化水泥石结构致密。这也是它常常用于高强混凝土的一个重要原因。

(4) 天然沸石粉的稳定行为和益化作用

矿物外加剂的稳定行为包括两个方面：一是在新拌混凝土中的稳定行为；二是在硬化混凝土中的稳定行为。

在新拌混凝土中，由于天然沸石粉对水的吸附作用，使水不容易泌出，因而表现出较好的稳定行为。天然沸石粉具有较好的保水作用，这是天然沸石粉的一个重要特征，是其他矿物外加剂所不及的，以至于一些人把天然沸石粉看成是一种保水剂。此外，由于掺入天然沸石粉后，水泥浆较黏稠，增大了集料运动的阻力，因而有效地防止了离析。天然沸石粉的这种稳定作用对混凝土的施工有着较大的帮助，特别是在较大压力下泵送时，更能体现出这一作用的重要性。此外，天然沸石粉的这种稳定作用对硬化混凝土的性能也有着潜在的影响，这种影响表现在两个方面：

① 天然沸石粉的稳定性为混凝土的均匀性提供了保证。在混凝土的浇注过程中，离析和泌水将导致各部位混凝土不均匀，上部混凝土可能水或水泥浆多一些，而下部则可能集料多一些。组成上的不均匀必然导致性能的不均匀。

② 天然沸石粉的稳定行为减少混凝土中缺陷形成的可能性。众所周知，当混凝土泌水时，由于集料的阻碍作用，水在集料下富集，形成水囊，这些缺陷对混凝土的性能有非常大的影响。然而，天然沸石粉的稳定行为避免或减少了泌水，也就减少了这些缺陷形成的可能性。

从这两方面来说，天然沸石粉对硬化混凝土的性能有着潜在的益化作用。

对于硬化混凝土来说，对体积稳定性的影响是矿物掺合料稳定行为的一个重要标志。然而，在这一方面，天然沸石粉并不显示出优越性。特别是对混凝土干缩性能的影响，天然沸石粉表现出负效应。也就是说，掺入天然沸石粉使混凝土的干缩增大，其原因如下：

① 掺入天然沸石粉使混凝土用水量增加。混凝土的干缩与用水量有着密切的关系，用水量越大，混凝土的干缩也越大。由于天然沸石粉需水量较大，掺入天然沸石粉后混凝土的用水量增加，因而使得硬化混凝土的干缩增大。

② 较高的碱含量使硬化水泥石干缩增大。一些研究表明，硬化水泥石的干缩与碱含量有着密切的关系。当水泥石中碱含量增加时，其干缩变形也增大。天然沸石粉通常含碱量较高，因而掺入天然沸石粉使得水泥石中的碱含量增加，导致水泥石的收缩增大。

天然沸石粉的稳定行为表现为正、负两种形式，也必将导致正、负两种益化作用。因此，在采用天然沸石粉时应综合考虑这两方面的作用，采取科学的方法，扬其所长，避其所短，以取得好的综合效果。

由上述分析可以看出，天然沸石粉与粉煤灰的差异主要表现在三个方面：一是它的火山灰活性通常比粉煤灰高；二是它的需水量也比粉煤灰高，但具有较强的保水作用；三是体积稳定性较差。这些差异必将对混凝土的性能产生一系列的影响，必须引起注意。

3.4.3 天然沸石粉的性能指标

用于砂浆、混凝土掺合料的沸石粉的国家标准见《高强高性能混凝土用矿物外加剂》(GB/T 18736—2002)（表 3-2）。对天然沸石粉提出了五项技术指标要求，即 Cl 含量、吸氨值、比表面积、水泥胶砂需水量比和水泥胶砂活性指数（28d）。

表 3-2 沸石粉矿物外加剂的技术要求

试验项目			沸石粉	
			Ⅰ	Ⅱ
化学性能	Cl（%）	≤	0.02	
	吸氨值（mmol/100g）	≥	130	100
物理性能	比表面积（m^2/kg）	≥	700	500
胶砂性能	需水量比（%）	≤	110	115
	活性指数（28d）/（%）	≥	90	85

3.5 膨 润 土

膨润土的颗粒粒径是纳米级的，是亿万年前天然形成的，因此，国外有把膨润土称为天然纳米材料的。膨润土又叫蒙脱土，是以蒙脱土为主要成分的层状硅铝酸盐。膨润土的层间阳离子种类决定膨润土的类型，层间阳离子为 Na 时称钠基膨润土，为 Ca 时称钙基膨润土，为 H 时称氢基膨润土（活性白土），为有机阳离子时称有机膨润土。

膨润土具有很强的吸湿性，能吸附相当于自身体积 8～20 倍的水而膨胀至 30 倍。在水介质中能分散成胶体悬浮液，并具有一定的粘滞性、触变性和润滑性，它和泥砂等的掺合物具有可塑性和粘结性，有较强的阳离子交换能力和吸附能力。膨润土素有“万能”粘土之称，广泛应用于冶金、石油、铸造、食品、化工、环保及其他工业部门。

膨润土为溶胀材料，其溶胀过程将吸收大量的水，使砂浆中的自由水减少，导致砂浆流动性降低，流动性损失加快；膨润土为类似蒙脱土的硅酸盐，主要具有柱状结构，因而其水解以后，在砂浆中可形成卡屋结构，增大砂浆的稳定性，同时其特有的滑动效应，在一定程度上提高砂浆的滑动性能，增大可泵性。

膨润土有吸附性和阳离子交换性能，可用于除去食油的毒素、汽油和煤油的净化、废水处理；由于有很好的吸水膨胀性能以及分散和悬浮及造浆性，因此用于钻井泥浆、阻燃（悬浮灭火）；还可在造纸工业中做填料，可优化涂料的性能如附着力、遮盖力、耐水性、耐洗刷性等；由于有很好的粘结力，可代替淀粉用于纺织工业中的纱线上浆既节粮，又不起毛，浆后还不发出异味，一举双得。

总的说，钠膨润土（或钠质蒙脱石）的性质比钙质的好。但世界上钙质土的分布远广于钠质土，因此除了加强寻找钠质土外就是要对钙质土进行改性，使它成为钠质土。

膨润土（蒙脱石）由于有良好的物理化学性能，可做粘结剂、悬浮剂、触变剂、稳定剂、净化脱色剂、充填料、饲料、催化剂等，广泛用于农业、轻工业及化妆品、药品等领域，所以蒙脱石是一种用途广泛的天然矿物材料。

在膨润土砂浆的使用过程中需注意以下问题：

（1）砂浆配合比

在实际施工过程中，砂浆在配制后，须经过一次转储过程，而且往往需等待泵调整好或其他工序完成之后才开始注浆（约需 0.5～1h），砂浆并不是刚配制好就马上进行注浆施工的。因此为了延长砂浆可泵性的时间，在配制砂浆时可使砂浆初始处于轻微离析状态，使之在经过 0.5h 后不离析，以满足开始注浆时具有良好的可泵性即可。

配合比设计的原则是：

① 膨润土被看做胶凝材料的组分。

② 砂浆的设计容重不小于 $1700kg/m^3$，$1750kg/m^3$ 为参考基础。

③ 水胶比不大于 0.9。

④ 胶砂比不大于 0.8。

⑤ 配合比优化试验。

（2）施工时需注意的问题

膨润土的加入具有必要性，但无需进行预水化处理，可直接加入砂浆中进行搅拌，简化施工工序。膨润土不管是预水化或未预水化，它对砂浆稳定性的积极作用不变。但膨润土预水化足够的时间后，与之混合的水大部分已渗入其结构之中，而成为约束水，自由水减少，不利于流动性的增加；膨润土未经预水化时，虽然其与水相遇后，就开始水解吸水，但这是一个较慢的过程，其水解时，一定时间内还不能将大量的自由水吸收而成为约束水，因而有更多的自由水在砂浆中存在。其砂浆流动性并不一定降低。

3.6 凹凸棒土

凹凸棒土是指以凹凸棒石为主要组成部分的一种粘土矿，凹凸棒石（Attapulgite）又名坡缕石或坡缕缟石（Palygorskite），是一种层链状结构的含水富镁铝硅酸盐粘土矿物，其理想分子式为：$Mg_5Si_8O_{20}(OH)_2(OH_2)_4 \cdot 4H_2O$。凹凸棒石呈单斜晶系，其晶体结构属 2∶1 型粘土矿物，即 2 层硅氧四面体夹 1 层镁（铝）氧八面体，其四面体与八面体排列方式既类似于角闪石的双链状结构，又类似云母、滑石、高岭石类矿物的层状结构。

在每层中，四面体片角顶隔一定距离方向颠倒，形成层链状结合特征。在四面体条带间形成与链平行的通道。据推测，通道横断面约为 3.7nm×6.3nm，通道中被水分子所填充。这些水分子的排列，一部分是平行于纤维轴的沸石水，另一部分是与水镁时片中镁离子配位的结晶水。其结晶结构为针状，和角闪石系石棉十分相似，由细长的中空管所组成。

凹凸棒土是凹凸棒石经由选矿提纯、挤压研磨、活化、改性、干燥、粉碎、过筛等工序加工而成的。由于凹凸棒土具有特殊的物理化学性质，在石油、化工、造纸、医药、农业等方面都得到广泛的应用。在建筑领域中，除了作为涂料填充剂、矿棉粘结剂和防渗材料外，凹凸棒土其他的应用还在开发。改性凹凸棒土用作砂浆保水增稠外加剂的应用研究正在得到人们的广泛重视。

凹凸棒石形态呈毛发状或纤维状，通常为毛毯状或土状集合体。莫氏硬度 2～3，加热到 700～800℃，硬度>5。密度为 2.05～2.32。由于凹凸棒石独特的晶体结构，使之具有许多特殊的物化及工艺性能。主要物化性能和工艺性能有：阳离子可交换性、吸水性、吸附脱色性，大的比表面积（9.6～36m^2/g）以及胶质价和膨胀容。这些物化性能与蒙脱石相似。

（1）凹凸棒土的改性

改性凹凸棒土是天然凹凸棒土与表面活性剂复合配制而成的。改性凹凸棒土在偏光显微镜下为无色呈极细的纤维状，集合体常为杂乱无章的缕状；在透射电镜下，呈现出轮廓清晰、形态完整的板束状和纤维状。粘土状的凹凸棒石晶体一般长 0.5～3μm，热液成因的纤维比较粗大，表面往往可见纵向横纹，横切面接近菱形。改性凹凸棒土是经过适当方法的松解后，其针状晶体纤维在一定程度上未受破坏的情况下，形成了像树枝一样错综交叉的束状集合体，具有很大的面积和吸附力，而且很难分散。

（2）改性凹凸棒土的保水增稠作用

① 改性凹凸棒土的作用机理：凹凸棒土在经过适当的方法改性松懈后，其针状晶体纤维形成了像树枝一样错综交叉的束状集合体。集合体在砂浆中，能包裹砂子等大颗粒，从而防止砂子在砂浆中的沉降。改性凹凸棒土的最重要特点之一就是在相当低的浓度下可以形成高黏度的悬浮液。

由于改性凹凸棒土晶体具有与轴（110）平行的良好解理，以及呈链状晶体结构和棒状与纤维状的细小晶体外形，使得其在外加压力下（系统剪切力）能够充分地分散，且溶液中晶体受重力影响比受静电影响大，因而在截留液体中形成一种杂乱的纤维网格，这种悬浮液具有非牛顿流体特征。它的性质取决于改性凹凸棒土的质量浓度、剪切力的大小和 pH 值。改性凹凸棒土在各浓度下是触变性的非牛顿流体，随着剪切力的增加，流动性快速增加。这是由于随着剪切力的增加，改性凹凸棒土的晶束破碎，变为针状棒晶，所以流动性好。

由于上述原因，导致加入改性凹凸棒土的砂浆黏度增加，保水性能提高，触变性能变好。

② 改性凹凸棒土对新拌砂浆性能的影响：下面给出的一系列数据是按如下配比砂浆的研究结果。胶凝材料：砂＝1：4.5、1：5、1：7；胶凝材料中水泥为 42.5 普通硅酸盐水泥，二级粉煤灰占胶凝材料为 50%；砂为中砂；改性凹凸棒土掺量为占胶凝材料的质量分数。改性凹凸棒土掺量不大于 3%时，可以使砂浆的分层度变小，有利于提高砂浆的工作性能，但是掺量大于 4%后，砂浆的工作性能开始变差。因此，改性凹凸棒土掺量应控制在不大于 3%为宜。掺入改性凹凸棒土以后，砂浆的保水性能变好，有利于砂浆保持良好的工作性。

显然，可用于商品砂浆的矿物掺合料远不止上述几种，还有许多工业废弃物和天然矿物可作为矿物掺合料用于商品砂浆中，如钢渣、磷渣等。近年来，对城市垃圾焚烧所产生的飞灰开始了一些研究，并试图用于混凝土中。科学地利用这些矿物掺合料既能改善商品砂浆的性能，又能降低商品砂浆的成本，而且还有利于保护环境，应该大力提倡。需要注意，各种矿物掺合料有着各自不同的特性，因而也有着各自不同的适用场合和应用方法。因此，应用各种不同的矿物掺合料时，首先要掌握它们的特性，深入挖掘它们的潜力。只有这样，才有可能科学地利用它们，使它们最大限度地发挥正面作用，尽可能地避免负面作用。

3.7 颜　料

颜料按物料状态可分为液体颜料和粉末颜料；按化学性质可分为有机颜料和无机颜料。有机颜料着色性强，色彩鲜艳；无机颜料则耐久性好，但用量较大。无机粉末颜料包括氧化石、铁系、铬系、铅系等。耐碱无机颜料对水泥不起有害作用，常用的有：氧化铁（红、黄、褐、黑色）、氧化锰（褐、黑色）、氧化铬（绿色）、赭石（赭色）、群青（蓝色）以及普鲁士红等。颜料通常用在装饰砂浆中，使得砂浆的色彩多样化。

在商品砂浆中使用颜料应注意以下几个问题：

（1）颜料色彩的稳定性

装饰砂浆一般直接暴露在自然环境中，太阳光的照射，风、雨、雪的反复作用，都有可能影响颜料的颜色。因此，在选择颜料时必须注意颜料在这些自然环境中的稳定性。

（2）与砂浆颜色的协调性

在装饰砂浆的使用中，最终体现的是砂浆的颜色，而砂浆的专用颜色是砂浆本体颜色和颜料颜色综合作用的结果。因此，在配制装饰砂浆时仅注意颜料的勾缝色是不够的，必须注意两者之间的协调性，才能取得好的装饰效果。

（3）与砂浆体系的匹配

这是指要注意颜料对砂浆性能的影响。商品砂浆不同于普通砂浆，是一个复杂的体系。在这一体系中，一些颜料可能与胶凝材料中的某些组分反应，也有一些颜料与一些有机的化学外加剂形成络合物。这些反应可能会影响砂浆中各种组分作用的发挥，从而影响砂浆的性能。

另外还应注意砂浆体系对颜料色彩的影响。在商品砂浆中常用一些无机的金属氧化物作为颜料，这些金属氧化物可能在不同的环境中呈不同的价态，从而表现出不同的颜色。不同商品砂浆的环境是不同的，水泥基的商品砂浆中通常呈较强的碱性环境，而石膏基的商品砂浆中则呈现弱酸性环境。

这些环境的差异可能会引起金属氧化物价态的变化，从而使颜料的颜色发生变化。此外，颜料与一些有机物形成络合物也可能引起颜色的变化。因此，不能仅根据颜料的颜色来确定砂浆的颜色，要根据试验来确定砂浆的颜色。这些金属氧化物价态的变化有时候是较快的，但通常需要一个过程，因此试验必须有一定的试验周期。

4　预拌砂浆化学外加剂

外加剂在现代水泥砂浆、砂浆材料和施工技术中起着重要的作用。砂浆品种有预拌砂浆、自流平砂浆、干混砂浆、保温砂浆等，在施工性能方面要求综合化、多样化，如缓凝、速凝、塑化、增粘、抗离析、保水、减缩、消泡、防水、纤维增强等，材料质量要求不断提高。为达到这些要求，往往通过改变外加剂类型、性能与掺量来实现。砂浆用化学外加剂与混凝土用化学外加剂既有相似之处，又有所不同。这主要是由于砂浆与混凝土的用途不同所决定的。混凝土主要用作结构材料，而砂浆主要是饰面和粘结材料。参考混凝土外加剂的分类方法，砂浆化学外加剂也可以按化学成分和主要功能用途进行分类。

(1) 按化学成分分类

① 无机盐类砂浆外加剂：如早强剂、防冻剂、速凝剂、膨胀剂、着色剂、防水剂等。

② 高分子表面活性剂：这类外加剂主要是表面活性剂，如塑化剂（减水剂）、减缩剂、消泡剂、引气剂、乳化剂等。

③ 树脂类高分子：如聚合物乳液、可再分散聚合物胶粉、纤维素醚、水溶性高分子材料等。

(2) 按主要功能分类

① 改善新拌砂浆工作性能（流变性能）的外加剂，包括增塑剂（减水剂）、引气剂、保水剂、增粘剂（黏度调节剂）。

② 调节砂浆凝结时间、硬化性能的外加剂，包括缓凝剂、超缓凝剂、速凝剂、早强剂等。

③ 改善砂浆耐久性的外加剂，引气剂、防水剂、阻锈剂、杀菌剂、碱-集料反应抑制剂。

④ 改善砂浆体积稳定性的外加剂，膨胀剂、减缩剂。

⑤ 改善砂浆力学性能的外加剂，聚合物乳液、可再分散聚合物胶粉、纤维素醚等。

⑥ 改善砂浆装饰性的外加剂，着色剂、表面美化剂、光亮剂。

⑦ 特殊条件下施工的外加剂，防冻剂、自流平砂浆外加剂等。

⑧ 其他，如杀菌剂等。

砂浆材料与混凝土材料的重要区别在于砂浆作为铺筑和粘结材料，使用时一般为薄层结构，而混凝土大多数情况下作为结构材料使用，用量也大。所以商品混凝土施工时对工作性的要求主要是稳定性、流动性和流动性保持能力。而砂浆使用时主要要求则是保水性能好、粘聚性和触变形性能。

4.1　保　水　剂

保水剂是改善干混砂浆保水性能的关键外加剂，也是决定干混砂浆材料成本的关键外加剂之一。

4.1.1 纤维素醚

纤维素醚在干混砂浆产品中广泛应用。在干混砂浆中，纤维素醚的添加量很低，但能显著改善湿砂浆的性能，是影响砂浆施工性能的一种主要添加剂。纤维素醚为流变改性剂，用来调节新拌砂浆的流变性能，主要有以下功能：

① 增加新拌砂浆的稠度，防止离析并获得均匀一致的可塑体。

② 具有一定引气作用，还可以稳定砂浆中引入的均匀细小气泡。

③ 作为保水剂，有助于保持薄层砂浆中的水分（自由水）从而在砂浆施工后使水泥可以有更多的时间水化。常用的纤维素醚有羟甲基乙基纤维素醚（MHEC）和羟甲基丙基纤维素醚（MHPGC）。纤维素醚的生产主要采用天然纤维通过碱溶、接枝反应（醚化）、水洗、干燥、研磨等工序加工而成。天然纤维作为主要原料可分为：棉花纤维、杉树纤维、榉木纤维等，它们的聚合度不同，会影响其产品的最终黏度。目前，主要的纤维素厂家都使用棉花纤维（硝化棉的副产物）作为主要原材料。

纤维素醚是碱纤维素与醚化剂在一定条件下反应生成一系列产物的总称。碱纤维素被不同的醚化剂取代而得到不同的纤维素醚。按取代基的电离性能，纤维素醚可分为离子型（如羧甲基纤维素）和非离子型（如甲基纤维素）两大类。按取代基的种类，纤维素醚可分为单醚（如甲基纤维素）和混合醚（如羟丙基甲基纤维素）。按可溶解性不同，可分为水溶性（如羟乙基纤维素）和有机溶剂溶解性（如乙基纤维素）等，干混砂浆主要用水溶性纤维素，水溶性纤维素又分为速溶型和经过表面处理的延迟溶解型。

纤维素醚在砂浆中的作用机理如下：

① 砂浆内的纤维素醚在水中溶解后，由于表面活性作用保证了胶凝材料在体系中有效地均匀分布，而纤维素醚作为一种保护胶体，“包裹”住固体颗粒，并在其外表面形成一层润滑膜，使砂浆体系更稳定，也提高了砂浆在搅拌过程的流动性和施工的滑爽性。

② 纤维素醚溶液由于自身分子结构特点，使砂浆中的水分不易失去，并在较长的一段时间内逐步释放，赋予砂浆良好的保水性和工作性。

1. 纤维素醚的分类

（1）甲基纤维素（MC）

将精制棉经碱处理后，以氯化甲烷作为醚化剂，经过一系列反应而制成纤维素醚。一般取代度为1.6～2.0，取代度不同溶解性也有不同。属于非离子型纤维素醚。

① 甲基纤维素可溶于冷水，热水溶解会遇到困难，其水溶液在pH＝3～12范围内非常稳定。与淀粉、瓜尔胶等以及许多表面活性剂相容性较好。当温度达到凝胶化温度时，会出现凝胶现象。

② 甲基纤维素的保水性取决于其添加量、黏度、颗粒细度及溶解速度。一般添加量大，细度小，黏度大，则保水率高。其中添加量对保水率影响最大，黏度的高低与保水率的高低不成正比关系。溶解速度主要取决于纤维素颗粒表面改性程度和颗粒细度。在以上几种纤维素醚中，甲基纤维素和羟丙基甲基纤维素保水率较高。

③ 温度的变化会严重影响甲基纤维素的保水率。一般温度越高，保水性越差。如果砂浆温度超过40℃，甲基纤维素的保水性会明显变差，严重影响砂浆的施工性。

④ 甲基纤维素对砂浆的施工性和粘着性有明显影响。这里的“粘着性”是指工人涂抹

工具与墙体基材之间感到的粘着力，即砂浆的剪切阻力。粘着性大，砂浆的剪切阻力大，工人在使用过程中所需要的力量也大，砂浆的施工性就差。在纤维素醚产品中甲基纤维素粘着力处于中等水平。

(2) 羟丙基甲基纤维素（HPMC）

羟丙基甲基纤维素是近年来产量、用量都在迅速增加的纤维素品种。是由精制棉经碱化处理后，用环氧丙烷和氯甲烷作为醚化剂，通过一系列反应而制成的非离子型纤维素混合醚。取代度一般为1.2～2.0。其性质受甲氧基含量和羟丙基含量的比例不同，而有差别。

① 羟丙基甲基纤维素易溶于冷水，热水溶解会遇到困难。但它在热水中的凝胶化温度要明显高于甲基纤维素。在冷水中的溶解情况，较甲基纤维素也有大的改善。

② 羟丙基甲基纤维素的黏度与其分子量的大小有关，分子量大则黏度高。温度同样会影响其黏度，温度升高，黏度下降。但其黏度高温度的影响比甲基纤维素低。其溶液在室温下储存是稳定的。

③ 羟丙基甲基纤维素的保水性取决于其添加量、黏度等，其相同添量下的保水率高于甲基纤维素。

④ 羟丙基甲基纤维素对酸、碱具有稳定性，其水溶液在pH＝2～12范围内非常稳定。苛性钠和石灰水，对其性能也没有太大影响，但碱能加快其溶解速度，并对黏度稍有提高。羟丙基甲基纤维素对一般盐类具有稳定性，但盐溶液浓度高时，羟丙基甲基纤维素溶液黏度有增高的倾向。

⑤ 羟丙基甲基纤维素可与水溶性高分子化合物混用而成为均匀、黏度更高的溶液。如聚乙烯醇、淀粉醚、植物胶等。

⑥ 羟丙基甲基纤维素比甲基纤维素具有更好的抗酶性，其溶液酶降解的可能性低于甲基纤维素。

⑦ 羟丙基甲基纤维素对砂浆施工的粘着性要高于甲基纤维素。

(3) 羟乙基纤维素（HEC）

由精制棉经碱处理后，在丙酮的存在下，用环氧乙烷作醚化剂进行反应而制成。其取代度一般为1.5～2.0。具有较强的亲水性，易于吸潮。

① 羟乙基纤维素可溶于冷水中，热水溶解较为困难。其溶液在高温下稳定，不具有凝胶性。在砂浆中高温下可使用时间较长，但保水性较甲基纤维素低。

② 羟乙基纤维素对一般酸碱都具有稳定性，碱能加快其溶解，并对黏度略有提高，其在水中分散性比甲基纤维素和羟丙基甲基纤维素略差。

③ 羟乙基纤维素对砂浆抗垂挂有好的性能，但对水泥的缓凝时间较长。

④ 国内一些企业生产的羟乙基纤维素，因含水量大，灰分高而导致其性能明显低于甲基纤维素。

(4) 羧甲基纤维素

由天然纤维经过碱处理后，用一氯醋酸钠作为醚化剂，经过一系列反应处理而制成离子型纤维素醚。其取代度一般为0.4～1.4，其性能受取代度影响较大。

① 羧甲基纤维素吸湿性较大，一般条件储存会含有较大水分。

② 羧甲基纤维素水溶液不会产生凝胶，随温度升高而黏度下降，温度超过50℃时，黏度不可逆。

③ 其稳定性受 pH 值影响较大。一般可用于石膏基砂浆中，不能用于水泥基砂浆中。在高碱性时，会失去黏度。

④ 其保水性远远低于甲基纤维素。对石膏基砂浆有缓凝作用，并降低其强度。但羧甲基纤维素价格明显低于甲基纤维素。

2. 纤维素醚的性能与应用

(1) 保水性

保水性是纤维素醚的一个重要性能，也是国内很多干混厂家特别是南方气温较高地区的厂家关注的性能。影响砂浆保水效果的因素包括纤维素醚的添加量、纤维素醚黏度、颗粒的细度及使用环境的温度等。

① 添加量对保水性的影响。砂浆的保水性随纤维素醚添加量的提高而增加。

② 纤维素醚的黏度对保水性的影响。黏度是纤维素醚性能的重要参数。一般来说，黏度越高，保水效果越好。但黏度越高，纤维素醚的相对分子质量越高，其溶解性能就会相应降低，这对砂浆的强度和施工性能有负面的影响。黏度越高，对砂浆的增稠效果越明显，但并不是正比的关系。黏度越高，湿砂浆黏稠度越大，施工时，表现为粘刮刀和对基材的粘着性高。但对湿砂浆本身的结构强度的增加帮助不大，改善抗下垂效果不明显。相反，一些中低黏度但经过改性的甲基纤维素醚则在改善湿砂浆的结构强度有优异的表现。随黏度的增加，纤维素醚的保水性提高。

③ 纤维素醚的细度对保水性的影响。细度也是纤维素醚的一个重要的性能指标。用于干混砂浆时，要求纤维素醚为粉末态，含水量低，细度要求为 20%～60%的颗粒粒径小于 63μm。细度影响到纤维素醚的溶解性。较粗的纤维素醚通常为颗粒状，在水中很深易分散溶解而不结块，但溶解速度很慢，不宜于拌砂浆中使用（某地产品在水中呈絮状，不易分散溶解，含水量高则易于结块）。在干混砂浆中，纤维素醚分散于集料、细填料和水泥等胶结材料之间，只有足够细的粉末才能避免加水搅拌时出现纤维素醚结块。当纤维素醚加水溶解结块后，再分散溶解就很困难。细度较粗的纤维素醚不但浪费，而且会降低砂浆的局部强度，这样的干混砂浆大面积施工时，就表现为局部砂浆的固化速度明显降低，出现由于固化时间不同而造成的开裂。对于采用机械施工的喷射砂浆，由于搅拌的时间较短，对细度的要求更高。

纤维素醚的细度对其保水性也有一定的影响，一般来说，对于黏度相同而细度不同的纤维素醚，在相同添加量的情况下，细度越细保水效果越好。即细度大，保水性能好。

④ 温度对保水性的影响纤维素醚的保水性也和使用的温度有关，纤维素醚的保水性随温度的上升而降低。

在实际的材料应用中，经常要求在高温（高于 40℃）的环境中施工，如夏天在日照情况下进行外墙腻子抹面。这将加速水泥砂浆的凝结硬化。保水率的下降将导致施工性和抗裂性下降。在这种条件下减小温度因素的影响变得尤为关键。虽然羟乙基纤维素添加剂目前被认为处于技术发展前沿的水平，但其对温度的依赖性依然会导致砂浆性能的减弱。实验表明，提高纤维素醚的醚化度，可以使其保水效果在温度较高的情况下仍保持较佳的效果。

(2) 纤维素醚在干混砂浆中的应用

在干混砂浆中，纤维素醚起着保水、增稠、改善施工性能等作用。良好的保水性能确保砂浆不会由于缺水、水泥水化不完全而导致起砂、起粉和强度降低；增稠效果使得新拌砂浆的结构强度大大增强，粘贴的瓷砖具有较好的抗下垂能力。加入纤维素醚可以明显改善新拌砂浆的湿粘性，对各种基材都具有良好的粘性，从而提高新拌砂浆的上墙性能，减少浪费。

4.1.2 淀粉醚

用于砂浆中的淀粉醚是由一些多糖类的天然聚合物经改性而成。如用马铃薯、玉米、木薯、瓜耳豆等。淀粉醚可以显著增加砂浆的稠度，降低新拌砂浆的垂流程度，需水量和屈服值也略有增加。这对某些施工工艺是重要的。在墙面批荡工艺中，浆体中加入淀粉醚可以使批荡砂浆批得更厚；瓷砖胶中加入淀粉醚则胶粘剂能够粘附更重的瓷砖而不产生下垂。特殊类型的淀粉醚可以降低砂浆对镘刀的粘附或延长开放时间。淀粉醚在于拌砂浆中的典型掺量为0.01%～0.05%。

(1) 变性淀粉

由马铃薯、玉米、木薯等改性而成的淀粉醚，保水性明显低于纤维素醚。因改性程度不同表现出对酸碱稳定性不同。有些产品适用于石膏基砂浆中，又有些产品能用于水泥基砂浆中。砂浆中应用淀粉醚主要是作为增稠剂，提高砂浆的抗流挂性，降低湿砂浆的粘着性，延长开放时间等。

淀粉醚经常与纤维素一起使用，使这两种产品性能与优势互补。由于淀粉醚产品比纤维素醚便宜许多，在砂浆中应用淀粉醚，会带来砂浆配方成本的明显降低。

(2) 瓜耳胶醚

瓜耳胶醚是由天然瓜耳豆经改性而成的一种性能较为特殊的淀粉醚。主要由瓜耳胶与丙烯酸基官能团发生醚化反应，生成含有2-羟丙基官能团结构，是一种多聚半乳甘露糖结构。

① 与纤维素醚相比，瓜耳胶醚更容易溶于水。pH值对瓜耳胶醚的性能基本上没有影响。

② 在低黏度、少掺量的条件下，瓜耳胶可以等量取代纤维素醚，而具有相近的保水性。但稠度、抗垂挂性、触变性等明显改善。

③ 在高黏度、大掺量条件下，瓜耳胶不能代替纤维素醚，二者混合使用会产生更优异的性能。

④ 瓜耳胶应用于石膏基砂浆中可明显降低施工时的粘着性，使施工更滑爽。对石膏砂浆的凝结时间和强度，无不利影响。

⑤ 瓜耳胶应用于水泥基砌筑和抹灰砂浆中可等量替代纤维素醚，并赋予砂浆更好的抗垂挂性、触变性和施工的滑爽性。

⑥ 瓜耳胶还可用于瓷砖粘结剂、地面自流平剂、耐水腻子、墙体保温用聚合物砂浆等产品中。

⑦ 由于瓜耳胶价格明显低于纤维素醚，砂浆中使用瓜耳胶会带来产品配方成本的明显降低。

4.1.3 改性矿物保水稠化剂

用天然矿物经过改性和复配制成的保水稠化剂，在国内已得到了应用。用于配制保水稠化剂的主要矿物有：海泡石、膨润土、蒙脱石、高岭土等，这些矿物通过偶联剂等改性处理而具有一定的保水增稠性能。这类保水增稠剂应用于砂浆具有以下几个特点：

① 可明显改善普通砂浆性能，解决了水泥砂浆操作性差，混合砂浆强度低，耐水性差的问题。

② 可配制出用于一般工业与民用建筑不同强度等级的砂浆产品。

③ 材料成本明显低于纤维素醚和淀粉醚。

④ 保水性低于有机保水剂，所配制砂浆的干燥收缩值较大，黏结性降低。

石灰膏在水泥砂浆中用作保水增稠材料，具有保水性好、价格低廉的优点，在使用中，有效避免了砌体如砖的高吸水性而导致的砂浆起壳脱落现象，是传统的建筑材料，广泛用作砌筑砂浆与抹面砂浆。但由于石灰耐水性差，加之质量不稳定，导致所配制的砂浆强度低、粘结性差，影响砌体工程质量，而且由于石灰粉掺加时粉尘大，施工现场劳动条件差，环境污染严重，不利于文明施工，采用微沫剂也可改善砂浆的和易性，即在水混砂浆中掺入松香皂等引气剂来代替部分或全部石灰。砂浆中掺入微沫剂后，能增加浆体体积，改善和易性，用水量相应减少，搅拌后产生的适量微气泡使拌合物集料颗粒间的接触点大大减少，降低了颗粒间的摩擦力，砂浆内聚性好，便于施工。但微沫剂掺加量过多将明显降低砂浆的强度和粘结性。

4.2 可再分散聚合物胶粉

可再分散聚合物胶粉由特制聚合物乳液经过喷雾干燥加工而成。在加工过程中，保护胶体、抗结硬剂等成为不可缺少的助剂。经过干燥后的胶粉是一些聚集在一起的 80～100μm 的球形颗粒。这些颗粒可溶于水，并形成比原来乳液颗粒略大的稳定分散液，这种分散液失水干燥后会成膜，这种膜和一般乳液成膜一样不可逆，遇水不会再分散成为分散液。

目前用在干混砂浆中的聚合物胶粉主要有以下几种：① 苯乙烯-丁二烯共聚物。② 苯乙烯-丙烯酸共聚物。③ 醋酸乙烯酯均聚物。④ 聚丙烯酸酯均聚物。⑤ 醋酸苯乙烯共聚物。⑥ 醋酸乙烯酯-乙烯共聚物等，大多数为醋酸乙烯-乙烯共聚物粉料。聚合物粉末通常是白色的具有干流动性的白色粉末，灰分约有 5%～10%，灰分主要来自于隔离剂。

可再分散性聚合物粉末制备方法采用现有的某些乳液通过喷雾干燥加工而成的，其程序是先通过乳液聚合获得聚合物乳液，然后经过喷雾干燥而获得的。在喷雾干燥之前为了防止胶粉的团聚和改善性能，常加入一些助剂，如杀菌剂、喷雾干燥助剂、增塑剂、消泡剂等，在喷雾干燥过程中，或者刚刚干燥之后还要加入隔离剂，以防止粉末在储存过程中发生结团。常用的隔离剂有粉体二氧化硅、碳酸钙等。德国的巴斯福公司报道了通过加有干燥助剂的聚合物水分散体来制备聚合物粉末的方法。向待干燥的聚合物水分散体中加入一种聚电解质作为干燥助剂，该聚电解质可以离解成聚离子和相反离子的方式溶于水基分散介质中，聚离子的电荷与分散的聚合物微粒的表面电荷极性相反。美国哈罗和哈西公司提供了一种改进聚合物粉末稳定性的方法，通过对含有选用的低 HLB 值表面活性剂的乳液聚合物进行喷雾干燥的方法得到的适宜于用作水泥改性剂聚合物胶粉。

砂浆中的聚合物可以改善对基体的粘结性能，还可以使地面层避免起尘，提高耐磨性、抗裂性、抗折和抗拉强度。现已经开发了具有提高流动性的可再分散胶粉，这种产品可以用于自流平系统的合成胶凝材料，使用无需再添加超塑化剂。

4.3 塑性减水剂

塑性减水剂是水泥混凝土中用量最大的外加剂。几乎所有的减水剂都是由表面活性物质组成，减水剂的性能由其所采用的表面活性物质的分子结构与水泥颗粒之间产生的界面作用决定。由于水泥颗粒在水化过程中带有不同极性而相互吸引，包裹了许多拌合水而产生絮凝结构。使用中为了达到满意的施工性能往往需要加入更多的水，使硬化体强度等性能降低。减水剂加入水泥浆后，其疏水基团定向吸附在水泥颗粒表面带有同号电性，增大了水泥颗粒表面的ζ电位，使颗粒之间因同性静电而相斥，破坏了水泥颗粒的絮凝结构，使水泥颗粒得到了有效分散，释放出絮凝结构中的游离水，达到减水的目的。

预拌砂浆用的塑化剂有普通塑化剂与高效塑化剂。前者为木质素磺酸盐，后者有缩聚物[包括甲醛缩聚物（BNS）、聚磺化三聚氰胺（PMS）]、氨基磺酸盐、脂肪族烃基磺酸盐、聚苯乙烯磺酸盐、丙烯酸接枝共聚物、聚羧酸盐（PCE）以及小分子减水剂。

4.3.1 木质素减水剂

木质素减水剂通常由亚硫酸法生产纸浆的副产品制得。一般包括木钙、木钠与木镁三种，常用木钙和木钠即木质素磺酸钙和木质素磺酸钠，通常呈粉末状。木质素磺酸盐，一般从针叶树材中提出。木质素是由对豆香醇、松柏醇、芥子醇这三种木质素单体聚合而成的，为天然的生物高聚物，大约占木材质量的20%～30%。不同树木、不同的部位、不同的树龄，几种单体的比例不同，其聚合物结构、相对分子质量的大小也不同。另外糖分的含量也有变化，其中五碳糖与六碳糖的含量、比例都不一样。木材中所含的松香成分还会影响减水剂的含气量。这些变化最终会影响砂浆性能。木质素经亚硫酸钙处理后，生成亚硫酸盐纸浆废液，其中含有水溶性的低硫化度的木质素磺酸盐，另外还有糖和其他一些副产物。与亚硫酸钠和甲醛磺化甲基化后生产出磺化度在0.5～0.6之间的木钠或木钙。在水泥毛细孔水溶液中，木质素磺酸盐分子尺寸大约为200nm（流体动力学半径），并且呈枝状。

木质素磺酸盐用于砂浆时，可改进工作性能，提高其流动性和可浇筑性，或者使砂浆在相同流动性条件下，降低水灰比，提高强度。增加木质素磺酸盐掺量具有缓凝作用，可以降低砂浆的流动性损失；具有一定引气性，但引入的气泡大小不均匀，无益于提高耐久性。

典型的木质素磺酸盐塑化剂的减水率一般在5%～15%，加入0.25%～0.3%水泥质量的木质素磺酸盐，其水灰比降低接10%木质素磺酸盐属于普通型塑化剂，这一局限性促使人们进一步研究以增强其性能。挪威鲍利葛公司（Borregaard ligno tech）介绍了一种超过滤木质素磺酸盐，其性能优越，具有更高的塑化作用和减水率。数据表明，其减水率可达到30%。这使得新一代木质素磺酸盐可以与高效塑化剂如缩聚物或羧酸盐相竞争。

对水泥有缓凝作用，若掺量过大会引起水泥不凝固，对水泥砂浆有引气作用。木质素减水剂掺量小，价格低，适用于减水率要求低的砂浆。与高效减水剂配合使用会取得更好的效果。

4.3.2 萘系减水剂

萘系减水剂是采用工业萘、甲醛、浓硫酸和液碱为主要原料在一定反应条件下制备而成，主要成分为萘磺酸甲醛缩合物。通常以液态或粉状形式作为最终产品，是目前应用量最大的减水剂之一。粉状产品掺量一般为水泥重量0.5%～1.0%，减水率可达20%左右。

砂浆中掺入该减水剂可明显提高强度，对凝结时间略有延长，并能改善水泥及其他外加剂在砂浆中分散性，明显提高砂浆的施工性、抗渗性、抗冻性、抗化学侵蚀性、减少收缩率。在水泥砂浆中，因减水率高、价格适中而广泛应用。但该减水剂用于石膏基砂浆中，减水效果不明显。

4.3.3 超塑化剂

超塑化剂即高效减水剂，减水率一般可达到30%以上。粉状超塑化剂一般用于特种干混砂浆，如地面自流平剂、灌浆料以及耐火浇注料等产品。超塑化剂与普通塑化剂比较能更有效地分散水泥颗粒，因而对砂浆工作性的改进有巨大影响。此外，其降低砂浆水灰比方程面的能力也更显著。因此在美国，这些外加剂被称为“高效减水剂”。表4-1提供了不同种类砂浆外加剂的平均减水性能。根据该数据，高效塑化剂在水灰比方面可减少45%，远优于木质素磺酸盐塑化剂。

表4-1 不同种类砂浆外加剂的塑化剂概况

产品化学成分	分　类	减水性能（%）	
		平均	最大
木质素磺酸盐	塑化剂	5～15	20
萘系甲醛缩聚物BNS	高效塑化剂	10～25	30
聚磺化三聚氰胺PMS	高效塑化剂	10～25	30
聚羧酸盐PCE，小分子	高效塑化剂	20～30	40
两性PCE	高效塑化剂	30～45	60

根据它们一般的化学组成，高效塑化剂分成缩聚物，包括萘系甲醛缩聚物BNS、聚磺化三聚氰胺PMS（又称磺化三聚氰胺甲醛树脂或简称密胺系）、氨基磺酸盐、脂肪族羟基磺酸盐、聚苯乙烯磺酸盐、丙烯酸接枝共聚物、聚羧酸盐PCE以及小分子。

（1）缩聚物塑化剂

目前若以使用量计算，萘系甲醛缩聚物BNS和聚磺化三聚氰胺PMS是世界上使用最广泛的高效塑化剂。BNS在延缓砂浆沉落度方面稍占优势，这使其更多应用在预拌砂浆方面，PMS可提高早期强度以及无加气性，这使其在预拌砂浆方面应用比较理想。聚磺化三聚氰胺PMS是一种水溶性的聚合物树脂，属阴离子系早强、非引气型高效塑化剂，是由三聚氰胺、甲醛、亚硫酸氢钠按1∶3∶1（摩尔比），在一定反应条件下，经磺化、缩聚而成的。其特点是塑化效果好，沉落度损失小，碱含量低，有效控制砂浆的离析泌水，无缓凝作用，耐温性好，且能显著减少砂浆的收缩而提高耐久性，特别具有砂浆硬化后表面光亮、平滑的特点，但存在着甲醛污染的问题，应尽早解决，实现环保无污染。

（2）聚羧酸盐塑化剂

缩聚物塑化剂的缺陷促成了新一代高效塑化剂聚羧酸盐PCE的发展。从1995年起，聚羧酸盐PCE高效塑化剂逐渐开始代替其他塑化剂的进程。这个过程导致如今BNS和PMS使用量的减少。原因是PCE更有利于延缓预拌砂浆沉落度损失和提高预制砂浆早期强度。

甲醛的毒性和挥发（特别是在干砂浆中）使缩聚物塑化剂的使用受到环保限制，这是 PCE 使用量提高的另一原因。聚羧酸盐系高效塑化剂是一类全新的高性能塑化剂。该类高效塑化剂主要通过不饱和单体在引发剂作用下发生共聚，将带有活性基团的侧链接枝到聚合物的主链上，具有一系列独特的优点：低掺量，高减水率，分散性好，与不同的水泥具有相对较好的适应性，沉落度损失低，能更好地解决砂浆的引气、缓凝、泌水等问题，砂浆后期强度较高等。掺加量一般只是萘系的 1/10～1/5，减水率可达到 30%以上。由于掺量大幅度降低，一者，带入砂浆中的有害成分大幅度减少，二者，单方砂浆中由高效塑化剂引入的成本增加完全可达到与萘系或与其他高效塑化剂相当，因而该类产品完全具备取代萘系高效塑化剂的技术与经济条件。此类塑化剂特别适合用于高性能砂浆。聚羧酸系塑化剂具有高塑化率和控制砂浆沉落度损失等优点。

（3）氨基磺酸系塑化剂

以氨基苯磺酸、苯酚、甲醛为主要原材料在一定反应条件下缩合而成，是一种非引气可溶性树脂塑化剂。特点为：掺量小，减水率高，分散系统稳定，沉落度损失较小，具有良好的缓凝保沉落度性能，可明显降低水泥砂浆表观黏度，改善砂浆的流动性，尤其适用于水灰比较小的高性能砂浆，在水灰比 0.3 左右对其减水率可达 30%，可显著提高砂浆早期抗压强度，满足配制高强、高性能砂浆的要求。缺点是对掺量及水泥品种都较敏感，稍稍过量就容易导致砂浆泌水离析沉降。克服的方法是与萘系及密胺系复合使用，以发挥复合外加剂的叠加优势。

（4）丙烯酸系塑化剂

减水率高（>30%），砂浆沉落度经时损失小，不泌水不离析，硫酸钠含量低，可配制高强、高性能砂浆。

（5）脂肪族羟基磺酸盐（脂肪族高效塑化剂）

使用的主要原材料有丙酮、丁酮、亚硫酸钠等，优点是：减水率高，强度增长快，砂浆沉落度经时损失小，硫酸钠含量低，生产工艺简单，对环境无污染等。其不足是：这种塑化剂的颜色深，有可能改变水泥砂浆本色。应注意进一步改性，与其他外加剂合理复配，以减小不足。

4.4 引 气 剂

引气剂是一种通过物理方法使新拌混凝土或砂浆中形成稳定气泡的表面活性剂。在搅拌砂浆时掺入引气剂，可在拌合物中产生大量微小、均匀、密闭的气泡。砂浆中掺入引气剂后，可显著改善浆体的和易性，提高硬化砂浆的抗渗性与抗冻性，是提高水泥基材料的耐久性的重要技术措施之一。

4.4.1 引气剂的作用机理

引气剂是一类表面活性物质，分子结构中含有很多亲水和疏水基团，可降低水泥-水系统的表面张力。引气剂按其在水溶液中的离解性分为离子型与非离子型。应用较多的是离子型引气剂。引气剂在水溶液中形成亲水基团与憎水基团，经机械方法搅动溶液引入空气后，即形成大量泡沫。普通的表面活性剂如十二烷基苯磺酸钠等经搅动亦可形成泡沫，但泡沫的膜层强度低，稍加放置即破坏。引气剂由于其特殊的结构，分子结构较大，在泡沫表面定向排列，分子间形成众多氢键，分子间具有较强的引力，亲水基团表面吸附的水膜层较坚固，液膜表面黏度大，使形成的膜层液膜稳定且具有一定的强度，所以形成的气泡细小而且稳定。因此引气剂产生的泡沫可维持相当长的时间。反之，从泡沫维持时间亦可粗略评价引气剂的性能。

引气剂常被用来配制抹灰砂浆与砌筑砂浆。由于引气剂的加入，会带来砂浆性能一些变化。

① 由于气泡引入增加新拌砂浆的和易性和施工性，减少泌水。

在空气中搅拌砂浆时，可在拌合物中产生大量微小、均匀、密闭的气泡，大量微小、均匀的气泡作用于集料颗粒之间，起“微轴承”润滑作用，降低集料颗粒之间的机械摩擦力，特别是在人工集料或天然砂颗粒较粗、级配较差以及在贫水泥砂浆中使用效果较好，气泡本身有一定体积，浆体体积的增加提高了浆体的工作性。引气剂的减水率在5%左右，新拌砂浆粘聚性、保水性大大提高，改善砂浆的泌水和离析。

② 单纯用引气剂会降低砂浆中的强度和弹性模具。

若引气剂与减水剂共同使用，且适当配比，强度值可不降低。加入引气剂将降低材料的强度。一般每增加1%含气量，强度下降5%。由于引气剂具有一定的减水率，综合其对强度的贡献，对含气5%的砂浆，其强度约为相同流动性非引气砂浆强度的90%～95%之间。

③ 能显著提高砂浆硬化体的抗冻性并改善砂浆的抗渗性，提高砂浆硬化体的抗侵蚀性。

引气剂能提高水泥浆体的保水能力，由于气泡的阻隔，砂浆拌合物中自由水的蒸发路线变得曲折、细小、分散，泌水大为减少，因而改变了毛细孔的数量和特征，并减少了由于沉降作用所引起的砂浆内部的不均匀缺陷，有利于提高砂浆的抗渗性。

引气剂能提高硬化砂浆的抗冻性、耐久性，水泥基材料在饱水状态下，当温度下降到冰点以下时，毛细孔中的水-冰相变将产生强大的静水压，其作用导致水泥基材料产生裂缝。加入引气剂，产生大量微小、均匀、密闭的气泡，可以吸收毛细孔水-冰相变所迁移的水分，舒缓静水压，从而起了蓄水池与泄压阀的作用。

引气剂也改善了砂浆其他方面的耐久性，引入的大量微小气泡可作为体积膨胀的缓冲空间，降低和延缓其他物理膨胀（如盐晶体结晶压等）和化学反应膨胀（如碱集料反应和硫酸盐反应等）引起的砂浆破坏。试验结果同时显示，引气还可改善砂浆的抗渗性能。

因此掺加引气剂可提高砂浆的综合耐久性。硬化砂浆的含气量、气泡间距系数与砂浆的抗冻性有着较好的相关性，气泡间距系数大于一定数值后，砂浆的抗冻性能将明显地下降。

④ 引气剂带来砂浆含气量的增加会增加砂浆的收缩，通过减水剂的加入可使收缩值得适当降低。

由于引气剂加入量非常少，一般仅占胶凝材料总量的万分之几，必须保证在砂浆生产时精确计量、均匀掺入；搅拌方式、搅拌时间等因素会严重影响引气量。因此，在目前国内的生产与施工条件下，砂浆中加入引气剂一定要进行大量的试验工作。

4.4.2 引气剂的分类

（1）松香类引气剂

松香类引气剂系松香或松香酸皂化物与苯酚、硫酸、氢氧化钠在一定温度下反应、缩聚形成大分子，经氢氧化钠处理，成为松香热聚物。松香化学结构复杂，含有芳香烃类、芳香醇类、松脂酸类等。其中松脂酸类具有羧基-COOH，与碱发生皂化反应生成松脂皂。

松香类引气剂至今已有60多年应用历史，效果较好，显著改善浆体的和易性、保水性、抗渗性及抗冻性，但其缺点是难以水溶解，使用时需加热、加碱。

（2）非松香类引气剂

非松香类引气剂包括烷基苯磺酸钠、OP乳化剂、丙烯酸环氧脂、三萜皂苷。这类引气剂的特点是在非离子表面活性剂基础上引入亲水基，使其易溶于水，起泡性好，泡沫细致，而且能较好地与其他品种外加剂复合。其中烷基苯磺酸钠易溶于水，起泡量大，但泡沫易于消失。

三萜皂苷引气剂对混凝土具有引气、分散、流动化作用，其基本性能和化学结构相关。三萜皂苷引气剂的分子结构由糖体、苷元及有机酸组成。糖体的一端为亲水基团，通过醚键与另一端疏水基相连接；疏水基团由以酯键形式相连接的苷元与有机酸构成，因而具备了能起表面活性作用的条件。三萜皂苷在水中溶解时不产生电离，属于非离子型表面活性剂。采用液膜法对三萜皂苷水溶液的表面张力的测定结果表明，三萜皂苷具有表面活性作用，能够显著地降低液体的表面张力。其效果与三萜皂苷的溶液浓度有关，当浓度在0.001%～1.00%时，表面张力随浓度的增加而逐渐下降，由 76.85×10^{-3} N/m 降到 32.86×10^{-3} N/m，当三萜皂苷的溶液浓度为0.5%时，液体的表面张力最低。

4.4.3　引气剂的掺量

砂浆的含气量是影响引气剂防水砂浆质量的决定性因素，为提抗渗性、改善砂浆内部结构及保持应有的砂浆强度，含气量以3%～5%为宜。在此前提下，合理的引气剂掺量：松香酸钠为水泥用量的0.01%～0.03%；松香热聚物的掺量为水泥用量的0.01%；三萜皂苷引气剂为水泥用量的0.01%～0.03%。

具体的掺量与砂浆拌合物的稠度、灰砂比有关。干硬性砂浆稠度大，不利于气泡形成，含气量降低；大流动性浆体气泡易于逸出，有利于气泡形成，含气量提高。一般，当水灰比为0.50时，引气剂掺量为0.01%～0.05%；水灰比为0.55时，掺量为0.005%～0.03%；水灰比为0.60时，掺量为0.005%～0.01%。灰砂比越小，水泥所占的比例越大，砂浆的粘聚性越大，含气量越小。

4.5　早　强　剂

配制砂浆早强剂的要求是：早期强度提高显著，凝结不应太快；不得含有降低后期强度及破坏砂浆内部结构的有害物质；对钢筋无锈蚀危害；资源丰富，价格便宜；便于施工操作等。

早强剂按其化学成分可分为无机盐类、有机物类、无机和有机复合的复合早强剂等三大类。

无机早强剂主要是一些盐类，可分为氯化物系、硫酸盐系等。氯化物系中用得较多的有氯化钠（$NaCl$）、氯化钙（$CaCl_2$）等，硫酸盐系中有硫酸钠（Na_2SO_4），此外还有亚硝酸钠（$NaNO_2$）、硫酸铝[$Al_2(SO_4)_3$]以及铬酸盐等。有机早强剂有三乙醇胺、三异丙醇胺、甲醇、乙酸钠、甲酸钙、草酸钙及尿素等。

除了以上两类早强剂单独使用外，工程中往往采用复合早强剂。复合早强剂一般具有显著的早强效果和一定的后期增强作用。

（1）氯化钙早强剂

氯化钙对砂浆作用性质的影响，工程和学术界争议很大。在一些国家氯化钙被禁止使用，同时另一些国家，却在提倡掺较大剂量的氯化钙及氯化钠。而加拿大和美国，允许使用氯化钙但须采取一定的预防措施。

氯化钙作为砂浆外加剂最重要的用途是缩短初终凝时间及加速砂浆的硬化，因而在冬春寒冷季节可缩短砂浆的养护周期。当掺加$CaCl_2$为水泥质量的1%时，液相中$CaCl_2$的浓度将达到20g/L，因此，足够量的Cl^-将能迅速形成Cl盐。若$CaCl_2$掺量达4%时，水泥浆能在4min内达终凝，可当做速凝剂使用。氯化钙不同掺量对水泥净浆初、终凝时间的影响不同，增加氯化钙掺量可缩短凝结时间。掺量过量时，会出现非常快的凝结甚至速凝，应加以避免。

不同水泥制成的砂浆，若掺加适量氯化钙，其早期强度都有明显增加，但增加的幅度因水泥细度、矿物组成等不同而有差异。掺氯化钙砂浆在常温养护条件下强度发展较快，在低温下养护其强度增长的百分率更高。有确凿的数据表明，含氯化钙砂浆对比普通砂浆有更大的收缩，特别在养护的早期。较高的收缩可能是由于含氯化钙砂浆水化较快。

（2）三乙醇胺复合早强剂

通过试验表明，1%亚硝酸钠（$NaNO_2$）、2%二水石膏（$CaSO_4 \cdot 2H_2O$）和0.05%三乙醇胺所配制成的复合外加剂，不但对砂浆具有显著的早强效果并且具有一定的后期增长效果。

微量的三乙醇胺不改变水泥的水化生成物，却能加速水泥的水化速度。为此，三乙醇胺在水泥水化过程中起着“催化”作用。亚硝酸盐和硝酸盐都能与C_3A生成络盐（亚硝酸盐和硝酸铝酸盐），可增强砂浆的早期强度并防止钢筋锈蚀。二水石膏的加入，使水泥浆体系中SO_4^{2-}的浓度增加，为较早较多地生成钙矾石创造了条件，这对水泥石早期强度的发展起着积极的作用。

（3）硫酸盐类早强剂

硫酸盐对水泥砂浆具有早强作用。不同早强剂的作用原理并不相同。硫酸盐早强剂：如无水硫酸钠，溶解于水中与水泥水化产生的氢氧化钙作用，生成氧化钙和硫酸钙。这种新生成的硫酸钙的颗粒极细，活性比掺硫酸钙要高的多，因而与C_3A反应生成水化硫铝酸钙的速度要快得多。而氢氧化钠是一种活性剂，能够提高C_3A和石膏的溶解度，加速水泥中硫铝酸钙的数量，导致水泥凝结硬化和早期强度的提高。但是硫酸盐早强剂对混凝土中的钢筋有一定的腐蚀作用，包括氯盐的早强剂，而且衰减水泥砂浆后期的强度，所以现在的氯盐、硫酸盐早强剂的用量逐渐减少。

水泥中硫酸盐类早强剂掺量不同，其对水泥凝结时间的影响也就不同。当水泥中C_3A矿物含量较低和C_3A与石膏的比值较小时，硫酸盐（Na_2SO_4、K_2SO_4等）均能对水泥的凝结时间起一定的延缓作用（尤其是硫酸盐掺量低于水泥质量0.3%时）。掺加足量的硫酸盐能加速水泥的凝结硬化作用并可激发水泥混合材中玻璃体的潜在活性，因而对火山灰质水泥和矿渣水泥的增强作用效果更为显著。

硫酸钠及其复合外加剂对砂浆长期性能的影响，有待展开深入的研究。有些学者指出，硫酸钠对砂浆的长期性能会有不同程度的不良影响，即认为在水泥凝结、硬化一定时间后，若硫酸盐与水泥水化产物（水化铝酸盐）继续反应生成相当数量钙矾石的话，将会产生体积膨胀，从而导致砂浆耐久性和强度的降低；如果，砂浆所用集料中含有活性二氧化硅的话，就更容易促使碱—集料反应的产生，从而导致对砂浆的破坏；另外，易使砂浆表面起霜和增加砂浆的导电性等。因此，对于硫酸钠的使用必须加以适当的限制或采取相应的有效措施，以确保达到预期的技术、经济效果和砂浆的长期稳定可靠。

实际上，砂浆中掺入硫酸钠，所引起不良反应程度主要取决于硫酸钠的掺量和细度、水泥的品种及其矿物组成等因素。当硫酸盐的总含量（折合成 SO_3）不超过水泥质量的 4％时，不会由于硫铝酸反应而引起砂浆的强度和耐久性的降低。例如，若某种水泥中的 SO_3 含量为 2.5％，当硫酸钠的掺量为 2％（折合成 SO_3 含量为 1.13％）时，水泥中 SO_3 的总含量为 3.63％，还是低于标准中规定的 4％，因此不会发生有害的硫铝酸盐反应。所以一般将硫酸盐早强剂的掺量控制在水泥质量的 0.5％～1.5％为宜。然而，在某些情况下为达到早强或防冻害等方面的要求，可采取硫酸钠与减水剂复合使用的方法。选用矿渣水泥，则硫酸钠的掺量还可适当增加。

砂浆中掺用硫酸钠后，由于增加了砂浆内液相中的碱性，因此当集料中含有活性二氧化硅时，就会促使碱-集料反应的发生。为了避免这种危害的发生，对处于潮湿或露天环境中的砂浆结构物，若集料中含有活性二氧化硅等成分时，不应使用硫酸钠作为外加剂。实验证明，碱盐加入水泥砂浆中，与加入 NaOH 一样，会引起含有活性二氧化硅的集料产生碱-集料反应。当活性集料（蛋白石等）的混入量不超过 5％时，硫酸钠复合剂的危害主要表现为砂浆开裂（特别是处于露天、潮湿环境条件下的砂浆），因而对防止砂浆中钢筋的腐蚀和对结构物的耐久性等均带来不利影响，但对于砂浆抗压强度的危害并不严重。这主要是由于硫酸盐复合剂提高了砂浆的强度，补偿了膨胀反应所造成的强度损失。

采用硫酸钠干粉单掺时，应预先将硫酸钠仔细过筛，防止团块混入，并应适当延长搅拌时间，若以水溶液掺用时，应注意由于温度较低析出结晶而造成的浓度变化。对于单独掺用硫酸钠的砂浆更应注意其早期的潮湿养护，最好适当加以覆盖，以保证发挥早强效果和防止析白起霜。

（4）早强剂的发展方向

早强剂尽管生产和应用历史较长，但随着人们对氯离子、硫酸根离子、硝酸根离子和碱金属离子等对混凝土性能和长期稳定性潜在危害的认识程度的加深，以及大掺量矿渣粉或粉煤灰混凝土的开发，在早强剂方面还需做大量的工作。

① 非氯盐、非硫酸盐类早强剂及复配外加剂的生产和应用。

② 低氯离子、低硫酸根离子、低碱金属离子含量的早强剂及复配外加剂的生产和应用。

③ 大掺量矿渣粉或粉煤灰混凝土早强型外加剂的研制。

④ 开展早强剂与水泥掺合料适应性的研究，以更科学地选择早强剂，收到最佳和最经济的应用效果。

4.6 缓 凝 剂

缓凝剂是用来延缓砂浆的凝结时间，使新拌砂浆在较长时间内保持其塑性，以利于浇灌成型提高施工质量或降低水化热。在夏季砂浆施工、预拌砂浆运输过程中对延缓凝结，延长可工作的时间，推迟水化放热过程和减少温度应力所引起的裂缝等方面均起着重要的作用。在流态砂浆中，缓凝剂与高效减水剂复合使用可以减少砂浆的坍落度损失。砂浆中掺加缓凝剂，往往也能达到节省水泥用量的目的。

4.6.1 缓凝剂的分类

(1) 缓凝剂按结构分类

① 糖类：糖钙、葡萄糖酸盐等，糖钙就是由制糖下脚料经石灰处理而成。

② 羟基羧酸及其盐类：柠檬酸、酒石酸及其盐，其中以天然的酒石酸缓凝效果最好。

③ 无机盐类：锌盐、磷酸盐等。

④ 木质磺酸盐：在所有的缓凝剂中，木质磺酸盐的添加量最大且有较好的减水效果。

(2) 缓凝剂按其化学成分可分为有机物类缓凝剂和无机盐类缓凝剂

① 有机物类缓凝剂是较为广泛使用的一大类缓凝剂，常用品种有木质素磺酸盐及其衍生物、羟基羧酸及其盐（如酒石酸、酒石酸钠、酒石酸钾、柠檬酸等，其中以天然的酒石酸缓凝效果最好）、多元醇及其衍生物和糖类（糖钙、葡萄糖酸盐等）等碳水化合物。其中多数有机缓凝剂通常具有亲水性活性基团，因此其兼具减水作用，故又称其为缓凝减水剂。

② 无机盐类缓凝剂包括硼砂、氯化锌、碳酸锌以及铁、铜、锌的硫酸盐、磷酸盐和偏磷酸盐等。

4.6.2 缓凝剂的作用机理

一般来说，有机类缓凝剂大多对水泥颗粒以及水化产物新相表面具有较强的活性作用，吸附于固体颗粒表面，延缓了水泥和浆体结构的形成。无机类缓凝剂，往往是在水泥颗粒表面形成一层难溶的薄膜，对水泥颗粒的水化起屏障作用，阻碍了水泥的正常水化。这些作用都会导致水泥的水化速度减慢，延长水泥的凝结时间。缓凝剂对水泥缓凝的理论主要包括吸附理论、生成络盐理论、沉淀理论和控制氢氧化钙结晶生产理论。

4.6.3 缓凝剂的应用

缓凝剂主要用于延长砂浆的可工作时间和凝结时间。主要用于石膏灰浆和石膏基添缝料。因为石膏的凝结速度过快而不能使用。使用不同类型的缓凝剂加入量也不同。缓凝剂可用于自流平砂浆、刚性防水浆料、腻子等产品中。在自流平砂浆产品中，酒石酸和葡萄糖酸钠与合成超塑化剂配合效果较好；而柠檬酸及柠檬酸盐与干酪素配合效果较好。酒石酸、柠檬酸及其盐以及葡萄糖酸盐已成功用于干砂浆产品，其典型的掺量为0.05%～0.2%。

4.7 消泡剂

在某些水泥基工程材料如自流平砂浆中，希望材料具有较少的气泡。由于普通砂浆中即含有一定的空气量，加之掺入聚合物添加剂后，一般将引入一些空气，应在材料中加入一些消泡剂。

消泡剂的功能与引气剂相反。引气剂定向吸附于气-液表面，消泡剂更容易被吸附，当其进入液膜后，可以使已吸附于气-液中比较稳定的引气剂分子基团脱附，因而使之不易形成稳定的膜，降低液膜表面黏度，使液膜失去弹性，加速液体渗出，最终使液膜变薄破裂，因而可以减少砂浆中的气泡尤其是大气泡的含量。

消泡剂作用机理分为破泡作用与抑泡作用。破泡作用：破坏泡沫稳定存在的条件，使稳定存在的气泡变为不稳定的气泡，并使之进一步变大、析出，使已经形成的气泡破灭。抑泡作用：不仅能使已生成的气泡破灭，而且能较长时间抑制气泡的形成。

消泡剂也是一类表面活性剂，用于涂料等方面的主要是一些醇、脂类高分子化合物及其衍生物。常用作消泡剂的有磷酸酯类（磷酸三丁酯）、有机硅化合物、聚醚、高碳醇（二异丁基甲醇）、异丙醇、脂肪酸及其酯、二硬脂酸酰乙二胺等。在干混砂浆材料中，应掺加粉剂消泡剂以消除气泡。粉剂消泡剂一般采用碳氢化合物、聚乙二醇或聚硅氧烷。掺量为水泥用量的 0.01%～0.2%。具体的掺量应按所使用的材料经试验确定。

4.8 防潮剂/防水剂

易遭受破坏的外墙和高层楼房，应采用防水商品砂浆。防水剂的品种比较多，可分为无机防水剂和有机防水剂两大类。干混砂浆中多采用有机类防水剂，主要有憎水性的表面活性剂和聚合物乳液或水溶性树脂材料。掺加憎水性的表面活性剂，对砂浆拌合物具有分散、引气、减水的作用，能够改善砂浆拌合物的均匀性和工作性。同时使硬化砂浆的毛细孔和表面具有憎水性，阻止水分的渗入，从而使砂浆具有良好的抗水渗性和抗气渗性。

具有不同程度的憎水或防水功能对于许多干混砂浆产品来说是不可缺少的，如薄抹灰外保温系统的抹面砂浆、瓷砖填缝剂、彩色饰面砂浆和用于外墙的防水抹灰砂浆、外墙腻子、防水浆料、粉末涂料和某些修补材料等。使砂浆具备一定的憎水功能可以通过掺加憎水性添加剂来解决，它还可以与其他外加剂如减水剂等配合使用以进一步提高砂浆的防水能力，同时还可以保持砂浆处于开放状态从而允许水蒸气的扩散。

憎水性表面活性剂一般为高级饱和或不饱和有机酸以及它们的碱金属水溶性盐，其中有脂酸、棕榈酸、油酸、环烷酸混合物、松香酸以及它们的盐。环烷皂酸是最有效和最便宜的憎水剂之一。有机硅憎水剂在建筑防水中占有重要的地位，它们可以直接掺入水泥砂浆作为防水剂，或者以水溶液或乳液形式喷涂在建筑物表面，提高砂浆的防水性和耐久性，并且能与水泥混凝土表面产生化学结合，形成牢固的憎水性表面层。

粉状憎水性添加剂的品种并不多，目前市场上销售的用于干混砂浆产品的憎水剂大致有三种类型：

① 脂肪酸金属盐。如硬脂酸钙、硬脂酸锌等。这些产品的单位成本相对较低，但主要的缺点是搅拌砂浆时需要较长的时间才能与水拌合均匀。典型的掺量为配方总量的 0.2%～1%。

② 有机硅类的憎水剂。市场上可以购买到不同品种的粉末状有机硅憎水剂，但最主要的区别是产品是否能够迅速与砂浆搅拌均匀。硅烷在碱性环境下与水泥的水化产物形成高度持久的结合从而提供长期的憎水性能。典型的掺量为配方总量的 0.1%～0.5%。

③ 特殊的憎水性可再分散聚合物粉末可以提供良好的憎水性，但需要的掺加量较高，典型掺量为配方总量的 1%～3%。这些聚合物还可以改善砂浆的粘结性、内聚性和柔性。

用于干混砂浆产品的憎水性添加剂应该具有如下的特点：

① 应为粉末状产品。

② 具有良好的拌合性能。

③ 使砂浆整体产生憎水性并维持长期作用效果。

④ 对表面的粘结强度没有负面影响。

⑤ 对环境友好。

目前经常使用的一些憎水剂如硬脂酸钙由于难以迅速与水泥砂浆均匀拌合，对于干混砂浆特别是机械施工的抹灰材料并不是一个适宜的憎水性添加剂。

4.9 减缩剂与膨胀剂

为了防止砂浆收缩开裂，特别是自流平地面和防水砂浆类薄层材料，常常采用减缩剂和膨胀剂。减缩剂的主要化学成分可用通式 $R_{10}(AO)_nR_2$来表示，其中主链 A 为两种碳原子数为 2～4 的烷基顺序嵌聚合和随机嵌段聚合而得到；n 表示聚合度，通常为 2.5；R 为原子、烷基、硅烷基或苯基等；典型的减缩剂有低级醇环氧乙烷加成物，聚醚和聚乙二醇等。减缩剂一般为液体产品，能增大水的黏度，降低水的表面张力，一般可以减少混凝土的干缩 20%～40%，早期减少干缩值可达到 50%或者更多。经验表明，每立方米混凝土掺加 1kg 减缩剂的效果相当于掺加 5kg 膨胀剂或者少用 8kg 水。减缩剂可以与膨胀剂一起使用，两者相互取长补短，协调作用，在减少砂浆混凝土开裂方面会取得更好的效果。

目前膨胀剂主要在混凝土工程中使用，膨胀剂用来产生一定程度体积膨胀的外加剂，防止和控制产生干缩裂纹。品种较多，膨胀剂有硫铝酸盐系、石灰系、硫铝酸盐-氢氧化钙混合系、氧化镁、铁粉和铝粉等。但最主要使用的品种是硫铝酸钙基的膨胀剂。

硫铝酸钙基的膨胀剂，在干混砂浆产品中使用膨胀剂的主要目的也是为了补偿砂浆硬化后产生的收缩。它的作用机理是硫铝酸钙与水泥的水化产物发生化学反应形成钙钒石（三硫型水化硫铝酸钙），由于钙钒石的密度较水泥中的其他水化产物小，可以产生适度的体积膨胀，从而达到补偿硬化砂浆由于干缩、化学减缩等产生的体积变化。

石灰系膨胀剂的主要成分是生石灰（CaO），加水后反应形成氢氧化钙而产生体积膨胀。铁粉类膨胀剂是利用催化剂、氧化剂之类的助剂，使铁粉表面被氧化而形成氢氧化铁或氢氧化亚铁使体积发生膨胀。铝粉和碱性水泥浆反应产生氢气，使含有一定容积气体的水泥浆或砂浆的外观体积增大。但铝粉产生的膨胀发生在早期，在水泥凝结前结束。

4.10 纤　　维

对于增强水泥用纤维材料原则上有如下方面的要求：① 几何特征：长度应大于临界长度，长径比应大于一定的临界值。表面应尽量粗糙，以便于水泥基体相粘结形成牢固的结构；② 力学性能：抗拉强度与弹性模量要尽量高，韧性要好，极限伸长率大，泊松比要低；③ 物理性能：密度不宜太大，耐热性与耐燃性好，并且具有抗大气老化性能；④ 化学性能：抗碱性能好，与硅酸盐系水泥有良好的相容性，尽可能具有对化学品的耐腐蚀性；⑤ 来源广泛，价格适中，对环境和人体无害。

常用的纤维有：天然矿物纤维，如石棉、纤维状硅灰石、纤维状海泡石等；人造矿物纤维，如抗碱玻璃纤维和抗碱矿棉等；陶瓷纤维，如碳纤维，碳化硅纤维，氧化铝纤维等；天然有机纤维，如纤维素纤维、多种麻纤维、椰子壳纤维等植物纤维；有机合成纤维，如聚丙烯纤维、维纶、腈纶、丙纶、聚乙烯与芳纶纤维等。

在商品砂浆中加入纤维是提高商品砂浆品质与性能的有效手段，也是防止砂浆基体开裂的重要措施。商品砂浆中应用的纤维包括无机纤维和有机纤维。常用的有以下几种。

（1）抗碱玻璃纤维

普通的玻璃纤维不能抵抗水泥材料的高碱性的侵蚀，不能用作商品砂浆的抗裂和增强材料。原因在于硅酸盐水泥水化生成的 $Ca(OH)_2$，与普通玻璃纤维中的 SiO_2 发生化学反应生成硅酸钙，这一反应是不可逆的，直至作为普通玻璃纤维骨架的 SiO_2 被完全破坏，纤维的强度损耗殆尽而止。所以必须选用抗碱玻璃纤维。抗碱玻璃纤维是在普通玻璃纤维的生产过程中加入16%的氧化锆（ZrO_2），以提高玻璃纤维的抗碱性。

（2）聚乙烯醇纤维

聚乙烯醇纤维是把聚乙烯醇溶解于水中，经纺丝、甲醛处理制成的合成纤维，也称为“聚乙烯醇缩甲醛纤维”，中国的商品名为“维纶”，日本命名为“维尼纶”。该种纤维抗碱性强、亲水性好、可耐日光老化。

（3）聚丙烯腈纤维

聚丙烯腈纤维的中国商品名称是“腈纶”，是由丙烯腈通过自由基聚合反应合成的，其产量居合成纤维产量中的第三位。聚丙烯腈纤维包括丙烯腈均聚物和共聚物。

（4）聚丙烯纤维

聚丙烯纤维是利用定向聚合得到的等规聚丙烯为原料，经熔融挤压法，进行纺丝而制成的合成纤维，又称“丙纶”。因为原料来源丰富、生产工艺简单，所以其产品价格相对比其他合成纤维低廉。近年来丙纶在合成纤维中发展得比较快，产量仅次于涤纶、尼龙、腈纶，是合成纤维的重要品种。丙纶纤维具有质轻，强度高，工业耐磨、耐腐蚀性能好，电绝缘性能好，回弹性好，以及抗微生物，不霉、不蛀等优点。但丙纶的耐热性和耐老化性不佳。

（5）聚酰胺纤维

聚酰胺纤维的商品名为尼龙纤维。尼龙纤维是以含有酰胺键的高分子化合物为原料，经过熔融纺丝及后加工而制得的纤维。

尼龙纤维最大的特点是耐磨性非常好，在所有的化学纤维和天然纤维中，它可算得上是耐磨冠军。尼龙纤维的强度很高，但耐光性和保型性都较差。尼龙纤维的耐热性较差，加热到160～170℃就开始软化收缩。因为尼龙分子中有许多亲水的酰氨基，所以尼龙纤维有一定的吸湿性，它的吸湿率可达3.5%～5.0%。由于尼龙纤维高强度和高耐磨性，弹性和抗疲劳性也很好，所以在工业上的用途十分广泛。

如果聚酰胺的原料改用对苯二甲酸和己二胺，生产的纤维称为“尼龙6T”或“锦纶6T”。而全部改为芳香族酸（酰）和芳胺合成的原料生产的纤维则统称“芳纶”。芳纶是一种高强度、高模量的纤维，比强度很高。芳纶有很高的耐热性，其熔点都在400℃以上。芳纶纤维耐腐蚀，有弹性，韧性、编织性好，耐冲击性好。

（6）聚酯纤维

聚酯纤维的中国商品名称是涤纶，俗称“的确良”，是由二元酸和二元醇经过缩聚而制得的聚酯树脂，再经熔融纺丝和后处理制得的一种合成纤维。聚酯纤维在合成纤维中发展最快，产量居于首位。

涤纶纤维的强度非常大，且湿强度不低于干强度，因而广泛用于制备绳索、汽车安全带等。涤纶纤维有很高的耐冲击强度和耐疲劳性，它的耐冲击强度比尼龙高4倍，是制造轮胎帘子线的很好材料。涤纶纤维也存在一系列缺点，如透气性差、吸湿率低、手感硬等。

（7）木质纤维

天然的木质纤维也可被用于商品砂浆。木质纤维取自冷杉或山毛榉等纤维强劲树种，它是天然材料，吸水而不溶于水，掺入商品砂浆中可提高柔性，有增稠、抗裂、和易性好、低收缩、抗垂等功效。

纤维的阻裂机理为：水泥制品、构件或建筑物在水泥的硬化过程中由于显微结构与体积的变化，不可避免地会产生许多微裂纹，并随干缩变化、温度变化、外部荷载的变化而扩展，水泥基体的瞬间脆性断裂导致基体失效。如果把纤维均匀无序地分散于水泥砂浆基体之中，这样水泥砂浆基体在受到外力或内应力变化时，纤维对微裂缝的扩展起到一定的限制和阻碍作用。数以亿计的纤维纵横交错，各向同性，均匀分布，就如几亿根“微钢筋”植入于水泥砂浆的基体之中，这就使得微裂缝的扩展受到了这些“微钢筋”的重重阻挠，微裂缝无法越过这些纤维而继续发展，只沿着纤维与水泥基体之间的界面绕道而行。开裂是需要能量的，要裂下去须打破纤维的层层包围，而仅靠应力所产生的能量是微不足道的，只能被这些纤维消耗殆尽。由于数目巨大的纤维存在，既消耗能量又缓解应力，阻止裂缝的进一步发展，起到了阻断裂缝的作用。

5 湿拌砂浆生产工艺

预拌砂浆是指由专业化厂家生产用于建筑工程中的各种砂浆拌合物。预拌砂浆分为预拌湿拌砂浆和预拌干混（又称干粉、干拌）砂浆两种，统称为预拌砂浆。

湿拌砂浆指将水泥、细集料、矿物掺合料、外加剂、添加剂和水，按一定比例，在搅拌站经计量、拌制后，运至使用地点，并在规定时间内使用的拌合物，包括砌筑、抹灰、地面砂浆等。

干混砂浆是指将水泥、干燥集料或粉料，添加剂以及根据性能确定的其他组分，按一定比例，在专业生产厂经计量、混合而成的混合物，在使用地点按规定比例加水或配套组分拌合使用。

预拌湿拌砂浆生产方式类似预拌混凝土的生产工艺，可以在现有搅拌站基础上改造即成，与干混砂浆生产工艺最大不同是砂子无需烘干，筛分后即可使用，产品为加水搅拌过的砂浆拌合物。在生产时要加外加剂特别是缓凝剂，运输和预拌混凝土一样。湿拌砂浆生产成本较干混砂浆低，但必须准确计算用量，否则就造成使用量的不够或浪费。由混凝土搅拌站生产的湿砂浆只能生产普通砂浆。

预拌湿拌砂浆是由多种不同组分材料混合而成的，在混合过程中，各组成材料及其之间会发生一系列复杂的物理、化学及物理化学等作用，这需要一定的时间。只有经过一定时间外界强力的搅拌，才能将砂浆的各组成材料均化，充分发挥各组成材料的作用，使砂浆达到所要求的性能。预拌砂浆搅拌的最短时间应符合设备说明书的规定，并且每盘搅拌时间（从全部材料投完算起）不得低于60s，采用保水增稠材料、矿物掺合料、化学外加剂时应相应增加搅拌时间；增加的时间应根据实际情况通过试验确定，表5-1列举了砂浆与混凝土的区别。

表5-1 砂浆与混凝土的区别

项 目	混凝土	预拌砂浆
原材料不同	粗集料（卵石、碎石）、细集料（中砂）、水泥、矿物掺合料（粉煤灰、矿粉、硅灰）	细集料（中砂）、水泥、矿物掺合料（粉煤灰、矿粉）
外加剂不同	各类减水剂，看情况加引气剂、防冻剂、泵送剂少量添加剂	减水剂、保水增稠材料（纤维素、乳胶粉、淀粉醚等）、纳米材料、缓凝剂、引气剂、消泡剂、木质纤维等多种添加剂
生产不同	由混凝土搅拌站生产，搅拌时间为30s（匀速搅拌26r/min）	由专业湿拌站生产，搅拌时间为70s（行星式差速搅拌21～43r/min，保证砂浆匀质性与和易性）
使用方式不同	浇筑成型	内外墙抹灰、地面自流平

预拌湿拌砂浆常用搅拌运输车运送，以保证在运送时能保持砂浆拌合物的均匀性，不产生离析分层现象。预拌湿拌砂浆的运输持续时间与气温条件有关，应避免运输时间过长，以

防交货时的稠度与出机时的稠度偏差太大，难以控制。根据实际经验，砂浆的运输延续时间在气温低于35℃时应不超过2.5h，高于35℃时应不超过2h（表5-2）。

表5-2 干混砂浆与湿拌砂浆的区别

项目	干混砂浆	湿拌砂浆
配方不同	干砂、水泥、粉煤灰、矿粉、羟丙基甲基纤维素、木质纤维素、可再分散性乳胶粉、淀粉醚、抗裂纤维等十多种原材料	湿砂、水泥、粉煤灰、矿粉、减水剂、保水增稠添加剂、水
可操作性不同	统一生产，配比不便调整	可根据气候条件、原材料种类、楼层高度及时调整，实现配方经济性
优点	1. 保存时间长，加水随拌随用，便于小批量使用 2. 浆体细柔便于施工 3. 可生产黏度较大的特种砂浆	1. 无需二次搅拌，可大批量使用 2. 集中生产、搅拌，质量较稳定 3. 相较于干混砂浆成本稍低
缺点	1. 需二次搅拌投入相应的搅拌设备和人力 2. 搅拌过程中会产生粉尘污染 3. 加水量较为随意，不利于砂浆质量控制	1. 砂浆质量受运输因素和凝结时间影响 2. 不适宜小批量使用 3. 砂浆必须在规定时间内使用

5.1 预拌砂浆的原材料和技术要求

预拌湿拌砂浆按功能可分为普通预拌砂浆和特种预拌砂浆。普通预拌砂浆按用途分为砌筑砂浆（ready-mixed masonry mortar）、抹灰砂浆（ready-mixed plastering mortar）、地面砂浆（ready-mixed screeding mortar）和防水砂浆（waterproof mortar）四大类，其代号分别为WM、WP、WS和WW。预拌砌筑砂浆用于砌筑工程，预拌抹灰砂浆用于抹灰工程，预拌地面砂浆用于建筑地面及屋面找平工程，防水砂浆用于有抗渗要求的工程。

5.1.1 原材料

（1）水泥

水泥的种类可分为硅酸盐水泥、普通硅酸盐水泥、矿渣硅酸盐水泥、粉煤灰硅酸盐水泥、火山灰硅酸盐水泥、复合硅酸盐水泥、铝酸盐水泥、铁酸盐水泥和硫酸盐水泥等。地面砂浆应采用硅酸盐水泥和普通硅酸盐水泥。在低温环境中，矿渣硅酸盐水泥水化硬化缓慢，因此不宜在冬季使用；矿渣硅酸盐水泥的泌水性较大，不宜用于外墙抹灰砂浆。铝酸盐水泥一般在地面自流平砂浆中应用，铁酸盐和硫酸盐只在特种砂浆中使用。目前全国大多数城市正在使用的水泥为：复合硅酸盐水泥P·C 32.5、普通硅酸盐水泥P·O 42.5，其中32.5和42.5为水泥强度等级，即32.5级水泥的28d抗压强度不低于32.5MPa，42.5级水泥的28d抗压强度不低于42.5MPa。

不同品种的水泥主要存在两个方面的差别：一是水泥熟料矿物组成的差别，二是混合材品种和掺量的差别。

（2）砂

砂分为天然砂和机制砂，指公称粒径小于5.00mm的岩石颗粒。

天然砂：按产源分河砂、海砂和山砂。河砂因长期受流水冲洗，颗粒成圆形，一般工程大多使用；海砂因长期受海水冲刷，颗粒圆滑细小，较洁净，但常混有贝壳及其碎片且氯盐含量较高，江浙福建等沿海城市多使用；山砂存在于山谷或旧河床中，颗粒多带棱角，表面粗糙，石粉含量较多，中西部内陆城市使用。

机制砂：指通过制砂机和其他附属设备加工而成的砂子。与天然砂相比，机制砂具有颗粒表面粗糙、尖锐多棱角、级配不均、需水量大等特性。另外，机制砂中含有的小于0.075mm的石粉在砂浆体系中增加了粉料的数量，起到润滑、增粘、填充作用，可以使砂浆拌合物屈服值减小，增加塑性黏度，间接改善砂浆的和易性。

但是，当石粉含量过高，会过多吸收砂浆中自由水，造成早期开裂、凝结时间过短不宜抹灰，一般石粉含量应控制在15%～18%。如果使用石粉含量较高的机制砂配制砂浆时，必须减少矿粉的使用量或者不用矿粉。砂子含水率经验判断：放干掌上如手湿，含水>4%；如砂子手抓成团，松开不散，含水在2%～4%；手抓成团，立即散开，含水<2%。

湿拌砂浆用砂秘诀：

① 优先选用颗粒级配良好的砂配制抹灰砂浆。良好的级配能使砂的空隙率和总表面积较小，从而不仅使得所需水泥浆量较少，而且还可以提高砂浆密实度、强度及施工性。因此，建议客户提前筛分检验所在地的砂源。

② 砂的细度模数大小，影响胶凝材料使用量。砂子越细，其比表面积越大，包裹其所需的浆体就越多。当砂浆稠度相同时，细砂配制的砂浆就要比中、粗砂配制的砂浆需要更多的胶凝材料。同时，水灰比变化使得强度降低、和易性变差等。例如：甘肃陇南A8湿拌站河砂的细度模数为2.6，只需要水泥180kg、粉煤灰60kg、无矿粉。而天津A8湿拌站海砂的细度模数为1.9～2.1，需要水泥230kg、粉煤灰110kg、矿粉60kg。

③ 砂的细度模数过大，不便于后续墙面抹平工序。如砂的细度模数超过3.0，喷涂上墙的砂浆颗粒反弹量越大，粗颗粒的落地灰用来补墙会造成墙面抹平时刮擦不光整，影响抹墙工人的抹平效率。

④ 限制砂中的含泥量。砂中的细泥粒增加了比表面积，会加大用水量或水泥浆用量；另外，粘土类矿物吸水膨胀，干燥时收缩，会对砂浆强度、干缩开裂及其他耐久性产生不利影响。因此，应要求含泥量≤5.0%，泥块含量≤2%。

⑤ 没有细度模数和级配合适的砂，可以通过筛分细砂与粗砂并按照一定比例掺合使用。可以用粗砂加少量的细砂，大致比例为4粗∶1细，也能实现颗粒级配较好的砂浆用砂。例如：天津A8湿拌站开始使用的海砂细度模数为1.9～2.1，通过加入一部分细砂和粗砂按比例配制调整为细度模数为2.4左右的海砂。

⑥ 建议抹灰砂浆用砂的细度模数为2.4～2.7，中砂为宜，砂粒级配符合标准区间。使用河砂或机制砂，建议1m^{3}砂浆最大掺量为1200～1350kg；海砂最大掺量为1000～1200kg。

（3）保水增稠功能外加剂

目前保水增稠功能外加剂主要采用砂浆稠化粉和砂浆保水增稠剂，也可使用其他符合有关规程规定的产品，但应保证所拌制的砂浆具有水硬性，且保水性、凝结时间、可操作性等指标符合要求并且砌体强度应满足《砌体结构设计规范》（GB 50003）的要求。

保水增稠功能外加剂的质量应符合表 5-3 的规定。

表 5-3 保水增稠功能外加剂品质要求

项　目	分层度（mm）	强度（MPa）	抗冻性	
			质量损失（%）	强度损失（%）
所配制砂浆的质量要求	≤20	≥10	≤5	≤25

注：1. 试件采用 32.5 普通硅酸盐水泥，Ⅱ区砂；

2. 试件配比为：水泥：稠化粉：砂＝1：0.15：4.5，以稠度为 90～100mm 控制加水量，搅拌时间为 6min。

预拌砂浆生产中不得使用消石灰粉、磨细生石灰、引气剂、石灰膏、粘土膏和电石膏。

（4）粉煤灰及其他矿物外加剂

预拌砂浆目前主要使用粉煤灰作为矿物外加剂，也可使用矿渣微粉、硅粉等其他品种的矿物掺合料。

粉煤灰一般采用干排灰，质量应符合表 5-4 的规定。由于砂浆中粉煤灰用量大，而高钙灰中游离氧化钙有一定的波动，易造成砂浆体积不安定，故宜采用低钙灰。若需使用高钙灰，应经试验确定砂浆性能良好，并加强对灰的质量控制。

表 5-4 预拌砂浆用粉煤灰的品质要求

项　目	45μm 筛余（%）	含水率（%）	烧失量（%）	需水量比（%）
质量要求	≤25	≤1	≤8	≤105

粉煤灰或其他矿物外加剂进厂时，必须有质量证明书，应按不同品种、等级分别储存在专用的储罐内，并做好明显标记，防止受潮和环境污染。

（5）水

凡符合国家标准的饮用水，可直接用于拌制砂浆；当采用其他来源水时，必须先进行检验，应符合国家现行标准《混凝土用水标准》（JGJ 63）的规定，方可用于拌制砂浆。

（6）外加剂

外加剂是配置高性价比砂浆的核心，不仅可以提高砂浆粘性、润滑性、可铺展性、触变性等，还可以提高粘结强度和抗压强度以防止开裂、起壳。外加剂应保持匀质，不得含有有害砂浆耐久性的物质。外加剂掺量应通过试验确定。防水、抗冻、早强等外加剂的使用应通过试验确定。预拌砂浆专用缓凝功能外加剂品质指标如表 5-5 所示。通过调整缓凝功能外加剂的掺量，可以获得不同凝结时间的砂浆。

表 5-5 砂浆缓凝功能外加剂品质要求

项　目	pH 值	密度（g/cm^3）	氯离子含量（%）	含固量（%）	砂浆减水率（%）
质量要求	5.5±1.5	1.130±0.020	≤0.40	25.0±1.5	≥8.0

5.1.2 技术要求

1. 性能指标范围

强度、稠度及凝结时间是预拌砂浆的重要性能，根据工程和施工的需要，可在如下范围选择。

(1) 预拌砌筑砂浆

强度可划分为：M5、M7.5、M10、M15、M20、M25、M30；

稠度（mm）可划分为：50、70、90；

凝结时间（h）可划分为：≥8、≥12、≥24。

(2) 预拌抹面砂浆

强度可划分为：M5、M10、M15、M20；

稠度（mm）可划分为：70、90、110；

凝结时间（h）可划分为：≥8、≥12、≥24。

(3) 预拌地面砂浆

强度可划分为：M15、M20、M25；

稠度（mm）可划分为：50；

凝结时间（h）可划分为：≥4、≥8。

(4) 预拌防水砂浆

强度可划分为：M10、M15、M20；

抗渗等级：P6、P8、P10；

稠度（mm）可划分：30、50；

凝结时间（h）可划分为：≥8、≥12、≥24。

预拌砂浆与传统砂浆的分类，如表 5-6 所示。

表 5-6　预拌砂浆与传统砂浆的分类对应表

品种	预拌砂浆	传统砂浆
砌筑砂浆	WM M5、DM M5 WM M7.5、DM M7.5 WM M10、DM M10 WM M15、DM M15 WM M20、DM M20	M5 混合砂浆、M5 水泥砂浆 M7.5 混合砂浆、M7.5 水泥砂浆 M10 混合砂浆、M10 水泥砂浆 M15 水泥砂浆 M20 水泥砂浆
抹灰砂浆	WP M5、DP M5 WP M10、DPM10 WP M15、DP M15 WP M20、DP M20	1∶1∶6 混合砂浆 1∶1∶4 混合砂浆 1∶3 水泥砂浆 1∶2 水泥砂浆、1∶2.5 水泥砂浆、1∶1∶2 水泥砂浆
地面砂浆	WS M15、DS M15 WS M20、DS M20	1∶3 水泥砂浆 1∶2 水泥砂浆

2. 质量控制指标

(1) 稠度

预拌砂浆的稠度应符合表 5-7 的规定，在交货地点测得的砂浆稠度与工程规定的稠度之差，应不超过表 5-8 的允许偏差。稠度损失在规定的时间内应不大于交货时实测稠度的 35%。

砂浆的稠度关系到砂浆泵出现主油缸行程变短、单缸工作、堵管、堵缸、堵吸料口、堵变径锥管的频率，同时也影响喷涂上墙后的均匀性和施工时间。建议砂浆稠度控制在

85～95mm，既满足砂浆泵送和喷涂要求，也能保证施工品质。

表 5-7　预拌砂浆的性能

砂浆种类		稠度（mm）	凝结时间（h）	28d抗压强度（MPa）
砌筑	M5.0	50、70、90	≥8、≥12、≥24	≥5.0
	M7.5			≥7.5
	M10			≥10.0
	M15			≥15.0
	M20			≥20.0
	M25			≥25.0
	M30			≥30.0
抹灰	M5.0	70、90、110	≥8、≥12、≥24	≥5.0
	M10			≥10.0
	M15			≥15.0
	M20			≥20.0
地面	M15	50	≥4、≥8	≥15.0
	M20			≥20.0
	M25			≥25.0

表 5-8　湿拌砂浆稠度允许偏差

规定的稠度（mm）	允许偏差（mm）
50、70、90	±10
110	－10～＋5

预拌砌筑砂浆稠度可根据所用砌体材料不同及气候条件和根据所处的层面来选定（表 5-9）。预拌地面砂浆的稠度一般控制在 30～50mm；砂浆拌合物太干，不易操作；拌合物太湿，硬化后易空鼓。

表 5-9　砌筑砂浆的稠度　　单位：mm

砌体种类	砂浆稠度
烧结普通砖砌体 粉煤灰砖砌体	70 ～90
混凝土多孔砖、实心砖砌体 普通混凝土小型空心砌块砌体 蒸压灰砂砖砌体 蒸压粉煤灰砖砌体	50～70
烧结多孔砖、空气砖砌体 轻骨料混凝土小型空心砌块 蒸压加气混凝土砌块砌体	60～80
石砌体	30～50

砂浆稠度简单测定方法（图 5-1）：用手掌捞满砂浆，然后完全竖起来，此时手掌内的砂浆掉下去一半左右还留下一半的话，则稠度正好合适（100mm 以内）。若只留下一小部分的话，则稠度太大（>100mm）。

图 5-1 砂浆稠度简单测定方法

砂浆泵送性能简单测定方法（图 5-2）：砂浆泵送性能的好坏可以通过挤压法判断。用手快速挤压后，检查手心内是否有较少的砂浆，如存有少量砂浆说明此砂浆可以正常泵送。砂浆泵送性能好坏不仅跟配比有关系，跟稠度也有很大的关系。稠度大时，泵送性能好；反之，泵送性能不好。

可泵送性能好的砂浆

可泵送性能不好的砂浆

图 5-2 砂浆泵送性能简单测定方法

（2）凝结时间

凝结时间反映了砂浆失去可操作性的最大时间。凝结时间主要与水泥用量、用水量和缓凝剂掺量有关。需要注意的是，凝结时间与实际可使用时间的区别，凝结时间是在标准状态下预拌砂浆的一项技术指标，凝结时间并不等同于实际可使用时间。预拌砂浆的凝结时间应符合表 5-7 规定或符合设计要求规定。

凝结时间的最大规格是 24h，这主要考虑砂浆使用时间较混凝土长，下午送到现场的砂浆可能当天使用不完，要放到第二天使用。凝结时间 8h 主要考虑当班使用完毕。这里要注意的是，在实际使用中，应更关注砂浆的稠度损失，保证砂浆在合同规定时间内仍具有可操作性。

（3）分层度

分层度是反映砂浆保水性的一个指标。分层度值大，说明砂浆保水性不好；分层度值小，说明砂浆的保水性优良；但当水泥用量较大时，虽然泌水很少而分层度值都较大，这说明砂浆保水性良好，而分层度值大是由水泥水化造成砂浆稠度损失引起的。砂浆分层度值宜控制在 10～20 mm；分层度过小，砂浆易开裂；分层度过大，砂浆保水性差。

砂浆保水性简单测定方法：用手捞一把砂浆，用力挤压后如果手掌缝内有大量的水流出来同时打开手掌后看到手心里面只有砂而没有水泥浆了，说明此砂浆保水性能不好。

（4）强度

预拌砌筑砂浆、预拌抹灰砂浆和预拌地面砂浆都以抗压强度作为其强度指标，强度值应符合表 5-7 的规定。

对于抹灰砂浆，最主要的力学性能应是硬化后的抹灰与基层的粘结强度。由于影响粘结强度测试值的因素有很多，测试值离散大，重复性差。且考虑到抗压强度与粘结强度存在一定的相关性，因此，目前以抗压强度作为验收抹灰砂浆的力学指标。

当需方对砂浆其他性能有设计要求时，应按有关标准规定进行试验。其结果应符合设计规定。

5.2 预拌砂浆配合比设计

5.2.1 配合比设计步骤

① 计算砂浆试配强度 $f_{m,0}$，按式（5-1）计算 $f_{m,0}$。

② 选取用水量 Q_w，根据砂浆设计稠度以及水泥、粉煤灰、外加剂和砂的品质，按表 5-10选取 Q_w。

表 5-10 预拌砂浆用水量选用表

砂浆种类	用水量（kg/m³）	砂浆种类	用水量（kg/m³）
砌筑	260～320	地面	250～300
抹灰	270～320		

③ 选取保水增稠功能外加剂用量 Q_{cf}，保水增稠功能外加剂目前主要选用砂浆稠化粉，其用量宜为 30～70kg/m³ （若采用保水增稠剂，用量为胶凝材料的 1%～ 2%）。水泥用量少时，砂浆稠化粉用量取上限；水泥用量多时，砂浆稠化粉用量取下限。

④ 选取粉煤灰掺量 β_f，粉煤灰掺量以粉煤灰占水泥和粉煤灰总量的百分数表示，其值不应大于 50%。

⑤ 计算水泥用量 Q_c和粉煤灰用量 Q_f。

由

$$f_{m,0}=Af_c\frac{Q_c+KQ_f}{Q_w}+B \tag{5-1}$$

$$\beta_f=\frac{Q_f}{Q_c+Q_f} \tag{5-2}$$

解得

$$Q_f=\frac{Q_w(f_{m,0}-B)}{Af_c\left(\frac{1}{\beta_f}-1+K\right)} \tag{5-3}$$

$$Q_c=\left(\frac{1}{\beta_f}-1\right)Q_f \tag{5-4}$$

式中 β_f——粉煤灰掺量，%；

$f_{m,0}$——砂浆配制强度，MPa；

f_c——水泥实测 28d 抗压强度，MPa；

Q_w——用水量，kg/m^3；

Q_c——水泥用量，kg/m^3；

Q_f——粉煤灰用量，kg/m^3；

K、A、B——回归系数，$K=0.516$，$A=0.487$，$B=-5.190$。

外墙抹灰砂浆水泥用量不宜少于 $250kg/m^3$，地面面层砂浆水泥用量不宜少于 $300kg/m^3$。

⑥ 计算砂用量 Q_s。

由

$$\frac{Q_c}{\rho_c}+\frac{Q_f}{\rho_f}+\frac{Q_{cf}}{\rho_{cf}}+\frac{Q_s}{\rho_s}+\frac{Q_a}{\rho_a}+\frac{Q_w}{\rho_w}+0.01=1 \tag{5-5}$$

得

$$Q_s=\rho_s\left(1-\frac{Q_c}{\rho_c}-\frac{Q_f}{\rho_f}-\frac{Q_{cf}}{\rho_{cf}}-\frac{Q_a}{\rho_a}-\frac{Q_w}{\rho_w}-0.01\right) \tag{5-6}$$

式中 ρ——材料的密度，kg/m^3

Q——材料的用量，kg/m^3；

下标 c、f、cf、s、a、w——分别指水泥、粉煤灰、稠化粉、砂、外加剂和水；

0.01——不用引气剂时，砂浆的含气量，m^3。

⑦ 校核灰砂体积比：

灰砂体积比=(水泥+粉煤灰+稠化粉)体积∶砂体积 (5-7)

如果计算得到的灰砂体积比不符合表 5-11 中的范围，应对配合比作适当的调整。

表 5-11 灰砂体积比

砂浆	（水泥+粉煤灰+稠化粉）绝对体积∶砂绝对体积
砌筑砂浆	(1∶3.5) ～ (1∶4.5)
抹灰砂浆	(1∶2.5) ～ (1∶4.0)
地面砂浆	(1∶2.2) ～ (1∶3.0)

⑧ 缓凝功能外加剂掺量。凝结时间应根据施工组织来确定。缓凝剂掺量根据其产品说明和砂浆凝结时间要求经试配确定。

5.2.2 配合比的试配与校核

(1) 和易性校核

采用工程中实际使用的材料，按计算配合比试拌砂浆，测定拌合物的稠度和分层度，当不能满足要求时，应调整材料用量，直到符合要求。调整拌合物性能后得到的配合比称为基准配合比。

(2) 凝结时间校核

对稠度和分层度符合要求的砂浆，测定其凝结时间。如果凝结时间不符合要求，则适当调整砂浆缓凝功能外加剂的掺量。

(3) 抗压强度校核

试配时至少应采用三个不同的配合比，其中一个为基准配合比，另外两个配合比的水泥用量或水泥与粉煤灰的总用量按基准配合比分别增减10%。在保证稠度、分层度合格的条件下，适当调整其用水量、掺合料、保水增稠材料和缓凝剂的用量。

按上述三个配合比配制砂浆，测定凝结时间；并制作立方体试件，养护至28d后测定其抗压强度，选取凝结时间和抗压强度符合要求且水泥用量最低的配合比作为砂浆的设计配合比。

5.3 预拌砂浆生产工艺

预拌砂浆的生产与预拌混凝土类似，而预拌混凝土生产和管理的技术已发展较为完善。混凝土搅拌站通过增加一些设备（如砂浆分设备、稠化粉罐仓等）和对生产工艺作适当的调整，花少量投资即可生产预拌砂浆。

5.3.1 工艺流程

预拌砂浆生产的基本工艺流程如图5-3所示。

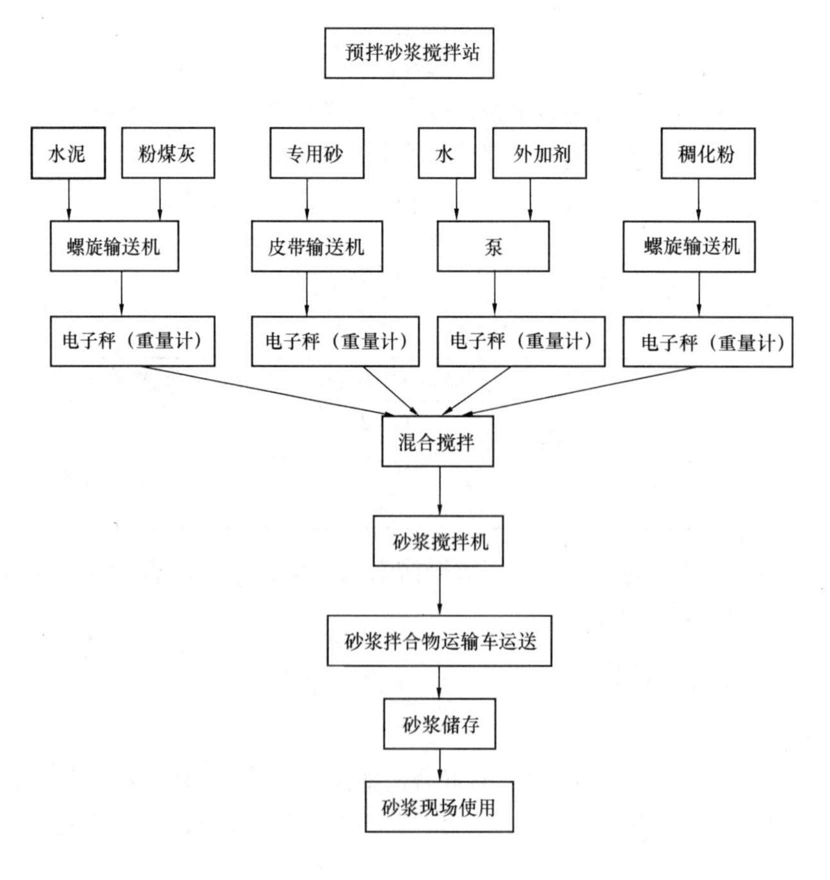

图5-3 预拌砂浆生产的基本工艺流程

5.3.2 操作要点

由于预拌砂浆的自身特性以及施工特点，砂浆的制备和操作有如下要点。

（1）生产设备管理要点

预拌砂浆生产必须使用专用的搅拌、运输及储存设备。搅拌机的搅拌刀与筒体壁之间的间距及其他工艺参数的控制，必须满足砂浆生产的需要，保证预拌砂浆的匀质性等质量性能满足合同要求。

必须配备砂过筛系统装置，其状态参数的控制必须保证使用过筛后的砂粒径分布均匀，最大粒径不超过5mm，以符合预拌砂浆的各种性能要求。

搅拌机必须具有计算机储存实际投料数据的功能，能随时查阅近3个月内生产的每立方米预拌砂浆的用料情况，保证预拌砂浆生产及质量参数的可追溯性。

对用于生产的机械设备应建立维护保养制度，以确保设备的持续工作能力及预拌砂浆质量指标。计量设备必须进行定期校验，保证使用合格的计量设备。

（2）砂浆生产的要点

生产中使用的砂必须是过筛后剔除粒径为5mm以上颗粒的砂，并保证原材料品种和规格的正确使用。

为保证拌合物的均匀性，搅拌机应采用全自动计算机控制的固定式搅拌机，砂浆搅拌时间不宜少于2min。

在生产过程中严格监控搅拌机计量系统，保证计量的准确性。

（3）砂浆运输的要点

运输应采用搅拌运输车。装料前，装料口应保持清洁，筒体内不得有积水、积浆及杂物。在装料及运输过程中，应保持搅拌运输车筒体按一定速度旋转，使砂浆运至储存地点后，不离析、不分层，组分不发生变化，并能保证施工所必需的稠度。运输设备应不吸水、不漏浆，并保证卸料及输送畅通，严禁在运输和卸料过程中加水。预拌砂浆用搅拌车运输的延续时间应符合表5-12的规定。

表5-12 预拌砂浆运输延续时间

气温（℃）	运输延续时间（min）
5～35	≤150
其他温度范围	≤120

按发货单指明的工程名称、部位及砂浆的品种、强度等级及时准确地运送。

卸完料后，搅拌车应及时彻底清洗。

5.3.3 原材料

（1）水泥

水泥进货时必须具有质量证明书，并按不同品种、规格分别贮存。对进厂水泥应按批量检验，保证使用合格的水泥。

（2）砂

砂宜选用中砂，并符合《普通混凝土用砂、石质量及检验方法标准》（JGJ 52—2006）

的规定，且砂的最大粒径不应超过 5mm。

砂进货时必须具有质量证明书，并应按不同品种、规格分别堆放，不得混杂。在装卸、过筛及储存过程中保持砂颗粒级配均匀，严禁混入影响砂浆性能的有害物质。

(3) 保水增稠材料

保水增稠材料进厂时应具有质量证明书，储存在专用的仓罐内，并做好明显标记，防止受潮和环境污染。

检验批量应按其产品标准的规定进行，连续 15d 不足规定数量者也以一批论。

(4) 粉煤灰及其他矿物外加剂

粉煤灰和其他矿物外加剂进厂时，必须有质量证明书，按不同品种、等级分别储存在专用的筒仓内，做好明显标记，防止受潮和环境污染。

检验批量，连续供应相同等级的粉煤灰以 100t 为一批，不足 100t 则以 100t 论。其他矿物掺合料应按其产品标准规定的批量进行检验。

(5) 外加剂

专用缓凝功能外加剂应具有推迟水泥初凝时间，使砂浆在密闭容器中可保持 24h 不凝结，超过上述时间或者砂浆水分被吸附蒸发后，砂浆仍能正常凝结硬化的品质。

功能外加剂应保持匀质，不得含有有害砂浆耐久性的物质。

功能外加剂的掺量应通过试验确定。功能外加剂批量为 10t 一批，不足 10t 者按一批论。进厂时必须具有质量证明书，做好明显标记，在运输和储存时不得混入杂质。防水、抗冻、早强等功能外加剂的使用应通过试验确定。

(6) 水

凡符合国家标准的饮用水，可直接用于拌制砂浆。当采用其他来源水时，必须先进行检验，需符合《混凝土拌合用水标准》(JGJ 63) 的规定，方可拌制砂浆。

5.3.4 机械设施及劳动组织

(1) 机械设施（表 5-13）。

表 5-13 机械设施表

名　称	型号规格	单位	数量
原材料储运系统			
散装水泥储运设施	储仓容量 250t/套	套	2
散装粉煤灰储运设施	储仓容量 100t/套	套	1
散装保水增稠材料储运设施	储仓容量 100t/套	套	1
自定中心滚动筛	20～50t/h	套	1
砂储运设施	储仓容量 400t/套	套	1
外加剂溶液储运设施	储仓容量 10t	套	1
砂浆搅拌系统			
给料计量装置	应分别符合各组分的计量值和精度要求	套	5
强制式搅拌机	容量 1.5～2m^3	台	1
微机控制室		套	1

续表

名　　称	型号规格	单位	数量
监控通信设施		套	1
运输车辆及储存设施			
散装水泥输送车	14t	辆	2
散装粉煤灰输送车	12t	辆	1
预拌砂浆搅拌输送车	3～6m^3	辆	3
装卸机（斗铲）	2.4～2.8m^3	辆	1～2
其他系统			
空压机	排气量 10/min		
	3～10L/s		
储气罐	容积 1.0～1.5m^3	个	若干

（2）劳动组织（表 5-14）

表 5-14　劳动组织

岗　　位	人数/个	岗位	人数/个
值班长兼生产调度	2	机电工	2
试验人员	3	空压机工	1
材料验收及储存	2	拌车、散装水泥车等驾驶员及汽修工	15
过筛工	1	现场服务员	2
控制室操作工	1	合计	30
抓斗工	1		

5.4　预拌砂浆质量控制

施工单位和监理单位在施工组织、施工操作和监督管理过程中首先应注意以下两点：施工单位应在供销合同中与生产单位明确需使用的预拌砂浆的品种、强度等级、稠度要求和凝结时间 4 项技术指标；施工单位应协助生产单位根据气候条件、供应距离、工程进度、作业面大小、施工人员数量和材料堆放条件等实际情况，合理组织供应。

5.4.1　预拌砂浆的配合比设计

预拌砂浆的配合比设计执行《商品砂浆生产与应用技术规程》（DG/TJ 08—502—2006）有关规定，根据砂浆的用途、强度等级、稠度指标、凝结时间指标以及所用原材料性能并通过试验确定。当砂浆的组成材料发生变化时，或当需要使用新材料生产预拌砂浆时，配合比需经过试验室试验重新确定，只有当预拌砂浆质量能满足合同要求时，该配合比才能在生产实际中使用。确定砂浆稠度时应考虑运输和储存过程中的损失。外墙抹灰砂浆水泥用量不宜少于 250kg/m^3，地面面层砂浆水泥用量不宜少于 300kg/m^3。

5.4.2 生产过程的质量控制

（1）生产组织

预拌砂浆生产单位需根据合同要求合理安排生产。

（2）计量

计量应采取质量法计算，每工作班进行计量动态抽检，保证计量的准确性。计量允许误差应满足表 5-15 规定。计量设备应具有法定计量部门签发的有效合格证。计量设备必须能满足不同配合比砂浆的连续生产。

表 5-15 原材料计量允许偏差 单位：%

原材料	水泥	细骨料	水	外加剂	添加剂	矿物掺合料
每盘计量允许偏差（%）	±2	±3	±2	±3	±4	±4
累积计量允许偏差（%）	±1	±2	±1	±2	±2	±2

（3）砂含水率

及时做好砂含水率测试，并据此设计生产配合比。如遇砂含水率发生显著变化时，应增加测定次数，依据检测结果及时调整用水量和砂用量，并建立配合比调整记录。

（4）设备

在生产中，搅拌机操作人员须对设备运转情况进行检查，做好工艺参数记录，并随时了解各工序质量控制信息，保证砂浆生产处于受控状态。

5.4.3 施工过程的质量控制

（1）储存

砂浆运至储存地点后除直接使用外，必须储存在不吸水的密闭容器内。夏季应采取遮阳措施，冬季应采取保温措施。砂浆装卸时应有防雨措施。

储存容器应有利于储运、清洗和砂浆装卸。砂浆在储存过程中严禁加水。

储存地点的气温，最高不宜超过 37℃，最低不宜低于 0℃。储存容器标识应明确，应确保先存先用，后存后用。超过凝结时间的砂浆将不能保证其稠度和操作性能，故禁止使用。不同品种的砂浆混存混用，其性能将不可预知，也应禁止。砂浆必须在规定时间内使用完毕。用料完毕后储存容器应立即清洗，以备再次使用。

（2）施工

① 稠度选用：各种用途砂浆的稠度选用，宜按表 5-9 的规定选择。在确定稠度时应考虑砂浆在运输和储存过程中的损失。

② 预拌砂浆使用前的拌合及重塑：由于重力作用，预拌砂浆在容器中长时间储存不可避免地会产生少量泌水和稠度损失现象，因此，预拌砂浆使用前应人工拌匀，保证砂浆的和易性。如泌水严重应取样进行品质检验。

由于存放期内砂浆稠度有损失，特别在砂浆稠度较低情况下，为保持砂浆的可操作性，在施工前再添加适量水拌合到砂浆中，使砂浆重新获得可塑性，这一过程称为砂浆的“重塑”。经重塑的砂浆，其强度比正常的预拌砂浆有所下降。因此，砂浆重塑只能进行一次，并需经现场技术负责人认定许可。

③ 预拌砌筑砂浆：用于基础墙防潮层的预拌砌筑砂浆，应满足设计的抗渗要求。

预拌砌筑砂浆可用原浆对墙面勾缝，但必须随砌随勾。其他按现行《砌体工程施工质量验收规范》（GB 50203—2011）的有关规定执行。

④ 预拌抹灰砂浆：预拌抹灰砂浆应按表 5-9 选用，或由设计确定其强度等级。

预拌抹灰砂浆的稠度可按表 5-9 选用。

掺有特殊外加剂的预拌抹灰砂浆，应经试验合格后方可使用。

预拌抹灰砂浆抹灰层平均总厚度应符合设计规定，如设计无规定时，应按现行的《建筑装饰装修工程质量验收规范》（GB 50210—2001）的规定执行。

预拌抹灰砂浆的每遍涂抹厚度宜为 7～9mm，应等前一遍抹灰层凝结后，方可涂抹后一层。

预拌抹灰砂浆不得涂抹在比其强度低的基层上。其他按现行《建筑装饰装修工程质量验收规范》（GB 50210）的有关规定执行。

⑤ 预拌地面砂浆：预拌地面砂浆可用于地面和屋面工程的找平层和面层，应按表 5-6 选用，或由设计确定其强度等级。

预拌地面砂浆用于面层的稠度不应大于 35mm。

掺有抗冻、防水等外加剂的预拌地面砂浆，应经试验合格后方可使用或应符合有关规范的规定。

配制预拌地面面层砂浆的水泥宜采用硅酸盐水泥、普通硅酸盐水泥，其强度等级不宜低于 42.5 级；粉煤灰及其他矿物掺合量不宜大于水泥用量 15%。

其他按现行《建筑地面工程施工质量验收规范》（GB 50209—2010）的有关规定执行。

⑥ 冬期施工：砂浆储存容器应采取保温措施。

砂浆可掺入混凝土防冻剂，其掺量应经试配确定。可适当减少缓凝剂掺量，缩短砂浆凝结时间，但应经试配确定。

预拌抹灰砂浆涂抹时砂浆温度不宜低于 5℃。预拌地面砂浆使用时环境温度不应小于 5℃，低于该温度时应采取保温措施。砂浆在砌筑、抹灰或找平使用后，硬化初期不得受冻。

抹灰层应采取防冻措施，确保抹灰层在凝结硬化前不受冻。

5.4.4 质量检验

（1）检验

检验是指对砂浆强度、稠度、分层度、凝结时间等项质量指标进行测试。生产厂家应对所有检验项目做测试。有防水要求的砂浆除应检验上述四个项目外，还应根据设计要求检验砂浆的抗渗指标。

出厂检验。预拌砂浆产品出厂前，必须按现行的有关国标、行标和地方标准的规定对其质量进行检验，保证合格的产品才能出厂，预拌砂浆生产单位必须向客户提供预拌砂浆质量证明书。

预拌砂浆搅拌站（厂）必须建立满足预拌砂浆检验、养护要求的试验室，保证预拌砂浆按规范要求进行养护、检测。

交货检验。供需双方应在合同规定的交货地点交接预拌砂浆，并应在交货地点对预拌砂浆质量进行检验。

当判定预拌砂浆的质量是否符合要求时，强度、稠度以交货检验结果为依据；分层度、凝结时间以出厂检验结果为依据；其他检验项目应按合同规定执行。

（2）取样与组批

用于交货检验的砂浆试样应在交货地点采取，用于出厂检验的砂浆试样应在搅拌地点采取。

交货检验的砂浆试样应在砂浆运送到交货地点后按《建筑砂浆基本性能试验方法标准》（JGJ/T 70）的规定在20min内完成，稠度测试和强度试块的制作应在30min内完成。

试样应随机从运输车中采取，且在卸料过程中卸料量约1/4～3/4之间采取。

试样量应满足砂浆质量检验项目所需用量的1.5倍，且不宜少于0.01m^3。

砂浆强度检验的试样，其取样频率和组批条件应按以下规定进行：

用于出厂检验的试样，每50m^3相同配合比的砌筑砂浆，取样不得少于一次，每一工作班相同配合比的砂浆不满50m^3时，取样也不得少于一次。抹灰和地面砂浆每一工作班取样不得少于一次。预拌砂浆必须提供质量证明书。用于交货检验的试样，砌筑砂浆应按《砌体工程施工质量验收规范》（GB 50203—2011）中相关规定执行；地面砂浆应按《建筑地面工程施工质量验收规范》（GB 50209—2010）中相关规定执行；如有争议，实行见证取样检验。砂浆稠度试样应每车取样检验。

特殊要求项目的取样检验频率应按合同规定进行。

（3）合格判断

强度、凝结时间的试验结果应以符合表5-7的规定为合格。

稠度、分层度的试验结果应以符合表5-7和表5-8的规定为合格，若不符合要求，则应立即用余下试样进行复验，若复验结果符合表5-7和表5-8规定的，仍为合格；若复验结果仍不符合表5-7和表5-8规定的，为不合格。

对稠度不符合《建筑砂浆基本性能试验方法标准》（JGJ/T 70）要求的砂浆，需方有权拒收和退货。

对凝结时间或稠度损失不合格的砂浆，供方应立即通知需方。

6 干混砂浆生产工艺与设备

预拌干混砂浆是一种针对不同施工环境要求配方，由胶凝材料、集料和化学添加剂计量后混合的混合物，按规定的比例直接加水搅拌均匀即可使用。干混砂浆的生产方式是将精选的细集料经筛分烘干处理后与无机胶凝材料和各种有机高分子外加剂按一定比例混合而成的颗粒状或粉状混合物，以袋装和散装方式送到工地，按照规定比例加水拌合后即可直接使用施工的功能性建筑材料。如按照性能划分，干混砂浆分为普通和特种两类，普通干混砂浆主要用于地面、抹灰和砌筑工程用；特种干混砂浆有装饰砂浆、地面自流平砂浆、瓷砖粘结砂浆、抹面抗裂砂浆和修补砂浆等。

6.1 干混砂浆的分类

按干混砂浆的主要应用可以分类如下（表 6-1）。

表 6-1 干混砂浆分类

项目	干混砌筑砂浆		干混抹灰砂浆		干混地面砂浆	干混普通防水砂浆	干混普通抗裂砂浆
	普通砌筑砂浆	薄层砌筑砂浆	普通抹灰砂浆	薄层抹灰砂浆			
符号	DM	DTM	DP	DTP	DS	DW	DAC
强度等级	M5、M7.5、M1、M15、M20、M25	M5、M10	M5、M10、M15、M20	M5、M10	M20、M25	M15、M20	M5、M10、M15
抗渗等级	—	—	—	—	—	P6、P8、P10	—

（1）普通干混砂浆

普通干混砂浆主要包括指由胶凝材料、经干燥筛分处理的细集料、保水增稠材料、粉煤灰或其他矿物掺合料等组分按一定比例，在专业生产厂经计量、混合后的一种颗粒状混合物。

① 干混普通砌筑砂浆指用于普通砌筑工程灰缝厚度 8～12mm 的干混砂浆。

② 干混普通抹灰砂浆指用于抹灰工程的砂浆层厚度大于 6mm 的干混砂浆。

③ 干混地面砂浆指用于建筑楼地面及屋面工程的干混砂浆。

④ 干混普通防水砂浆指用于一般防水工程中抗渗防水部位的干混砂浆。

⑤ 干混普通抗裂砂浆指用于有抗裂性能要求的干混砂浆。

（2）干混特种砂浆

干混特种砂浆指由胶凝材料、经干燥筛分处理的细集料、添加剂以及根据性能确定的其他组分，在专业生产厂经计量、混合后的一种颗粒状混合物。主要用于具有特种性能的薄层干混砂浆。

① 干混薄层砌筑砂浆指用于薄层砌筑工程灰缝厚度不大于 5mm 的干混砂浆。

② 干混薄层抹灰砂浆指用于抹灰工程的砂浆层厚度不大于 5mm 的干混砂浆。

③ 混凝土界面处理砂浆指用于提高抹灰砂浆层与混凝土基层粘结强度的干混砂浆。

④ 加气混凝土界面处理砂浆指用于提高抹灰砂浆层与加气混凝土基层粘结强度的干混砂浆。

在此重点介绍普通干混砂浆。

6.2 干混砂浆的生产工艺

干混砂浆生产工艺既用来制备普通砂浆，也用于制备特种砂浆。单条生产线的年产量从 1 万 t 到 200 万 t 不等。国内外生产商习惯将生产能力高于 25t/h、单班年产量大于 6 万 t/年的干混砂浆生产设备称为大型设备；生产能力高于 10～25t/h、单班年产量 2.5～6 万 t/年的称为中型设备；生产能力低于 10t/h、单班年产量低于 2.5 万 t/年的称为小型设备。

与预拌砂浆制备最大的不同是混合器大多采用特殊混合机，不但适合于干混砂浆系列产品的制备，而且具有不同的容量和结构，可以实现快速、均匀地混合。在整个混合过程中，干混砂浆的温度不应超过 50℃，以免热塑性和对热敏感的有机组分性能劣化。

筒仓的设计、容量和数目以及整个混合和包装设备的设计取决于所使用的原材料和干混砂浆的数量、品种和体积。对于石膏基产品，通常使用独立生产线，以免与水泥基产品混合。

6.2.1 干混砂浆的生产工艺流程

干混砂浆生产工艺流程主要分下列四个生产环节（图 6-1）。

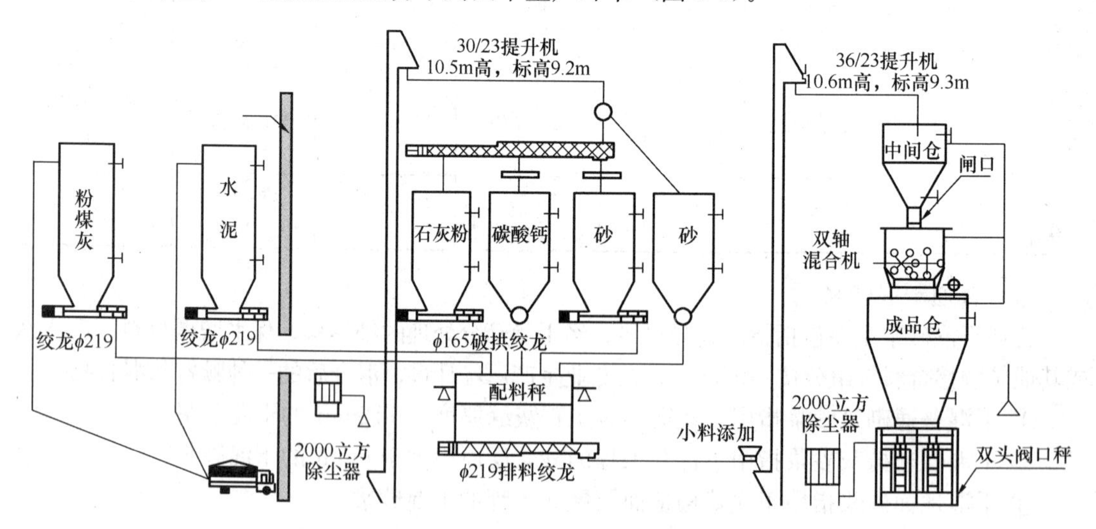

图 6-1 8～10t/h 干粉砂浆生产线流程图

① 原材料预处理和入仓。将原材料灌入储料仓或入仓储存。有些原材料需要进行预处理，如砂的粒度和含水率不符合要求，需进行破碎、烘干、级配，然后入仓。

② 配料与称量。

③ 混合。

④ 产品包装和运输。

6.2.2 干混砂浆生产设备分类

预拌砂浆生产厂按要求及市场不同而有不同方案，常用的是塔式工艺布局，将所有预处理好的原料提升到原料筒仓顶部，依靠原料自身的重量自然从料仓中流出，经称量、配料、混合、包装等工序后成为最终产品。全部生产是在现代化的微机控制系统操作下完成的，操作人员只要指定产品的类型与数量，其余操作全部由控制系统自动完成，无需人工干预。全部采用密闭的生产系统设备，不但现场清洁，无粉尘污染，保证了工人的健康；设备为模块式结构，生产容量能和市场的发展相衔接，配料精度高，使用灵活和便于扩展等优点。

干混砂浆生产设备是用来混合普通砂浆和功能砂浆的联合装置。干混砂浆生产设备类型较多，按混合形式分，干混砂浆生产设备有单混式干混砂浆生产设备和双混式干混砂浆生产设备两种形式。按结构形式分，干混砂浆生产设备有三种形式：简易式干混砂浆生产设备、串行式干混砂浆生产设备、楼塔式干混砂浆生产设备。

（1）单、双混式干混砂浆设备

单混式干混砂浆生产工艺一般为间歇式的。所有原材料经计量后进入同一混合机混合。该设备主要用于商品预拌砂浆和干混砂浆混合。而双混式干混砂浆生产工艺是先将粉状物计量混合（间歇式）后入仓，然后再与集料经计量混合（连续式），如图 6-2 所示。由于砂与粉料分开混合，双混式干混砂浆生产工艺极大提高了混合机的生产效率，双混式干混砂浆生产线产量可达 200t/h。

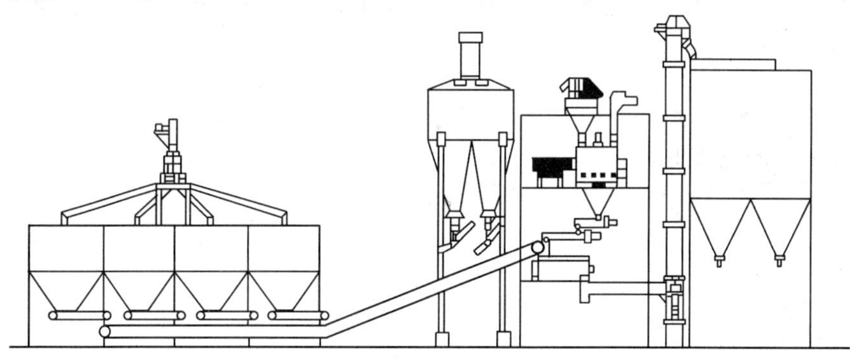

图 6-2 双混式干混生产工艺流程示意图

（2）简易式干混砂浆生产设备

简易式干混砂浆生产设备（图 6-3）用于特殊产品的生产，其生产能力为 1～10t/h。设备的设置是半自动化的，但主要成分的配料、称量和装袋也可实现自动化。该设备结构紧凑、模块化扩展、投资少、建设快。

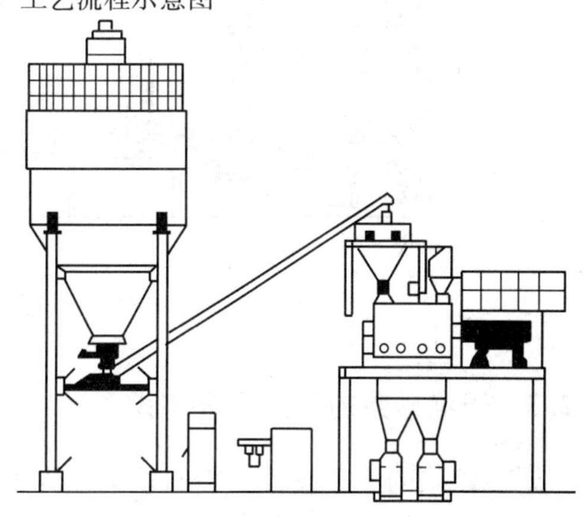

图 6-3 简易式干混砂浆生产设备

（3）串行式干混砂浆生产设备

该设备（图 6-4）是专为建筑高度受到限制的情况而设计的。设备的高度和基础截面较小，其生产能力为 50～100t/h，设备的机械组件和全自动 PC 控制保证了生产系统的高精度，

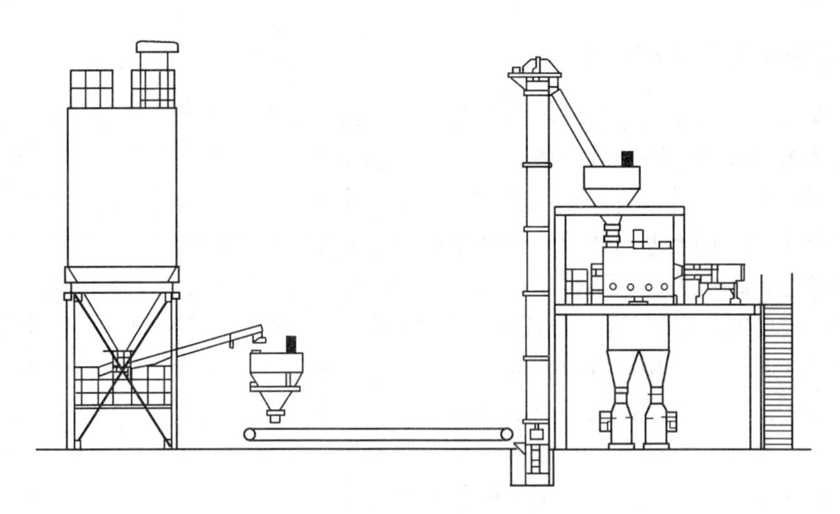

图 6-4　串行式干混砂浆生产设备

可实现模块化扩展，性价比好。

（4）塔楼式干混砂浆生产设备

该设备（图 6-5）紧凑的纵向结构和模块化设计，适于进行广泛的散装物料拌合，可通过优化物流而使生产过程和企业成本最小化；其生产能力高达 200t/h。设备的全自动 PC 控制系统具有完美的配料和称量功能、常用配方的记录和统计显示数据库、客户、后勤服务组件。设备的投资较大。

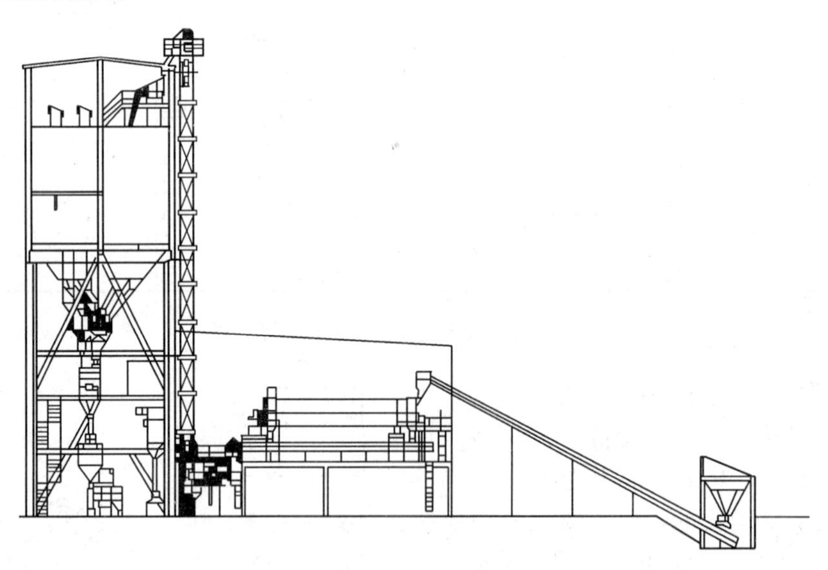

图 6-5　塔楼式干混砂浆生产设备

6.2.3　干混砂浆的生产系统与设备

干混砂浆的生产设备主要的基本组成为：砂干燥、筛分、输送系统，各种粉状物料仓储系统，配料计量系统，混合搅拌系统，包装系统，收尘器系统，电控系统及辅助设备等。

预拌砂浆生产所需要确定的工艺参数为产品范围；品种和产量；每小时产量；按实际配

方所需的原材料筒仓和添加剂筒仓；原材料筒仓体积；配料、称重精度，混合流程；包装产品产量或散装重；确定生产流程和运输流程；确定生产自动化程度（全自动、半自动、人工操作）；生产设备与计算机系统的连接。

1. 砂干燥、筛分、输送系统

配置干混砂浆主要成分是砂，其比例占砂浆总用量的70%左右。而所用的砂都是组织致密的惰性材料，颗粒本身没有空隙，所以砂所含的水是表面水。但由于砂的比表面积大，形成了许多毛细管，所以其含水率可以为0%～12%（有时可达20%），含水变化范围较大。而用于干混砂浆的砂的含水率只能控制在0.2%～0.5%之间，且需储存在密封容器内，否则将严重影响成品干混砂浆的储存时间，为此对市场采购的原始砂必须进行砂的含水率测定干燥、筛分、输送的工序。

（1）砂含水率测定仪

保证成品砂浆中不含水分是保证干混砂浆质量的关键。为了精确控制干砂机滚筒的转速，必须测出集料（砂）中的含水率。砂含水率测定仪有电阻式、中子式等测定方式。微波自动显示测湿系统的原理是水对微波具有高吸收能力，不同的含水率砂微波吸收程度不相同，通过微波能量场的变化，测量出正在通过的物料湿度百分比。由于各种物料的粒径区别和含有杂质的不同，还需要实测和修正。

（2）原砂的干燥

目前市面上用于预拌砂浆生产的干燥机主要有两种，一种是旋转滚筒式干燥机和振动流化床干燥机。旋转滚筒式干燥机在水泥行业广泛使用，国内技术趋于成熟，但在耗能方面有待改进。目前，已有厂家在深入研究筒内的气流场和物料流动，改进其叶片结构，也有厂家直接引进欧洲技术制造。滚筒式干燥机又分单回程和多回程干燥机。两回程的滚筒式干燥机可以干燥和冷却成为一体。在选用干燥机时应考虑以下技术指标：砂的初始含水率；干燥能力；最终含水率；单位能耗；燃料（煤、油或气）；产品出口温度；除尘器（粉尘排放允许量）。

① 旋转滚筒式干燥机：该设备可分双滚筒分开干燥冷却式、单滚筒干燥强制风冷却式和单滚筒三回程干燥冷却式。

a. 双滚筒分开干燥冷却式干燥机。如图6-6所示，该设备前级滚筒的功能为干燥，后级滚筒的功能为冷却，前后级滚筒的转速可根据物料含水率实现人工或自动调节，结构设计制造相对简单，维护方便，但占地面积较大。燃烧器可按用户需求配置燃油、燃气、燃煤粉等多种形式，适合于大型干混砂浆生产设备配套。

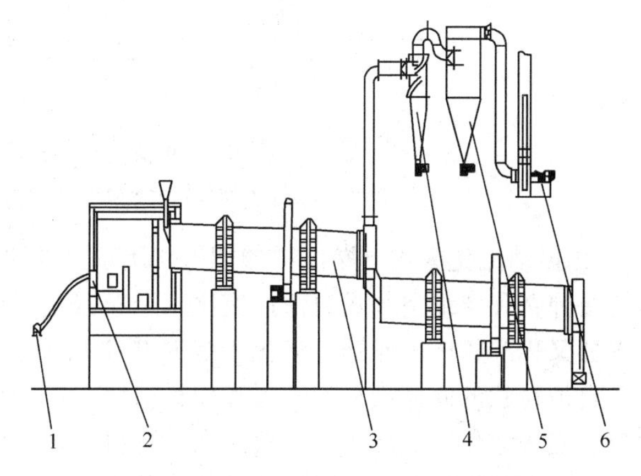

图6-6 双滚筒分开干燥冷却式干燥机

1—喷煤机；2—燃煤热风炉；3—滚筒；4—旋风除尘器；5—脉冲布袋除尘器；6—系统引风机

b. 单滚筒干燥强制风冷却式干燥机。如图6-7所示，该设备筒体略为倾斜，滚筒转速可根据物料的含水率实现人工或自动调节，湿物料在通过滚筒内的热风（顺流或逆流），或加热壁面进行有效接触，从而达到干燥的目的。在滚筒的出料口安装有除尘的强制冷却风机构，以达到冷却的目的。设备结构简单、运转可靠、维护方便、生产量大，适用于中型干混砂浆生产设备配套。

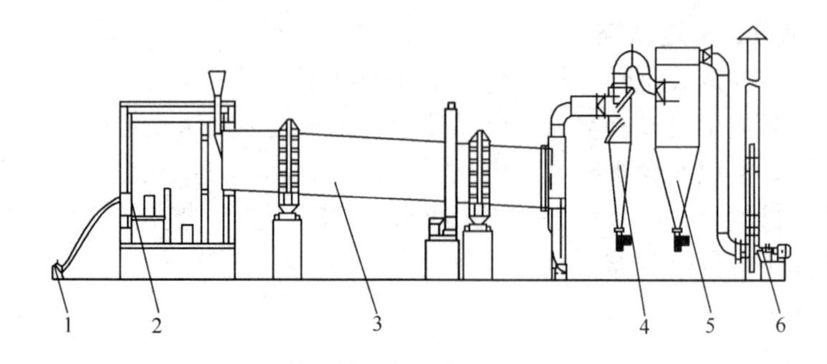

图 6-7　单滚筒干燥强制风冷却式干燥机

1—喷煤机；2—燃煤热风炉；3—滚筒；4—旋风除尘器；5—脉冲布袋除尘器；6—系统引风机

c. 单滚筒三回程干燥冷却式干燥机。如图 6-8 所示，该设备主要由燃烧炉、滚筒、传动系统组成，工作时湿砂由圆盘给料机经燃烧炉上部的进料油管均匀进入滚筒内，同时燃料燃烧所放出的热量在抽风机的作用下进入滚筒，砂子在滚筒内经过三个回程的运动中连续的热交换和热传导，使水分蒸发，最后经排料漏斗、振动筛分，烘干过程中的粉尘随水蒸气经除尘器处理后排出。设备结构紧凑、工作可靠、能耗低、烘干效果好、燃料取材方便、造价低，适用于小型干混砂浆生产设备配套。

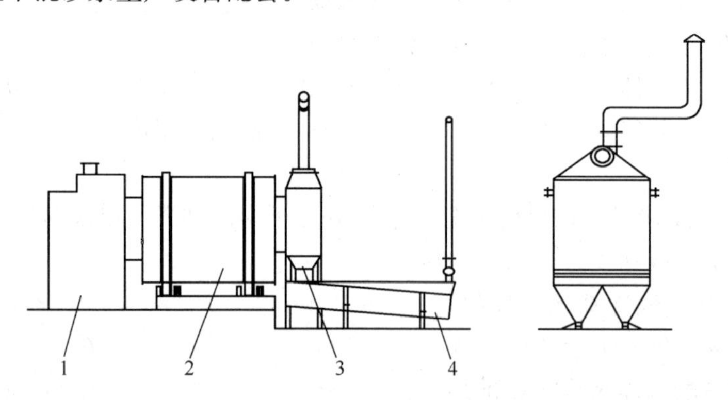

图 6-8　单滚筒三回程冷却式干燥机

1—热风炉；2—三回程烘干滚筒；3—排料漏斗；4—振动冷却机

② 振动流化床式干燥机：如图 6-9 所示。该设备技术较为先进，运行成本低。动支撑阻力有弹簧和压缩空气式两种。流化床干燥器是近年来发展的一种新型高效干燥器。流化床干燥器又称沸腾床干燥器，流化干燥是指干燥介质使固体颗粒在流化状态下进行干燥的过程。自散粒状的固体物料，由螺旋加料器加入流化床干燥器中，空气由鼓风机送入燃烧室，加热后送入流化床底部经分布板与固体物料接触，形成流态化，达到气固相的热质交换，物料干燥后由排料口排出。尾气由流化床顶部排出，经旋风分离器组回收。被带出的产品，再经洗涤器和雾沫分离器后排空。

流化床干燥机和滚筒式干燥机相比，其优点有：高效、经济、几乎无辐射热损失、无机械运动、低磨损、维修保养费用低、启动时间短、噪声低、环保性能好等。设备工作时物料在给定方向的激烈振动力作用下跳跃前进，同时床底输入一定温度的热风，使物料处于流化状态，物料与热风充分接触，混合气由引风机从排出口引出，从而达到理想的干燥效果。

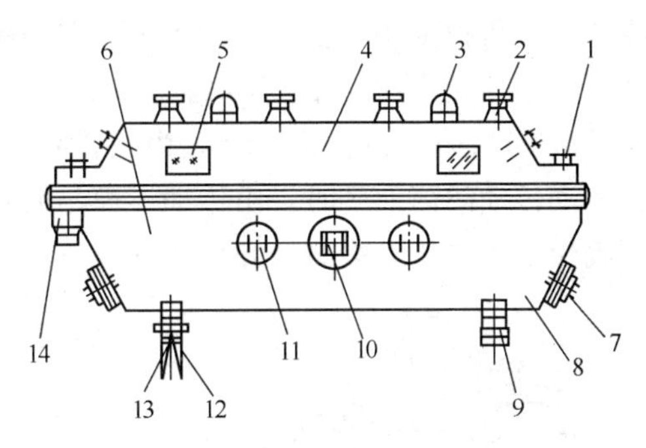

图 6-9 振动流化床式干燥机

1—进料口；2—引风管；3—吊耳；4—上盖体；5—观察窗；6—床面；7—清扫口；8—床体；9—起吊耳；10—振动机；11—给风管；12—防振橡胶簧；13—机架；14—出料斗

(3) 干砂分级筛分机

筛分机有投影式筛分机和线性的水平式筛分机。

① 投影式筛分机：该机（图 6-10）采用概率筛分原理，通过合理选择砂网孔径和筛面倾角，使难筛物料粒径迅速过筛。该机与线性的水平筛分机相比，投资低、体积小、工作可靠，即使在过载的情况下，筛网由于倾斜设置不会被撕裂，同时根据需要筛网可配置二层、三层、四层，配置于小型、中型干混砂浆生产设备。

② 水平式筛分机：该机（图 6-11）属国内传统机型，占地面积大、造价高、产量较低，国内外设备制造商几乎不采用。

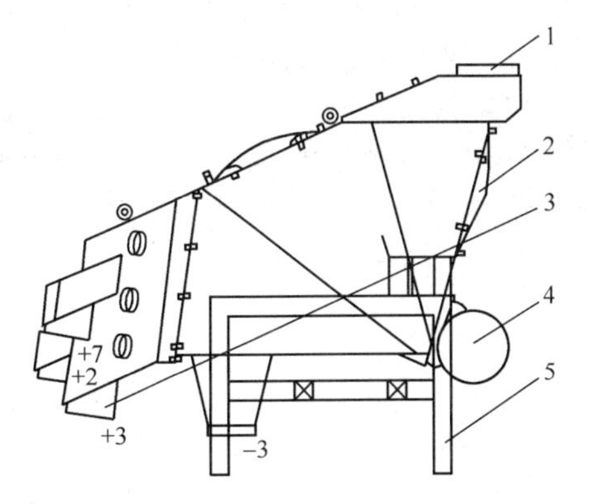

图 6-10 投影式筛分机

1—进料口；2—检修孔；3—出料口；4—振动电机；5—支架口

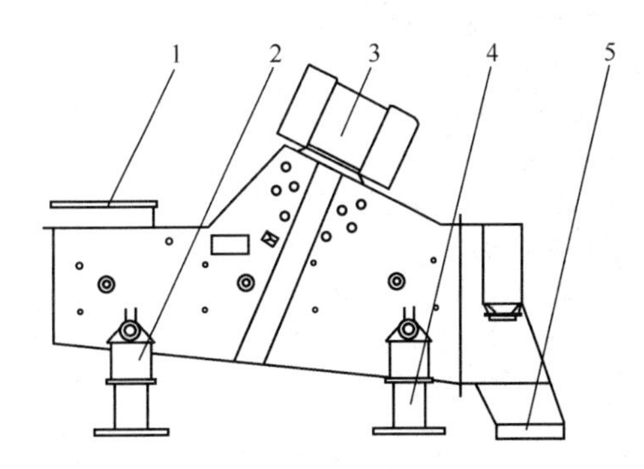

图 6-11 水平式筛分机

1—进料口；2—振动橡胶；3—振动电机；4—支架；5—出料口

(4) 干砂输送机

干砂的输送不同于水泥、石灰粉及工业废弃物煤粉煤灰，应采用斗式提升机输送或皮带输送。

① 斗式提升机：该机（图 6-12）在带或链等绕性牵引构件上每隔一定间隙安装若干个钢质料斗，连续向上输送物料。斗式提升机具有占地面积小、输送能力大、输送高度高（一般为 30～40m，最高可达 80m）、密封性好等特点，因而属于干砂的重点输送设备。

斗式提升机主要组成包括：闭合牵引胶带、固定在其上的料斗、驱动滚筒、张紧轮和封闭外壳。经过一段时间的使用，牵引胶带会伸长，影响正常运转，这时必须调整张紧轮，使牵引胶带保持正常张紧。斗式提升机的牵引构件分为带式和链式，料斗形式分为深斗式和浅斗式等。可根据用户要求增加各种装置及维修用辅助驱动装置等。

② 皮带运输机：该机的构造如图 6-13 所示，一端的胶带 1（平皮带或波纹带等）绕在传动滚筒 14 和改向滚筒 6 上，由张紧装置张紧，并用上托辊 2 和下托辊 10 支承，当驱动装置驱动传动滚筒回转时，由传动滚筒与胶带间的摩擦力带动胶带运行。物料一般由料斗 4 加至胶带上，由传动滚筒处卸出。

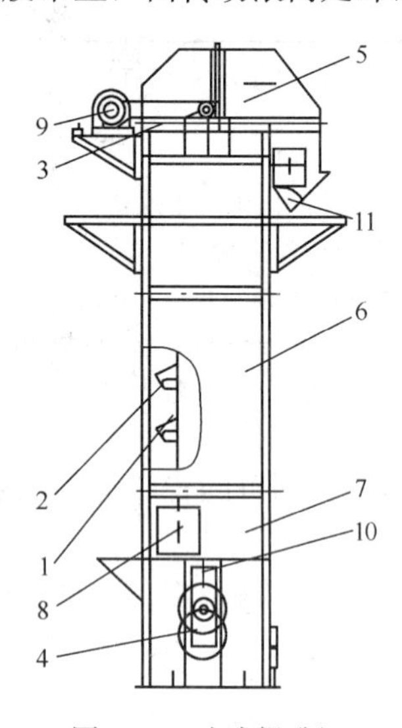

图 6-12 斗式提升机构造简图

1—胶带；2—料斗；3—驱动滚筒；4—张紧滚筒；5—外罩的上部；6—外罩的中间阶段；7—外罩的下部；8—观察孔；9—驱动装置；10—张紧装置；11—导向轨板

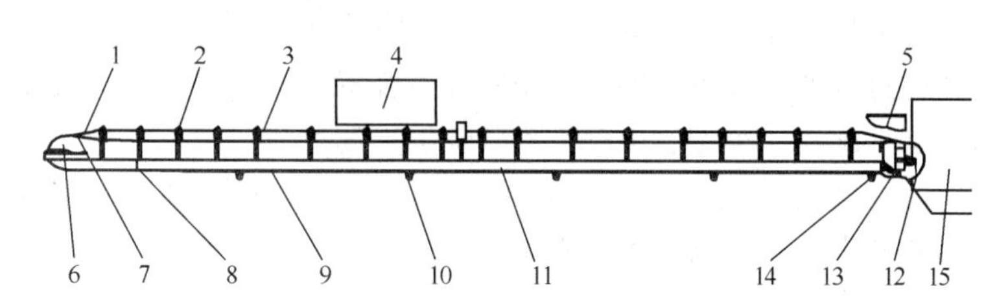

图 6-13 皮带运输机构示意图

1—输送带；2—上托辊；3—缓冲托辊；4—料斗；5—导料栏板；6—改向滚筒；7—螺丝拉紧装置；8、9—空段清扫器；10—下托辊；11—中间架；12—弹簧清扫器；13—头架；14—传动滚筒；15—头罩

皮带运输机的基本形式有五种：① 水平式。② 倾斜式。③ 先水平后倾斜式。④ 先倾斜后水平式。⑤ 水平—倾斜—水平式。一般平带机的平均倾角大于 40°时应设置制动装置，以防止由于偶然事故停车而引起胶带倒行。制动装置应与电动机连锁，以便当电动机短路时能自动操作。采用皮带运输机的优点是生产效率高，不受气候影响，可以连续作业而不易产生故障，维修费用低，只需定期对某些运动件加注润滑油。为了改善环境条件，防止集料的飞散和雨水混入，可在皮带运输机上安装防护罩壳。

2. 粉状物料仓储系统

干混砂浆除集料（干砂）外，还有水泥、石膏粉、稠化粉、粉煤灰和外加剂等物料。由于干混砂浆的特性，国内外生产商均把所有的物料储存于密封的粉料筒仓内，并且除特殊外加剂采用手工投料外，其余物料的输送由气浮排料系统和螺旋式排料系统，保证各种物料的互相配料。

水泥、石灰混等填充料一般采用气力输送设备送入原料筒仓（图 6-14）。化学添加剂可用人工倒料的方式进入小原料仓，由控制系统自动按配方要求配料，也可以人工称量后，直接投入混合机中使用。筒仓的布置采用模块式，由中央向外侧扩展。使得分期投资得以实现。筒仓的材料使用状况由筒仓料位计来监视，同时控制上料。筒仓锥部装有流化装置，在结桥时通入压缩空气帮助卸料。

（1）粉料储仓

粉料储仓根据设备配置可以设置成多个相同规格或不同规格，筒仓一般由钢板焊接而成，也有利用塑料板制成（图 6-14）。

筒仓由仓体、仓顶、下圆锥、底架和辅助设备等五部分组成，一般采用焊接连接。有时为了运输和安装等需要，对于容量较大的筒仓也有制成套接式的，但是这种形式的筒仓密封性不够好，而且制造费用昂贵。向筒仓内输送物料，可以采用管道气力输送和斗式提升机组成的机械输送系统，也可以采用螺旋输送管机输送。现在许多散装输送车都有输送泵，所以只要在筒仓上装一根输送管即可。把水泥输送车上的管道与筒仓上的管道用快速接头相连接，开动车上的输送泵，即可将粉料泵入筒仓中。从筒仓相混合机的供料输送装置一般采用管道气力输送，干砂一般采用斗式提升机。

为了防止在筒仓内部拱塞，筒仓一般都设有不同形式的破拱装置，用以防止水泥供应的中断，从而保证混合设备能连续地运转。为了控测通仓内的储存量，在同舱内设置有各种料位指示器。为了改善搅拌站现场工作环境，水泥筒仓在风送时要求除尘，粉料进入混合机时也要求除尘。

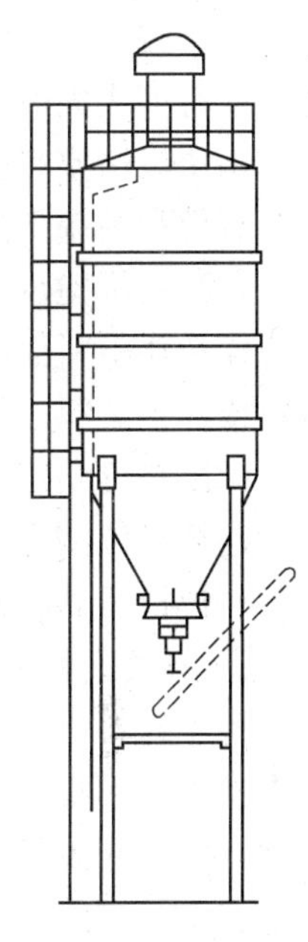

图 6-14　水泥筒仓

（2）破拱装置

粉料的破拱国内外生产厂商一般采用机械式破拱、启动破拱、振动破拱。

① 机械式破拱：机械式破拱类型较多，基本原理都是靠机械在物料中的运动来破坏物料拱层，克服其内聚力，效果比较明显，是一种有发展前途的破拱方式，主要有以下特点。

破拱装置设置在起拱要害之处，能量集中，可靠性好，效果最佳。

可直接破坏松散物料内摩擦建立的平衡。由于在锥部物料受压最大，密实度也最大，物料在空气稍潮或其他条件下容易产生并增大内聚力，从而起拱。机械在物料中作往复的剪切运动消除这种内聚力的过程。

机械式破拱可以连续破坏拱形平衡，有利于实现均匀给料，提高物料的计量精度。

目前在使用中的机械式破拱装置还存在一些不足之处，比如成本造价太高，在物料内工作的机件容易磨损，甚至产生故障，维修困难等。

② 气动破拱：气动破拱是通过压缩空气的冲击来破坏拱形平衡的，主要是用于有气源的混合设备，使用时只需在仓体锥部安装几个喷嘴就可实现破拱，比较经济，效果也可以。但在使下料均匀方面还有不足，特别是空气潮湿的季节或地区，吹气会加速管内水泥的冷却，水汽促使物料结块，导致给料不匀，影响计量。再者，在吹管附近易形成粘层，使破拱效果降低。因此，此处的气路必须增加油水分离器。

③ 振动破拱：物料受振动有助于破拱，因为任何颗粒型散体物料受振动时其内摩擦系数减小，抗剪强度就降低。据有关试验证实：某一状态下的颗粒型散体物料在任何振动频率的干表观密度都大于振动频率为零时（即静止状态）的干表观密度，就会产生振密作用。尤

其在罐锥体部的粉料是在上部物料荷载作用下受振，振动压密将更严重。但由于在混合设备中，物料使用周转快，仓内物料具有半流动性质，即使有起拱现象，经及时振动可被消除。振后的静放时间不长，振动压密的后果可在下次振动中被消除。

振动破拱的特点是简单方便，易于控制，破拱有一定效果。但在物料振后静放时间长时，就有可能失效，甚至振密，使物料产生振动破拱。

结块或堵塞料门的现象。同时，由于在锥体部振动，振动能量容易被锥体的钢板所吸收，有效利用率不高，应尽量把振动能量集中在起拱之处。

（3）料位指示

储料斗中料面的高度是通过料位指示器来显示的，料位指示器根据设定可发出指令进行装料或停止装料。料位指示器根据其功能划分为两类：

极限料位测定——测定料面的极限位置，例如指示料空或料满。

连续料位测定——连续测定料面位置，可随时了解储料的多少。

料位指示器的种类很多，其常见形式有以下五种。

① 薄膜式料位指示器：它利用料满压迫薄膜发出信号。

薄膜式料位指示器属于极限位测定指示器，图 6-15 是这种指示器的构造图，它主要由橡皮膜 1、金属盘 2 和挺杆 3 组成，指示器装在料斗壁上。当物料压迫橡皮膜时，杆 3 向右移动，触动开关发出信号。

② 浮球式料位指示器：它利用料满迫使浮球偏摆发出信号。

③ 电动式料位指示器：它利用料满迫使由电动机带动的叶片停转发出信号。

④ 电容式料位指示器：它利用悬挂料仓内的重锤作为一个测量电极，料仓壁作为另一个电极，随着料仓内料的增加或减少，电极之间的介质即被改变，从而引起电容量的变化，此变化通过电容式传感器感应仪表显示出料位的变化。

⑤ 超声波料位指示器：这是一种无触点、连续测定式料位指示器。指示器由一个超声波发生器和接收器组成，安装在料斗顶部，如图 6-16 所示。超声波从发生器发射出来遇到物料以后再反射回来，被接收器接受，从发生器发出超声波，遇到物料再反射回接收器的时间与发生器到料面的距离成正比。所以测定这一时间即可求得料面的位置。超声波料位指示器不受温度变化和潮湿的影响。它不与物料接触，因此也不会受到冲击。这种装置能连续测量料面的位置，同时也能够在料满和料空时发出警报。

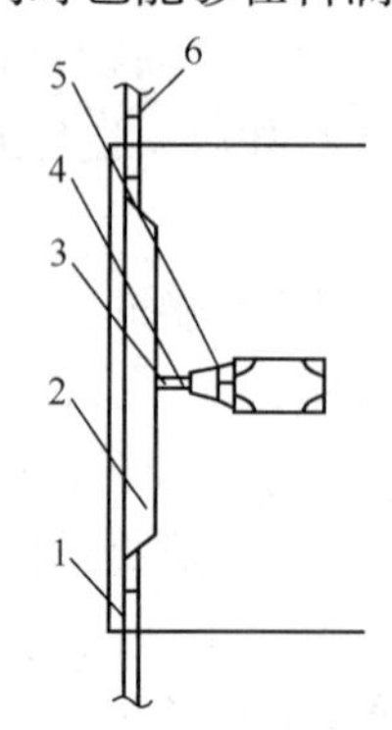

图 6-15　薄膜式料位指示器

1—橡皮膜；2—金属盘；3—挺杆；4—弹簧；5—行程开关；6—储斗壁

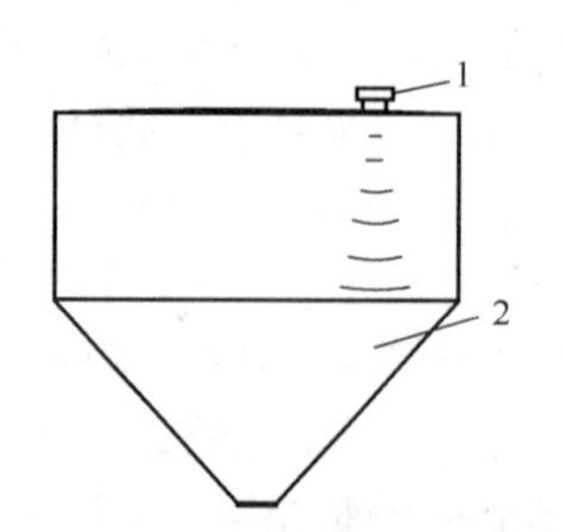

图 6-16　超声波料位指示器

1—超声波料位指示器；2—筒体

（4）气浮式料仓排料系统

干混砂浆设备在料仓排料和配料系统的整个生产过程中，各种原料充分依靠自重在设备内顺利地流动，无需螺旋输送机。生产设备中仅有极少的转动部件，减少了设备的维护。而且该气浮式系统所需压缩空气的量很小，是最经济的排料送料方式。

气浮系统由均匀安装在料仓锥形底部的浮化片构成，而气浮效果是由根据物料特性手动或自动调节气量的压缩空气均匀地透过这些特制的浮化片实现的。这种有效的料仓排料方式几乎适用于所有精细干混物料。

（5）螺旋输送机

螺旋输送机通过控制螺旋叶片的旋转、停止，达到对水泥（粉煤灰）上料的控制。水泥螺旋输送机的结构如图6-17所示。螺旋输送机的特点是倾斜角度大（可达60°），输送能力强，防尘，防潮性能好。螺旋输送机输送长度在6m以内可不加中间支承座，6～8m长度必须加中间支承。为提高输送能力，采用变螺旋输送叶片的形式，下端加料区输送螺旋小。

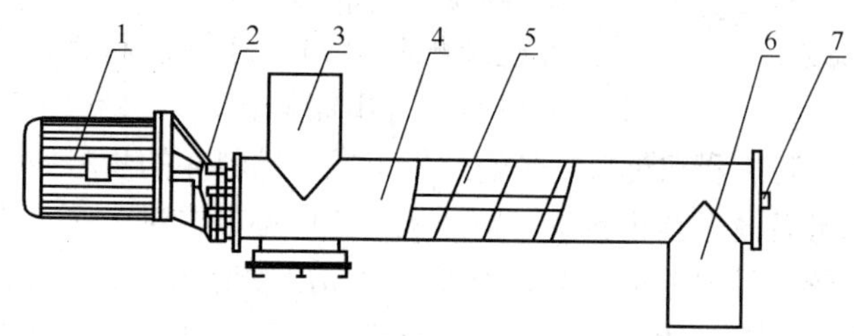

图6-17　螺旋输送机示意图

1—电机；2—减速器；3—进料口；4—壳体；5—螺旋体；6—出料口；7—前盖

在加料区段填充量大，随着螺距变大，填充量减小，可防止高流动粉状物料在输送时倒流。在使用过程中，必须注意螺旋轴轴承的密封与润滑，注重螺旋叶片磨损情况，若是测螺旋体外径与管体内壁间隙单边超过1.5mm，螺旋体应进行修补或更换。如输送酸、碱性物料，必须采用耐腐蚀的不锈钢材料制作。

3. 配料计量称量系统

配料计量称量系统（表6-2）是干混砂浆生产过程中的一项重要工艺设备，它控制着各种拌合料的配比。因此精确、高效的称量设备不仅能提高生产率，而且是优质砂浆的可靠保证。

配料计量称量系统采用全电子秤，电子秤没有复杂的杠杆系统，它用电阻式拉力传感器来测定质量，所以测量控制都很方便，自动化程度也易提高。电子秤可分为电子正秤和电子负秤：电子正秤即为料斗向秤斗投料后的称重；电子负秤中的料斗、秤斗合二为一，只要物料离开秤斗，秤斗利用减法就将物料质量称出。

这是国际上最新的配料计量方法，降低了上料高度，简化了工艺，无落差，也无皮重以及秤斗未卸空对下次质量的影响。配料计量称量系统按作业方式分为周期分批计量与连续计量，周期分批计量适用于周期式混合设备，而连续计量适用于连续式混合设备。

（1）分批配料计量称量系统

分批配料计量称量系统计量方式分为单独计量和累积计量。单独计量是指把每一种材料放在各自的料斗内进行称量，称完后都集中到一个总料斗内在加入搅拌机；累积计量是指把

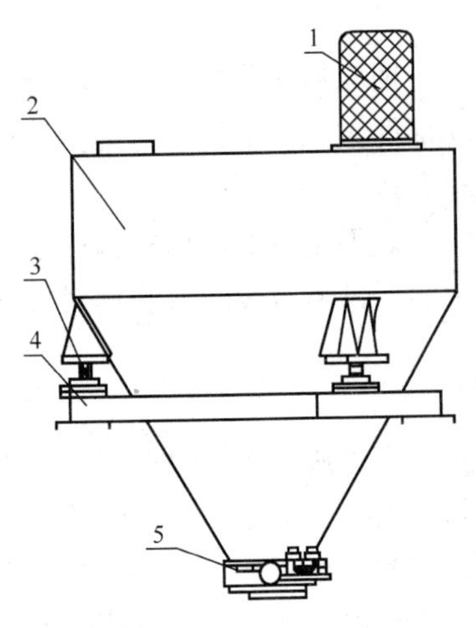

图 6-18　分批配料计量系统
1—收尘布袋；2—斗体；3—传感器；4—支架；5—蝶阀

各种材料逐一加入到同一个料斗内进行叠合称量。单独计量法称量精度高，但称量斗太多就难以布置，从而使机构复杂。一般周期分批计量装置（图 6-18）可用于计量集料（干砂）、粉料、特殊添加剂等，由斗体、传感器、气缸、蝶阀等组成，其中斗体有粉料进料口及出气口，粉料进料口与螺旋输送机相接，出气口与除尘装置相接，有时粉料计量斗上需增加振动器，以保持下料通畅。

（2）连续配料计量装置

双混式干混砂浆设备以其高效、无污染、节能、产量高等优点而得到用户的认可，其集料及上级混合好的粉料均采用连续计量，连续计量装置有用于集料的调速式皮带电子秤和调速式螺旋喂料秤。

① 调速式皮带电子秤（图 6-19）：连续式搅拌设备的特点是连续配料计量、连续供料、连续搅拌、连续出料。其供料计量系统由储料仓、给料器、调速电动机和减速箱、配料皮带电子秤、PID 调节器和集料皮带输送机组成。储料斗的物料经给料器均匀地向配料皮带秤供料，经过称量后输送至集料皮带输送机。PID 调节器对于人工调整的流量与配料秤实测的实际流量相比较，对误差信号进行处理，并输出改变调速电动机转速，从而改变给料器的供料速度，使实际物料配比达到恒定值。皮带电子秤主要由称量框架、称量传感器和测速传感器及信号处理和测量仪表三大部分组成。按机械结构分，皮带电子秤有单托辊、多托辊、悬臂式和整机式等。

② 调速式螺旋喂料秤：定量给料螺旋秤（图 6-20）是在双调速螺旋秤的基础上研制而成的，它由单管溢流式调速螺旋喂料机与调速电子计量螺旋秤科学合理地结合成一体。它输送量大，计量及控制精度高，克服了双调速螺旋秤适应性差、误差大等缺点，能防止冲料，是一种理想的粉状物料的计量和控制设备，由单管溢流式调速给料机、定量给料螺旋秤体、荷重传感器、称量显示控制仪等单元组成，维护简单，结构紧凑。

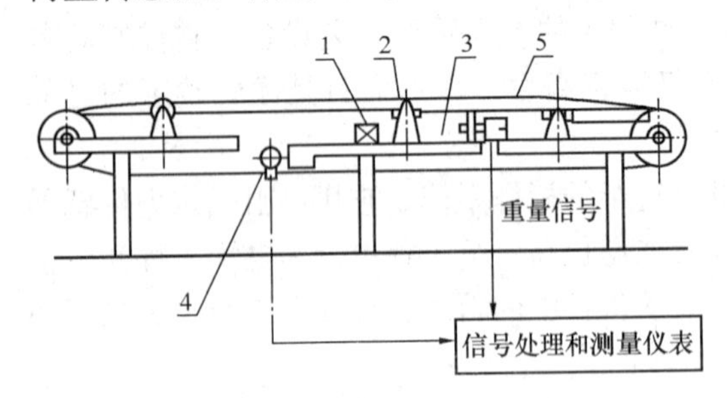

图 6-19　调速式皮带电子秤
1—电枢；2—称重托辊；3—称重杠杆；4—称重传感器；5—速度传感器

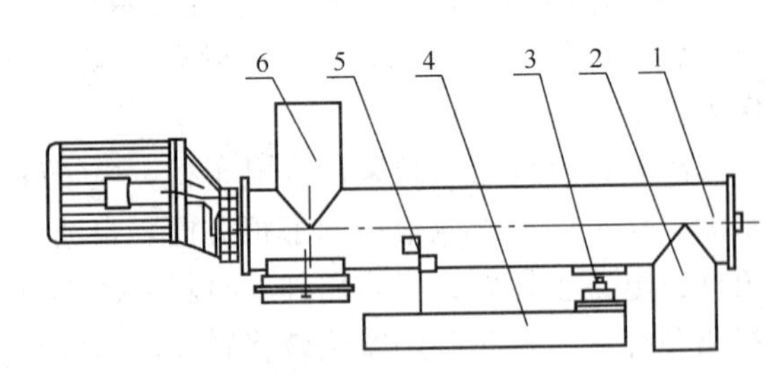

图 6-20　调速式螺旋喂料秤
1—螺旋机；2—出料口；3—传感器；4—支架；5—十字支承；6—进料口

如前所述，计量有很多种方式，其中性能好，用的最多的数螺旋输送机。其一是它的计量一致性高（输出密度或重量随时间变动小），可调范围大（1∶30）（这两点是高精度的前提）。螺旋计量输出量的大小和转速呈线性关系，适用于几乎所有的物料。其二是预拌砂浆生产工艺大多数要求计量和输送两种功能。

表 6-2 几种常用的计量形式的性能

计量形式	适应范围	适应范围	计量流量的波动（%）
计量输送螺旋	几乎所有的物料，无脉动	1∶30	1～5
振动输送计量器	易流动的混颗粒料，碎片	1∶10	10
计量输送皮带机	易流动的混颗粒料，不适合碎片	1∶20	1～5
旋转闸阀喂料机	有限制地用于易变形的颗粒，有脉动	1∶10	2～10
计量闸阀	适合易流动的混料，不适合粘附和不流化的混料，可用于硬和易碎颗粒，不适合易 变形和碎片料	1∶10	5
计量蝶阀	适合易流动的混料，不适合粘附和不流化的混料，可用于硬和易碎颗粒，不适合易 变形和碎片料	1∶10	5

4. 混合搅拌系统

混合搅拌是干混砂浆生产工艺过程中极为重要的一道工序，因为砂浆配方是水泥与胶结材料均匀分布在集料的表面，所以只有将各种配合料搅拌均匀才能获得高质量的砂浆成品。

高效混合机是预拌材料生产中最关键的一环，即是工厂的“心脏”。混合的定义较广，这里仅限于预拌砂浆生产中的混合过程，混合的目的是降低物料中的溶度、温度、密度等的不同性或梯度。混合过程的机理有宏观和微观过程。在预拌合中有两种主要的机理：对流混合是在机械外力作用下产生的剪切运动，大块物料团互相剪切交换而达到均匀混合目的。分散运动是随着大块物料团的运动而产生的紊流使物料颗粒产生交换运动。

国内外设备生产厂商根据生产不同的干混砂浆品种，主要配套的混合机有无重力双轴浆叶混合机、卧式螺带混合机、犁刀式混合机三种机型。

（1）双轴浆叶混合机

该机利用瞬间失重原理，使物料在机体内受机械作用而产生全方位复合循环，广泛交错无死角，从而达到均匀扩散混合。混合过程温和，不产生偏析，不会破坏物料的原始物理状态。混合均匀度高，速度快，最佳混合时间为 30～120s，装置量可变范围大。出料采用底卸式大开门，排料迅速，残留量少；出料门密封可靠，无漏料；出料控制采用气动或电动两种形式。该机结构紧凑、外形美观、性能稳定、噪声低、无粉尘、无环境污染，是一种快速、高效、节能、优质的混合设备。

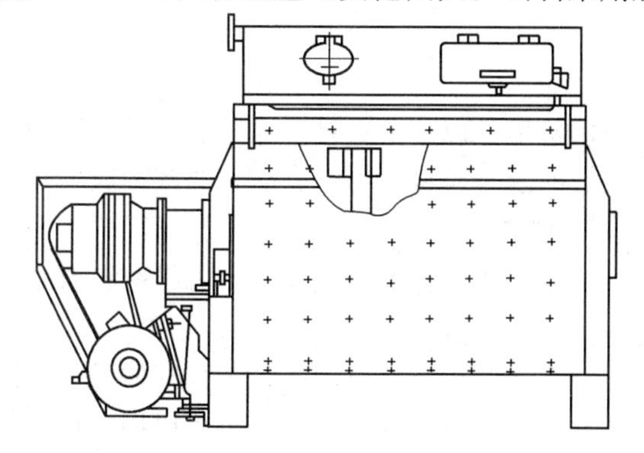

图 6-21 JSF 型双轴浆叶混合机

双轴浆叶混合机有两种形式，一种是装有可调换耐磨合金衬板和搅拌叶片的 JSF 型混合机（图 6-21），适合于集料较粗的普通干混砂浆的生产，有很好的耐磨性和使用寿命。另一种是无衬板的 HJS 型混合机（图 6-22），搅拌叶片端部装有可调换耐磨合金铲片，适用于粉料和集料较细的特种干混砂浆的生产，还可以加装高速飞刀，进一步提高混合性能，增加适用范围。

（2）卧式螺带混合机

该产品（图 6-23）是消化吸收国内外先进技术最新研制成功的新一代混合搅拌设备，属间歇混合机。本产品采用底卸式大开门排料方式，安全合理的气动控制机构系统，具有适用范围广、外形美观、混合过程温和、不产生偏析、均匀度好、性能稳定、物料残留少、维护保养方便等特点，是粉状物料混合加工的理想设备。

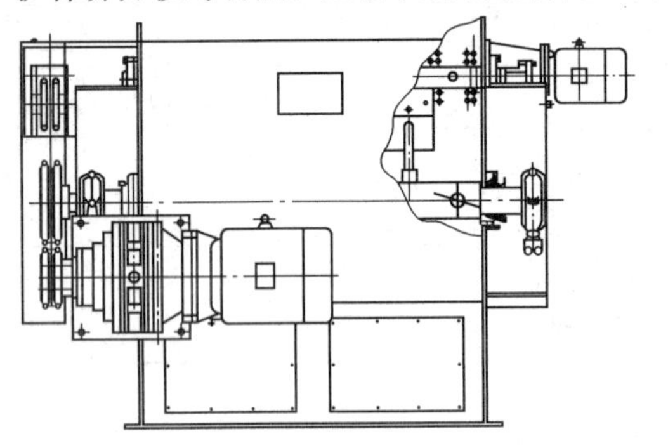

图 6-22　HJS 型双轴桨叶混合机

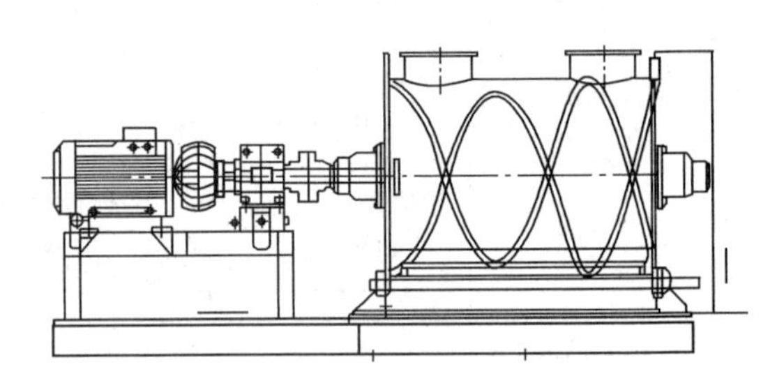

图 6-23　卧式螺带混合机

（3）犁刀式混合机

该产品（图 6-24）使用范围广，可混合干性或潮湿物料，粉末物料和各类粗粒散装物料，具有高混合均匀度，混合时混合机内装的多个高速小飞刀可确保生产高产量混合料，卸料门可配套大开门或小开门，卸料速度快，无残留料，改变生产不同产品时，不用清理搅拌机。

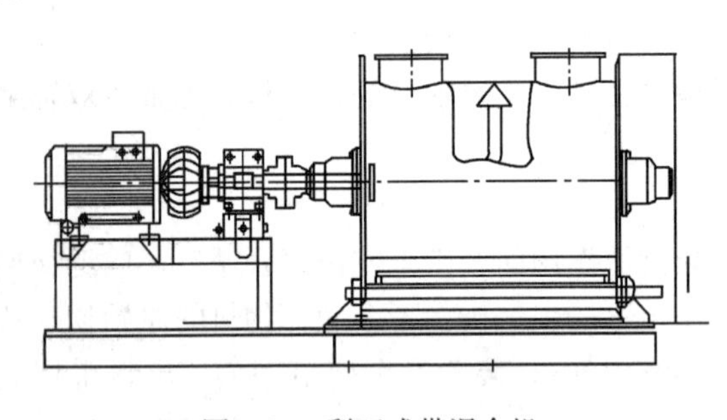

图 6-24　犁刀式带混合机

混合原理：混合叶片在静止的混合腔内带动物料强制运动。调节转动速度到可以达到不同的流动状态（机械流化床）。均匀的流化床和许多因素有关，物料特性，叶片旋转，混合腔的几何尺寸转速等。为了加速混合速度，在分散大团物料，颜料以及纤维时，需要配置高速飞刀。混合机的卸料分开口卸料阀门，整体（沿混合筒体轴向）单阀卸料和双阀卸料。简单结构混合机的优势是有竞争力的价格。但是市场对于这种混合机的倾向却逐渐减弱，因为一方面它本身的混合原理限制了它的混合质量，另一方面它的维护成本相当高。

5. 包装系统

成品料可用包装机包装，也可将散料放在专用的筒仓或散装罐车中。

（1）包装机

许多包装机都可以用来包装预拌砂浆，在选型中应当注意的是：包装材料的特性和包装机要相配，一般，水泥的包装机可以用来包装精细的混体材料，如颗粒直径<1mm 的混料；也有改进的叶轮包装机可以包装粒径不超过 2.5mm 的预拌砂浆。螺旋式包装机原则上可以

包装粗和细的材料，但包装速度较慢，清洗较烦琐。常用的预拌砂浆的包装机为气吹式，它和水泥的包装机原理上有区别。

该机（图 6-25）主要由称量显示控制器、高精度传感器、高速螺旋输送机、电气控制柜、气动执行组件、自动翻包机、气动振动器等组成，采用无级变速控制物料的快慢加料，具有罐装速度快、计量准确等特点。本机可加装链网输送机、压包机、质量分拣机、长皮带输送机，成为一条包装主线，提高劳动效率。该设备吸尘器，以保证环境无粉尘污染，外观美观，维护方便。

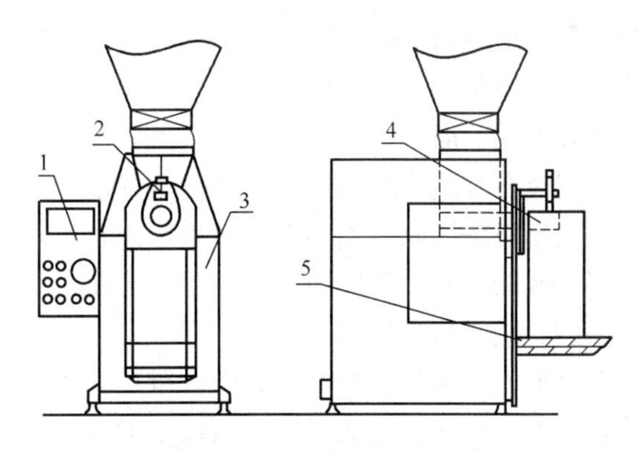

图 6-25　包装机示意图

1—控制仪表；2—压袋装置；3—高精度传感器；4—高速螺旋输送机；5—计量架

（2）散装储仓系统

散装工作原理：散装罐车到位后，启动总开关，升降机构将散装下料头下降定位至罐车下料口上。成品砂浆进入散装下料头，装入罐车。散装过程中，除尘器工作，除尘器采用布袋收尘器，它将车罐内排出的气料混合物中的粉尘收回，排放掉干净空气。须定期清理收尘布袋。当罐车内物料快装满时，料满仪探头触到物料，产生压力信号，经电气控制模块转化为控制信号，关闭回转阀，切断下料头供料，关闭气源，然后升降机构提升散装下料头复位。

专用的散装储仓系统和机械化施工具有如下优越性：提高干混砂浆均匀度，进一步提高产品质量和保证最后的工程质量，更高的技术含量，降低综合成本（降低包装成本和搬运费用、高质量、高效率），防水、无浪费、无粉尘污染、无废弃物料，真正的文明健康的工作环境，极大地降低劳动强度。

6. 收尘系统

收尘设备是指能将空气中粉尘分离出来的设备。收尘是改善干混砂浆生产设备现场工作环境的重要手段。粉料筒仓在气送粉料时要求收尘，混合料与粉料进入混合机时也要求收尘。目前常用的收尘设备有旋风收尘器和袋式收尘器。

（1）旋风收尘器

旋风收尘器是利用颗粒的离心力而使粉尘与气体分离的一种收尘装置。它常用于粉料筒仓的收尘装置。旋风收尘器如图 6-26 所示，它是由锥形筒、外圆筒、进气管、排气管、排灰管及储灰箱组成的收尘设备。旋风收尘器结构简单，性能好，造价低，维护容易，因而被广泛应用。

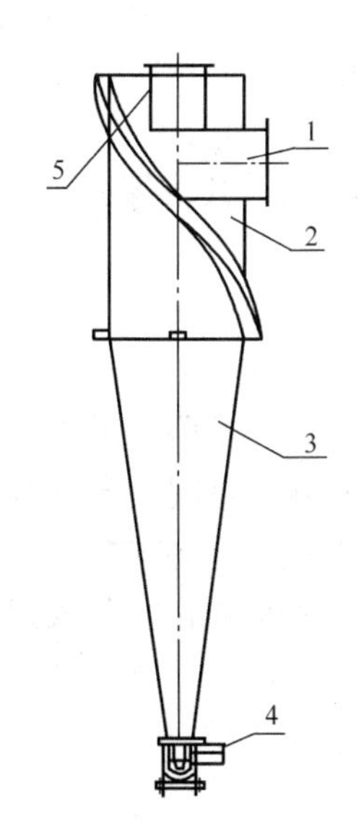

图 6-26　旋风收尘器

1—进气口；2—外圆筒；3—锥形筒；4—排灰管；5—排气口

当散装粉料罐输送车将粉料通过压缩空气泵入筒仓时，沿着筒仓上的输送管道上升的带着粉料颗粒的空气进入筒仓上部的旋风收尘器，从进气口 1 以较高的速度（一般为 12～25m/s）沿外圆筒 2 的切线方向进入筒身，并获得旋转运动。含有粉料颗粒的空气在旋转进程中产生很大的离心力，由于颗粒的惯性比空气大许多倍，因此将大部分的颗粒甩向筒壁，当颗粒与筒壁接触后便失去惯性，而沿壁面下落与气体分离开，经锥形筒3排入储灰箱4（水泥筒仓）内，当旋转气流的外旋气流旋转到圆锥部分时，便开始旋转上升，形成一股自下向上的内旋气流，并经排气口5向外排出。

气流在旋风收尘器内除上述内、外旋流运动外，还有第二个旋流运动（称为二次旋流）。二次旋流对旋风收尘器的净化效果影响较大，因为筒体的中心处是负压较大的区域，容易使上部区域的二次旋流短路，将粉尘带出排气管，因而收尘效率一般只能达到90%。

（2）袋式收尘器

袋式收尘器是一种利用天然纤维或无机纤维作过滤布，将气体中的粉尘过滤出来的净化设备。因为滤布都做成袋形，所以一般称为袋式收尘器。袋式收尘器常用于混合粉尘源的收尘。这种方式在安装初期效果显著，时间一长，袋壁上积尘不予清理，则除尘效果变差，所以干混砂浆生产设备的收尘器要定期清理积尘。具有这种功能的常用袋式收尘器为机械振动式和负压圆筒形袋式收尘机。

① 振打袋式收尘器：图6-27为中部振打袋式收尘器，主要由振打清灰装置（该装置设在顶部，通过摇杆、振打杆和框架，在收尘器的中部摇晃滤袋达到清灰的目的）、滤袋、过滤室、集尘斗、进出风管及螺旋输送机等部分组成。

过滤室1根据收尘器的规格不同，分成2～9个分室，每个分室内挂有14个滤袋2，含尘气体由进风口3进入，经过隔风板4分别进入各室的滤袋中，气体经过滤袋后，通过排气管5排出。排气时，排气管闸板6打开，回风管闸板7关闭。滤袋的上口悬挂在清袋铁架8上，并将上口封闭。滤袋下口固定在花板9上，摩擦轮10可使摇杆11、打杆12与框架13运动。

振打装置按一定的周期振打，振打前通过拉杆先将排气管闸板6关闭，将回风管闸板7打开，同时摇杆通过打杆12带动框架13前后摇动，袋上附着的粉尘随之脱落。回风管阀板7打开后，利用通风机的压力或大气压力使空气以较高的速度从滤袋外向滤袋内反吹，滤袋纤维内滞留的粉尘一起落入下部的集尘斗中，由螺旋运输机15和分格轮16送走。

各室的滤袋是轮流振动的，即在其中的一个室振打清灰时，含尘气体通过其他各室，因而每个室是间隙工作的，但整个收尘器是连续工作的。

收尘器中还装有电热器17，在气温低或气体湿度大时使用。中部振打袋式收尘器结构简单，故障少，维修容易，已成为我国袋式收尘器定型产品之一。

② 负压圆筒形袋式收尘机：国内外生产厂商除采用振打袋式收尘器外，习惯上采用负压圆筒形袋式收尘机。该机（图6-28）由收尘风机、滤芯、控制器、下料口蝶阀、壳体等组成。该机在进气口连接混合机或其他有粉尘源的部件，在控制系统的控制下间隙或常开工作，将粉尘收入滤芯外壁，然后通过高压空气程序循环反吹滤芯内壁，将粉尘压出，落入回收容器内。该机结构简单，收尘率高，能耗低。

7. 控制系统

流程控制系统：应用现代编程技术和控制元器件，将整个
生产过程的监控可视化，生产操作的合理轻松，以确保产品的高质量。

现代预拌砂浆生产控制系统由以下部分组成：

（1）电器控制柜

（2）信号传感系统

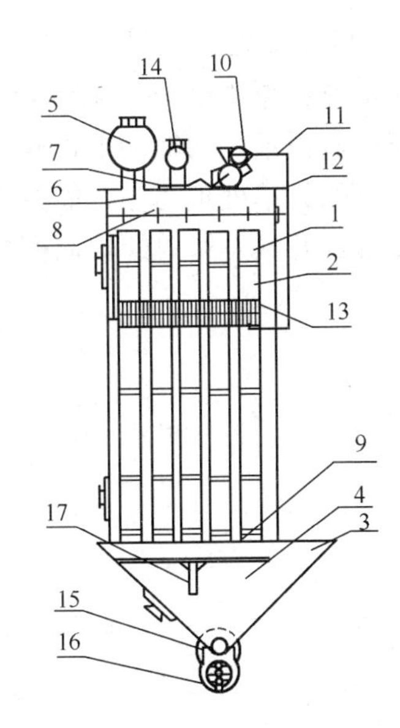

图 6-27　中部振打袋式收尘器

1—过滤室；2—滤袋；3—进风口；4—隔风板；5—排气管；6—排气管闸板；7—回风管闸板；8—清袋铁架；9—滤袋下口花板；10—摩擦轮；11—摇杆；12—打杆；13—框架；14—回风管；15—螺旋运输机；16—分格轮；17—热电器

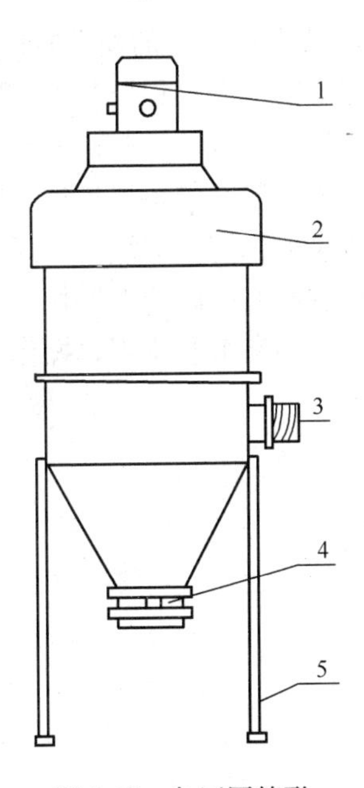

图 6-28　负压圆筒形袋式收尘机

1—风机；2—收尘布袋；3—进气口；4—蝶阀；5—支架

(3) 控制器 PLC/计算机（工控机）

(4) 控制软件

在设计整个系统中，工艺和经验参数相对重要，它关系到整个流程的准确，可靠和效率。工艺的经验参数确定配料的合理顺序、精度。针对不同物料特性，还可能采用特殊的算法控制计量过程。除此之外，系统的其他安全保护信号系统如料位的监视，流化卸料装置的激活，机器上的安全保护开关等均在整个系统中集成。

控制系统采用的人机界面，使得生产的各项指令准确无误地顺利执行。运用组态通用软件强大的组态功能，可以进一步简单地，灵活地实现规定工程控制。采用美观实用的动态模拟，利用动态画面将整个过程如计量—混合—卸料过程中的配料阀门，称量斗门、出料状态（秤斗内料位变化）进行模拟显示。具体能实现如下功能：

① 现进料、放料、搅拌、出料的自动联锁和控制。

② 能实现计量、进料、放料、搅拌、出料的手动操作的功能。

③ 能显示实时的工作状况和各种物料参数。可随时进行调用并显示、打印任何时间的报表与客户表。具有配比预存，可随时进行输入、修改或删除某种配比。

④ 模拟视化整个生产过程。

⑤ 具备粗称和细称功能。（精称提前量有自动调整功能，消除落差影响），超差自动报警、自动扣除功能。

⑥ 具有操作员权限管理功能。

⑦ 具有现场管理及网络化的远程服务。

⑧ 支持第三方的商业数据库。

先进的可编过程控制器（PLC）和PC控制方式可完美处理配料、称量和混合等整个生产工艺流程的自动控制；具有配方、记录和统计显示及数据库的PC监测控制功能；有客户与服务器数据库的系统扩展及网络功能。在多点安全监视系统的辅助下，操纵人员在控制室内就可了解整体生产线的重点工作部位情况。可提供的订单处理程序，能控制干混砂浆生产设备中的所有基础管理模块，从订单接收到时序安排到开具发货单。界面模拟显示干混生产线的整个动态工艺流程，操作直观、简单、方便。

7 砌筑砂浆

7.1 砌筑砂浆的组成和技术要求

将砖、石、砌块等粘结成为砌体的砂浆称为砌筑砂浆。它起着传递荷载的作用，是砌体的重要组成部分。砌筑砂浆依其组成分为水泥砂浆和水泥混合砂浆。水泥砂浆是由水泥、细集料和水配制而成的砂浆；水泥混合砂浆是由水泥、细集料、掺合料和水配制而成的砂浆。水泥石灰混合砂浆通常简称为混合砂浆。

水泥砂浆宜用于砌筑潮湿环境以及强度要求较高的砌体；水泥石灰砂浆宜用于砌筑干燥环境中的砌体；多层房屋的墙一般采用强度等级为 M5 的水泥石灰砂浆；砖柱、砖拱、钢筋砖过梁等一般采用强度等级为 M5～M10 的水泥砂浆；砖基础一般采用不低于 M5 的水泥砂浆；低层房屋或平房可采用石灰砂浆；简易房屋可采用石灰粘土砂浆。

7.1.1 砌筑砂浆的特性

砌筑砂浆在建筑砌体中起着结合作用，将砖石、砌块等块体材料粘结成一个整体，使其具有承载力；并将块体材料的连接处密封起来，以防止空气和潮湿的渗透；砂浆还固定砌体中配制的钢筋、连接件和锚固螺栓等使之与砌体形成整体。在力学上，砌筑砂浆的作用主要是传递荷载、协调变形，而不是直接承受荷载。砌体的承载力不仅取决于砖、石、砌块等块体材料的性能，而且与砌筑砂浆的强度和粘结力有密切关系，砌筑砂浆是砌体的重要组成部分。

砌筑砂浆具有下列优点：

① 具有优异的施工和易性和粘结能力。提高施工工作性，使砌体竖向砌筑灰缝抹浆、挂浆均匀，灰缝浆料饱满，并同时增加砂浆与砖体接触面积，保证砌筑砖体稳定性。

② 具有优异的保水性，使砂浆在更佳条件下胶凝得更为密实，并可在干燥砌块基面都能保证砂浆有效粘结。砂浆能在更佳条件下胶凝，使砌块与砌块之间形成耐久、稳定和牢固的整体结构。亦可用薄浆法砌筑墙体，令墙体同质性更佳，使墙体应力分散均匀，从而大幅度提高墙体整体性和稳定性。

③ 具有塑性收缩、干缩率低的特性，最大限度保证墙体尺寸稳定性。

④ 胶凝后具有刚中带韧的力学性能。提高墙体抗裂、抗渗及抗应变能力，达到墙体免受水的侵蚀和破坏的目的。

7.1.2 砌筑砂浆的组成

（1）胶凝材料

用于砌筑砂浆的胶凝材料有水泥和石灰。水泥品种的选择与混凝土相同。水泥强度等级应为砂浆强度等级的 4～5 倍，水泥强度等级过高，将使水泥用量不足而导致保水性不良。

石灰膏和熟石灰不仅是作为胶凝材料，更主要的是使砂浆具有良好的保水性。

水泥是砌筑砂浆的主要胶凝材料，硅酸盐系的普通硅酸盐水泥、矿渣水泥、火山灰水泥、粉煤灰水泥、复合水泥和砌筑水泥等都可用来配制砌筑砂浆。具体可根据砌筑部位、环境条件选择适宜的水泥品种。

砌筑砂浆用水泥的强度等级应根据设计要求进行选择。为了合理利用资源、节约材料，在配制砌筑砂浆时应尽量选用低强度等级水泥和砌筑水泥。对于水泥砂浆，水泥强度等级不宜大于 32.5 级；对于水泥混合砂浆，由于掺合料的加入会降低砂浆强度，可适当提高水泥强度的等级，但也不宜大于 42.5 级。一般水泥强度等级宜为砌筑砂浆强度等级的 4～5 倍。对于一些特殊用途，如配置构件的接头、接缝或用于结构加固、修补裂缝，应采用膨胀水泥。

（2）细集料

砌筑砂浆常用的细集料是天然砂。建议优先选用中砂拌制砂浆，这样既能满足和易性要求，又能节约水泥。砂中粘土含量应不大于 5%；强度等级小于 M2.5 时，粘土含量应不大于 10%。砂的最大粒径应小于砂浆厚度的 1/5～1/4，一般不大于 2.5 mm。作为勾缝和抹面用的砂浆，最大粒径不超过 1.25 mm，砂的粗细程度对水泥用量、和易性、强度和收缩性影响很大。

砂中含泥量过大，不但会增加砂浆的水泥用量，还可能使砂浆的收缩值增大、耐水性降低，影响砌筑质量。对于水泥砂浆，当砂的含泥量过大，尽管没有另加塑化剂，但实际上已经成为水泥粘土砂浆，况且砂中含泥量和一般使用的粘土膏在性质上也有一定的差异，难以满足某些条件下的使用要求。因此，为保证砂浆质量，必须限制砂中的粘土杂质含量。水泥砂浆和强度等级不小于 M5 的水泥混合砂浆，砂的含泥量不应超过 5%；强度等级小于 M5 的水泥混合砂浆，砂的含泥量不应超过 10%。

有些地区人工砂、山砂或特细砂资源较多，而这些砂的含泥量一般较大，为合理地利用这些资源，以及避免从外地调运而增加工程成本，若经试配能满足砌筑砂浆技术条件时，含泥量可适当放宽。

（3）掺合料

掺合料（又称掺加料）是为改善砂浆和易性而加入的无机材料，如石灰膏、粘土膏、电石膏、磨细生石灰、粉煤灰和沸石粉等。

① 石灰膏：石灰膏的稠度应为（120±5）mm。脱水硬化的石灰膏不能起塑化作用又影响砂浆强度，故不应使用。

消石灰粉是未充分熟化的石灰，颗粒太粗，起不到改善砂浆和易性的作用，故不得直接使用于砌筑砂浆中。

② 粘土膏：粘土膏要起到塑化作用，应达到一定的细度。粘土膏的稠度应为（120±5）mm。粘土中有机物含量过高会降低砂浆质量，只有低于规定的含量时才可使用。用比色法鉴定粘土中的有机物含量时应浅于标准色。

③ 电石膏：电石膏是电石消解后，经过滤后的产物。电石膏的稠度应为（120±5）mm。

④ 粉煤灰：粉煤灰的品质指标应符合现行行业标准《粉煤灰在混凝土应用技术规程》（GBJ 146—1990）的有关规定。根据砂浆强度的高低，可使用Ⅱ级或Ⅲ级粉煤灰。

⑤ 沸石粉：沸石粉指以天然沸石岩为原料，经破碎、磨细制成的粉状物料，是一种

含多孔结构的微晶矿物。沸石粉掺入砂浆中，能改善砂浆的和易性，提高保水性，砂浆的可操作性良好，并能提高强度和节约水泥。根据砂浆强度的高低，可使用Ⅱ级或Ⅲ级沸石粉。

（4）外加剂

目前，普通砌筑砂浆一般不使用外加剂。改善或提高砂浆的良好的和易性和其他性能，满足施工条件及使用功能，可在砂浆中掺入一些外加剂（如减水剂、保水剂、引气剂、早强剂、缓凝剂、防冻剂等），但外加剂的品种和掺量应通过试验确定。

（5）有机塑化剂

有机塑化剂是引气外加剂，可使砂浆具有较好的和易性，并减少了石灰膏的用量。但目前生产有机塑化剂的厂家较多，质量差异较大，故在砂浆中掺入有机塑化剂时，应经检验和试配符合要求后，方可使用。

水泥石灰砂浆中掺入有机塑化剂可降低石灰膏的用量，但根据国内各地的对比试验，加入有机塑化剂的砂浆，其砌体开裂荷载高于水泥石灰砂浆，而破坏荷载低于水泥石灰砂浆。故石灰膏的用量最多仅可减少一半，以保证砌体具有一定的延性；同时应考虑砌体抗压强度降低10%的不利影响，并依此重新考虑砂浆的配合比。

（6）水

砂浆拌合用水与混凝土拌合水的要求相同，应选用无有害杂质的洁净水来拌制砂浆。目前，河水湖水的污染比较普遍，当水中含有有害物质时，会影响水泥水化，或影响砂浆的耐久性，或对钢筋产生锈蚀作用。所以，河湖水使用前应进行检测，水质必须符合《混凝土用水标准》（JGJ 63—2006）的规定。

7.1.3 砌筑砂浆的技术要求

（1）强度等级

砂浆强度等级是以边长为70.7mm×70.7mm×70.7mm的立方体试块，按标准条件养护至28d的抗压强度的平均值并考虑具有95%强度保证率而确定的。砂浆的强度等级共有M2.5、M5、M7.5、M10、M15、M20等六个等级。一般情况下，干混砌筑砂浆宜采用M10以上的砂浆。强度等级M10及M10以下的砌筑砂浆宜采用水泥混合砂浆。

（2）和易性

砂浆的和易性是描述砂浆的使用性能。其和易性包括砂浆的流动性和保水性。

流动性：又称稠度，是指在自重或外力作用下流动的性能。稠度用砂浆稠度仪测定。影响砂浆稠度的因素有水泥，用水量，砂子粗细及粒型，级配，搅拌时间。

保水性：砂浆能够保持水分的能力又称保水性。保水性也指砂浆中各项组成材料不易分离的性质，以达到保证粘结力、强度，防止过早失水开裂的性能。保水不好的砂浆在存放，运输，施工过程中易泌水和离析。当抹底层灰时，水分易被基层吸走，不易抹薄层砂浆。同时也影响砂浆强度和粘结力。通常加入石灰膏或微沫剂。

砌筑砂浆稠度的选择要考虑基底的吸水性、砌体类型及气候条件。对于多孔吸水基底，或在干热条件下施工时，砂浆的流动性应大些。对于密实基底，或在湿冷气候条件下施工时，流动性可小些。砌筑砂浆稠度可参考表7-1选择。

表 7-1 砌筑砂浆的施工稠度　　单位：mm

砌体种类	砂浆稠度
烧结普通砖砌体 粉煤灰砖砌体	70 ～90
混凝土多孔砖、实心砖砌体 普通混凝土小型空心砌块砌体 蒸压灰砂砖砌体 蒸压粉煤灰砖砌体	50～70
烧结多孔砖、空气砖砌体 轻骨料混凝土小型空心砌块 蒸压加气混凝土砌块砌体	60～80
石砌体	30～50

对于砌筑砂浆，其粘结强度较抗压强度更为重要，根据试验结果，凡保水性能优良的砂浆，粘结强度一般较好。而分层度是评判砂浆施工时保水性能是否良好的主要指标，因此，砌筑砂浆的分层度不应大于 30mm。事实上，水泥混合砂浆分层度一般不会超过 20mm。

(3) 密度

水泥砂浆拌合物的密度不宜小于 1900kg/m^3；水泥混合砂浆拌合物的密度不宜小于 1800kg/m^3。

(4) 粘结力

一般情况，抗压强度高其粘结力也越高。基层含水率在 10%～15%有利于粘结。基层的洁净度及养护条件等因素也影响粘结力。

(5) 抗冻性

受冻融影响较多的建筑部位，在设计中对砌筑砂浆作出冻融循环次数要求时，必须进行砂浆的冻融试验。经冻融试验后，砂浆的质量损失率不得大于 5%，抗压强度损失率不得大于 25%。

(6) 干作业

在进行墙体砌筑及抹灰施工前，无需预先润湿砌块及墙体亦可保证质量的施工方法。

7.2 砌筑砂浆配合比设计

砂浆配合比既可用每立方米砂浆中各组分材料用量表示，也可用各组分材料的比例表示。

7.2.1 砌筑砂浆配合比的设计与确定

1. 现场配制砌筑砂浆配合比的设计与确定

(1) 配合比应按下列步骤进行计算

① 计算砂浆试配强度 $f_{m,0}$；

② 计算每立方米砂浆的水泥用量 Q_C；

③ 计算每立方米砂浆的石灰膏用量 Q_D；

④ 计算每立方米砂浆的砂用量 Q_S；

⑤ 计算每立方米砂浆的水用量 Q_W。

（2）砂浆的试配强度应按下式计算

$$f_{m,0}=kf_2 \tag{7-1}$$

式中 $f_{m,0}$——砂浆的试配强度，MPa，精确至 0.1MPa；

f_2——砂浆强度等级值，MPa，精确至 0.1MPa；

k——系数，按表 7-2 取值。

表 7-2 砂浆强度标准差 σ 及 k 值 单位：MPa

强度等级 / 施工水平	砂浆强度标准差 σ							k
	M5	M7.5	M10	M15	M20	M25	M30	
优良	1.00	1.50	2.00	3.00	4.00	5.00	6.00	1.15
一般	1.25	1.88	2.50	3.75	5.00	6.25	7.50	1.20
较差	1.50	2.25	3.00	4.50	6.00	7.50	9.00	1.25

（3）砂浆强度标准差的确定应符合下列规定

① 当有统计资料时，砂浆强度标准差应按下式计算：

$$\sigma=\sqrt{\frac{\sum_{i=1}^{n}f_{m,i}^{2}-n\mu_{f_m}^{2}}{n-1}} \tag{7-2}$$

式中 $f_{m,i}$——统计周期内同一品种砂浆第 i 组试件的强度，MPa；

μ_{f_m}——统计周期内同一品种砂浆 n 组试件强度的平均值，MPa；

n——统计周期内同一品种砂浆试件的总组数，$n\geqslant25$。

② 当无统计资料时，砂浆强度标准差可按表 7-2 取值。

（4）水泥用量的计算应符合下列规定

① 每立方米砂浆的水泥用量，应按下式计算：

$$Q_C=\frac{1000(f_{m,0}-\beta)}{\alpha f_{ce}} \tag{7-3}$$

式中 Q_C——每立方米砂浆的水泥用量，kg，精确至 1kg；

$f_{m,0}$——砂浆的试配强度，MPa，精确至 0.1MPa；

f_{ce}——水泥的实测强度，精确至 0.1MPa；

α、β——砂浆的特征系数，其中 $\alpha=3.03$、$\beta=-15.09$。

② 无法取得水泥的实测强度时，可按下式计算：

$$f_{ce}=\gamma_c\cdot f_{ce,k} \tag{7-4}$$

式中 $f_{ce,k}$——水泥强度等级值，MPa；

γ_c——水泥强度等级值的富余系数，该值应按实际统计资料确定。无统计资料时可取 1.0。

各地区也可用本地区试验资料确定 α、β 值，统计用的试验组数不得少于 30 组。

（5）石灰膏用量应按下式计算

$$Q_D=Q_A-Q_C \tag{7-5}$$

式中 Q_D——每立方米砂浆的石灰膏用量，kg，精确至 1kg；石灰膏、粘土膏和电石膏的用量以稠度等于（120±5）mm为基准进行计量；现场施工时当石灰膏稠度与适配时不一致时，可按表7-3换算。

Q_C——每立方米砂浆的水泥用量，kg，精确至1kg；

Q_A——每立方米砂浆中水泥和石灰膏的总量，精确至1kg，宜在300～350kg/m³之间。

表7-3　石灰膏不同稠度时的换算系数

石灰膏稠度（mm）	120	110	100	90	80	70	60	50	40	30
换算系数	1.00	0.99	0.97	0.95	0.93	0.92	0.90	0.88	0.87	0.86

注：实际掺量=换算系数×配合比要求的掺量。

（6）确定砂用量 Q_S

每立方米砂浆中的砂子用量，应取干燥状态（含水率小于0.5%）砂的堆积密度值，kg。

（7）确定用水量 Q_W

每立方米砂浆中的用水量 Q_W，根据砂浆稠度等要求来确定，通常可在240～310kg之间选用。

混合砂浆中的用水量不包括石灰膏或粘土膏中的水；当采用细砂或粗砂时，用水量分别取上限或下限；稠度小于70mm时，用水量可小于下限；施工现场气候炎热或干燥季节，可酌情增加用水量。

2. 现场配制水泥砂浆的试配用量

（1）水泥砂浆的材料用量可按表7-4选用。

表7-4　每立方米水泥砂浆中各组分材料用量　　单位：kg/m³

砌筑砂浆的强度等级	水泥用量	砂子用量	用水量
M5	200～230	砂子的堆积密度值	270～330
M7.5	230～260		
M10	260～290		
M15	290～330		
M20	340～400		
M25	360～410		
M30	430～480		

注：1. M15及M15以下强度等级水泥砂浆，水泥强度等级为32.5级；M15以上强度等级水泥砂浆，水泥强度等级为42.5级；

2. 当采用细砂或粗砂时，用水量分别取上限或下限；

3. 稠度小于70mm时，用水量可小于下限；

4. 施工现场气候炎热或干燥季节，可酌情增加用水量；

5. 试配强度应按式（7-1）计算。

由于水泥强度值大大高于砌筑砂浆强度值，如果按砌筑砂浆强度要求计算水泥用量，则所得水泥用量通常偏少，不能满足和易性要求。为此，采用直接查表确定，以避免由于计算带来的不合理情况。

为了满足水泥砂浆的保水性，水泥用量不应小于 200kg/m³。

（2）水泥粉煤灰砂浆的材料用量可按表 7-5 选用。

表 7-5 每立方米水泥粉煤灰砂浆中各组分材料用量 单位：kg/m³

砌筑砂浆的强度等级	水泥用量	粉煤灰	砂子用量	用水量
M5	210～240	粉煤灰掺量可占胶凝材料总量的15%～25%	砂子的堆积密度值	270～330
M7.5	240～270			
M10	270～300			
M15	300～330			

注：1. 表中水泥强度等级为 32.5 级；
2. 当采用细砂或粗砂时，用水量分别取上限或下限；
3. 稠度小于 70mm 时，用水量可小于下限；
4. 施工现场气候炎热或干燥季节，可酌情增加用水量；
5. 试配强度应按式（7-1）计算。

3. 配合比的试配与校核

（1）和易性校核。采用工程中实际使用的材料，按配合比试拌砂浆，测定拌合物的稠度和保水率，当不能满足要求时，应调整材料用量，直到符合要求。调整拌合物性能后得到的配合比称为基准配合比。

（2）强度校核。试配时至少应采用三个不同的配合比，其中一个为基准配合比，另外两个配合比的水泥用量按基准配合比分别增减 10%。在保证稠度、保水率合格的条件下，适当调整其用水量和掺合料的用量。

按上述三个配合比配制砂浆，按标准方法制作和养护立方体试件，并测定 28d 砂浆抗压强度，选择达到试配强度且水泥用量最低的配合比作为砌筑砂浆的设计配合比。

（3）砌筑砂浆试配配合比尚应按下列步骤进行校正。

① 应根据确定的砂浆配合比材料的用量，按下式计算砂浆的理论表观密度值：

$$\rho_t = Q_C + Q_D + Q_S + Q_W \tag{7-6}$$

式中 ρ_t——砂浆的理论表观密度值，kg/m³，精确至 10kg/m³。

② 应按下式计算砂浆配合比校正系数 δ。

$$\delta = \rho_c / \rho_t \tag{7-7}$$

式中 ρ_c——砂浆的实测表观密度值，kg/m³，精确至 10kg/m³。

③ 当砂浆的实测表观密度值与理论表观密度值之差的绝对值不超过理论值的 2%时，可将按得出的试配配合比确定为砂浆配合比；当超过 2%时，应将试配配合比中每项材料用量均乘以校正系数（δ）后，确定为砂浆配合比。

7.2.2 粉煤灰砂浆配合比的设计与确定

1. 粉煤灰砂浆的基本概念

粉煤灰砂浆是在普通砂浆中加入一定量的粉煤灰所制成。不掺粉煤灰的普通砂浆也称为基准砂浆。

粉煤灰砂浆依其组成分为粉煤灰水泥砂浆、粉煤灰水泥石灰砂浆（简称粉煤灰混合砂浆）及粉煤灰石灰砂浆。

粉煤灰水泥砂浆主要用于内外墙面，台度、踢脚、窗口、沿口、勒脚、磨石地面底层及墙体勾缝等装修工程及各种墙体砌筑工程，粉煤灰混合砂浆主要用于地面上墙体的砌筑和抹灰工程，粉煤灰石灰砂浆主要用于地面以上内墙的抹灰工程。

2. 取代率和超量系数

（1）取代水泥率

取代水泥率指基准砂浆中的水泥被粉煤灰取代的百分率，超量系数指粉煤灰掺入量与其所取代水泥量的比值。取代水泥率和超量系数可根据砂浆设计强度等级和使用要求以及粉煤灰的等级参照表 7-6 的推荐值选用。

表 7-6　砂浆中粉煤灰取代水泥率及超量系数

砂浆品种		砂浆强度等级				
		M1.0	M2.5	M5.0	M7.5	M10.0
水泥石灰砂浆	β_m（%）	15～40			10～25	
	δ_m	1.2～1.7			1.1～1.5	
水泥砂浆	β_m（%）	—	25～40	20～30	15～25	10～25
	δ_m	—	1.3～2.0		1.2～1.7	

注：β_m为粉煤灰取代水泥率，δ_m为粉煤灰超量系数。

（2）取代石灰膏率

取代石灰膏率指基准混合砂浆中的石灰膏被粉煤灰取代的百分率。砂浆中，取代石灰膏率可通过试验确定，但最大不宜超过 50%。

3. 配合比设计的步骤

（1）粉煤灰水泥砂浆配合比设计的步骤

① 计算砂浆试配强度 $f_{m,0}$，按式（7-1）计算 $f_{m,0}$。

② 确定基准砂浆的水泥用量 Q_{c0}，按表 7-4 选择 Q_{c0}。

③ 选择取代水泥率 β_m和超量系数 δ_m，按表 7-6 选择 β_m和 δ_m。

④ 计算粉煤灰水泥砂浆中的水泥用量 Q_c。

$$Q_c=Q_{c0}(1-\beta_m) \tag{7-8}$$

⑤ 计算粉煤灰用量 Q_f。

$$Q_f=\delta_m(Q_{c0}-Q_c) \tag{7-9}$$

⑥ 计算粉煤灰超出所取代水泥的体积 ΔV。

$$\Delta V=\frac{Q_c}{\rho_c}+\frac{Q_f}{\rho_f}-\frac{Q_{c0}}{\rho_c} \tag{7-10}$$

式中　ρ_c——水泥密度，kg/m^3；

　　　ρ_f——粉煤灰密度，kg/m^3。

⑦ 计算粉煤灰水泥砂浆中的砂用量 Q_s。

$$Q_s=Q_{s0}-\Delta V\rho_s \tag{7-11}$$

式中　Q_{s0}——$1m^3$砂的堆积密度值，kg/m^3；

　　　ρ_s——砂的表观密度，kg/m^3。

⑧ 通过试拌，按稠度要求确定用水量。

(2) 粉煤灰水泥混合砂浆配合比设计的步骤

① 计算砂浆试配强度 $f_{m,0}$，按式（7-1）计算砂浆试配强度。

② 计算基准混合砂浆的水泥用量 Q_{c0}，按式 $Q_{c0}=\frac{1000\times(f_{m,0}-\beta)}{\alpha f_{ce}}$ 计算 Q_{c0}。

③ 计算基准混合砂浆的石灰膏用量 Q_{p0}，按式 $Q_{p0}=Q_A-Q_{c0}$ 计算 Q_{p0}。

④ 选择粉煤灰取代水泥率 β_m、取代石灰膏率 β_p 和超量系数 δ_m，按表 7-6 选择 β_m 和 δ_m，按经验或通过试验确定 β_p。

⑤ 计算粉煤灰混合砂浆中的水泥用量 Q_c，按式 $Q_c=Q_{c0}(1-\beta_m)$ 计算 Q_c。

⑥ 计算粉煤灰混合砂浆中的石灰膏用量 Q_p。

$$Q_p=Q_{p0}(1-\beta_m) \tag{7-12}$$

⑦计算粉煤灰用量 Q_f。

$$Q_f=\delta_m[(Q_{c0}-Q_c)+(Q_{p0}-Q_p)] \tag{7-13}$$

⑧计算粉煤灰超出所取代水泥、石灰膏的体积 ΔV。

$$\Delta V=\frac{Q_c}{\rho_c}+\frac{Q_f}{\rho_f}+\frac{Q_{p0}}{\rho_p}-\frac{Q_{c0}}{\rho_c}-\frac{Q_{p0}}{\rho_p} \tag{7-14}$$

式中 ρ_p——石灰膏密度，kg/m^3。

⑨ 计算粉煤灰砂浆中的砂用量 Q_s，按式（7-11）计算 Q_s。

⑩ 通过试拌，按稠度要求确定用水量 Q_w。

4. 配合比的试配与校核

(1) 和易性校核

采用工程中实际使用的材料，按配合比试拌砂浆，测定拌合物的稠度和分层度，当不能满足要求时，应调整材料用量，直到符合要求。调整拌合物性能后得到的配合比称为基准配合比。

(2) 强度校核

水泥用量和粉煤灰取代水泥率都会影响粉煤灰砂浆的强度。

① 如果基准砂浆的配合比未经过强度校核，则试配时至少应采用三个不同的配合比，其中一个为基准配合比，另外两个配合比的水泥用量按基准配合比分别增减 10%。在保证稠度、分层度合格的条件下，适当调整其用水量和掺合料的用量。

② 如果基准砂浆的配合比是经过强度校核后确定的配合比，试配时可采用三个不同的配合比，其中一个为基准配合比，另外两个配合比的粉煤灰取代水泥率分别为 $\beta_m\pm5\%$ 或 $\beta_m\pm10\%$。在保证稠度、分层度合格的条件下，适当调整其用水量。

按上述三个配合比配制砂浆，制作立方体试件，并测定 28d 砂浆抗压强度，选择强度符合要求且水泥用量最低的配合比作为砌筑砂浆的设计配合比。

7.2.3 沸石粉砂浆配合比的设计与确定

1. 沸石粉砂浆的基本概念

沸石粉砂浆是在普通砂浆中加入一定量的沸石粉所制成。砌筑砂浆通常使用Ⅲ级沸石粉。不掺沸石粉的普通砂浆也称为基准砂浆。

沸石粉砂浆依其组成可分为沸石粉水泥砂浆、沸石粉水泥石灰砂浆（简称沸石粉混合砂浆）。沸石粉水泥砂浆可等同于水泥砂浆应用；沸石粉混合砂浆可等同于混合砂浆应用。

2. 配制要点

（1）水泥

配制沸石粉砂浆时，宜用42.5级及以上的硅酸盐水泥、普通硅酸盐水泥和矿渣硅酸盐水泥，不宜用火山灰质硅酸盐水泥、粉煤灰硅酸盐水泥和复合硅酸盐水泥。采用后三种水泥时，应经试验确定。

（2）沸石粉的掺量

① 水泥砂浆：在水泥砂浆中，如以Ⅲ级沸石粉等量取代水泥可能会降低砂浆强度，特别是降低早期强度。沸石粉对砂浆强度的影响与沸石粉的等级和掺量有关。用适量（10%～20%）Ⅱ级沸石粉取代等量的水泥，虽沸石粉砂浆的早期强度低于基准砂浆强度，但28d强度有可能接近或高于基准砂浆强度。

如在砂浆中保持水泥用量不变，另外加入Ⅲ级沸石粉，当掺量在20%～30%时，砂浆强度略有提高。若掺量太高时，砂浆干缩大，粘结性能降低，强度下降。因此，不应在原有砂浆配合比中用Ⅲ级沸石粉按比例等量取代水泥。Ⅲ级沸石粉在水泥砂浆中的掺量宜控制为水泥用量的20%～30%。沸石粉的实际掺量应通过试配确定。

② 混合砂浆：混合砂浆中掺入Ⅲ级沸石粉等量取代水泥后，砂浆强度下降，砂浆的分层度没有什么变化。因此，Ⅲ级沸石粉不宜取代混合砂浆中的水泥，但可取代混合砂浆中部分或全部石灰膏。Ⅲ级沸石粉掺量宜为被取代石灰膏量的50%～60%。在低强度等级的砂浆中取上限，在高强度等级的砂浆中取下限。用细砂时取下限，用粗砂时取上限。当水泥用量相同时，沸石粉混合砂浆强度等级比基准混合砂浆强度等级提高20%～40%，相当于砂浆强度等级提高一级，并且砂浆的分层度和泌水率均有减少。

在冬期施工时，用沸石粉取代石灰膏，可以解决工地上因石灰膏结冻而带来的麻烦。

3. 配合比设计

（1）沸石粉水泥砂浆配合比设计的步骤

① 计算砂浆试配强度 $f_{m,0}$，按式（7-1）计算 $f_{m,0}$。

② 选取基准砂浆的水泥用量 Q_c，按表7-4选择 Q_c。

③ 选取沸石粉的掺量 β，掺量宜控制为水泥用量的20%～30%。

④ 计算沸石粉用量 Q_z。

$$Q_z=\frac{\beta}{Q_c} \tag{7-15}$$

⑤ 计算沸石粉的体积 V_z。

$$V_z=\frac{Q_z}{\rho_z} \tag{7-16}$$

式中 ρ_z—— 沸石粉密度，kg/m^3。

⑥ 计算砂用量 Q_s。

$$Q_s=Q_{s0}-V_z\rho_s \tag{7-17}$$

⑦ 通过试拌，按稠度要求确定用水量 Q_w。

（2）沸石粉水泥石灰砂浆配合比设计的步骤

① 计算砂浆试配强度 $f_{m,0}$，按式（7-1）计算 $f_{m,0}$。

② 计算水泥用量 Q_c，按式 $Q_c=\frac{1000\times(f_{m,0}-\beta)}{\alpha f_{ce}}$ 计算 Q_c。

③ 计算基准混合砂浆的石灰膏量 Q_{p0}，按式 $Q_{p0}=Q_A-Q_c$ 计算 Q_{p0}。

④ 选择沸石粉取代石灰膏率 β，取代石灰膏率 β 以 50%～60%为宜。

⑤ 计算沸石粉混合砂浆中的石灰膏用量 Q_p。

$$Q_p=Q_{p0}(1-\beta) \tag{7-18}$$

⑥ 计算沸石粉用量 Q_z。

$$Q_z=\beta Q_{p0} \tag{7-19}$$

⑦ 计算沸石粉超出所取代石灰膏的体积 ΔV。

$$\Delta V=\frac{Q_p}{\rho_p}+\frac{Q_z}{\rho_z}-\frac{Q_{p0}}{\rho_p} \tag{7-20}$$

⑧ 计算沸石粉混合砂浆中的砂用量 Q_s，按式（7-11）计算 Q_s。

⑨ 通过试拌，按稠度要求确定用水量 Q_w。

4. 配合比的试配与校核

（1）和易性校核

采用工程中实际使用的材料，按配合比试拌砂浆，测定拌合物的稠度和分层度，当不能满足要求时，应调整材料用量，直到符合要求。调整拌合物性能后得到的配合比称为基准配合比。

（2）强度校核

① 试配时至少应采用三个不同的配合比，其中一个为基准配合比，另外两个配合比的水泥用量按基准配合比分别增减 10%。

在保证稠度、分层度合格的条件下，适当调整其用水量和掺合料的用量。

② 对于沸石粉水泥砂浆，如果基准砂浆的配合比是经过强度校核后确定的配合比，试配时可采用三个不同的配合比，其中一个为基准配合比，另外两个配合比的沸石粉掺量分别为 $\beta\pm5\%$ 或 $\beta\pm10\%$。在保证稠度、分层度合格的条件下，适当调整其用水量。

按上述三个配合比配制砂浆，制作立方体试件，并测定 28d 砂浆抗压强度，选择强度符合要求且水泥用量最低的配合比作为砌筑砂浆的设计配合比。

7.3 砌筑砂浆的施工要求

7.3.1 施工准备

1. 技术准备

① 查阅图纸会审，核对砌筑砂浆的种类、强度等级、使用部位等设计要求。

② 查阅施工技术方案，明确拌制砌筑砂浆所需搅拌机和计量器具的规格、型号、性能、使用精度及参数等，并应对计量器具进行检定，确保计量器具在合格的有效检定周期内。

③ 委托有资质的试验室对所需砌筑砂浆配合比进行试配，并出具砌筑砂浆配合比报告。

④ 施工前应向操作人员进行施工技术交底和安全交底。

2. 材料要求

① 按砌筑砂浆配合比要求，对所需原材料的品种、规格、质量进行检查验收。

② 按设计或标准规范的要求，对原材料进行抽样复验，确保原材料质量符合要求。

3. 主要机具

① 机械搅拌时：砂浆搅拌机、投料计量设备。

② 人工搅拌时：灰扒、铁锹等工具。

4. 作业条件

① 确认砌筑砂浆配合比。

② 建立砂浆搅拌站，并对砂浆强度等级、配合比、搅拌制度、操作规程等进行挂牌。

③ 采用人工搅拌时，需铺硬地坪或设搅拌槽。

④ 施工组织及人员准备：

a. 试验员：要求熟知材料及砂浆试块的取样规定，熟知砂浆试块的制作、标养的规定。

b. 材料员：要求熟知材料进场的检验、验收、入库规定。

c. 计量员：应熟知计量器具的校检周期、计量精度、使用方法等规定。

d. 搅拌机操作人员：须持证上岗，要求熟知操作规程和搅拌制度。操作人员应经过培训，并掌握投料、搅拌、运输等技术与安全交底内容。

7.3.2 施工操作

1. 施工工艺流程（图 7-1）

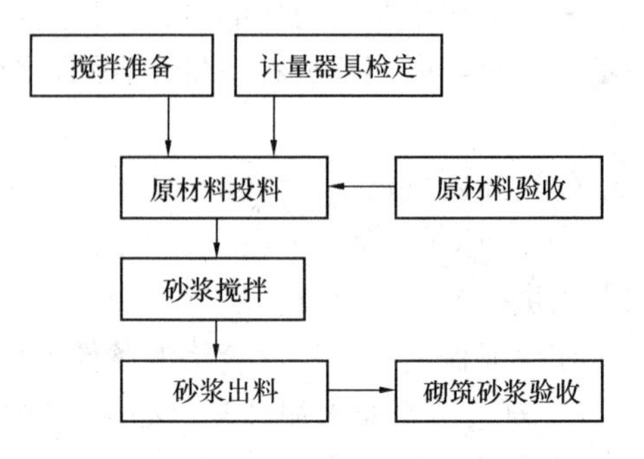

图 7-1 砌筑砂浆施工工艺流程

2. 施工操作步骤

(1) 原材料验收

① 水泥：

a. 水泥进场使用前，应以同一生产厂家、同一编号为一批，对其强度、安定性进行复验。

b. 当在使用中对水泥质量有怀疑或水泥出厂日期超过三个月（快硬硅酸盐水泥超过一个月）时，也应复查试验，并应按试验结果使用。

c. 不同品种的水泥，不得混合使用。

d. 水泥应按品种、强度等级、出厂日期分别堆放，并应有防雨措施，保证其干燥，不受潮。

② 砂：

a. 砌筑砂浆用砂宜采用中砂，并应过筛，砂中不得含有害杂物。

b. 人工砂、山砂及特细砂，应经试配，并满足砌筑砂浆技术条件要求时，方允许使用。

c. 砂的含泥量，对强度等级不小于 M5 的水泥混合砂浆，不应超过 5%，对小于 M5 的水泥混合砂浆，不应超过 10%。

③ 水：拌制砂浆用水宜采用饮用水。当采用其他水源时，水质必须符合现行行业标准《混凝土拌合用水标准》(JGJ 63) 的规定。

④ 用于砂浆的石灰膏、粘土膏、电石膏、磨细生石灰粉、粉煤灰等无机掺合料应符合如下规定：

a. 生石灰及磨细生石灰粉应符合现行行业标准《建筑生石灰》（JC/T 479—2013）及《建筑生石灰粉》（JC/T 480）的有关规定。

b. 消石灰粉不得直接使用于砌筑砂浆中。

c. 块状生石灰熟化成石灰膏时，应采用孔洞不大于 3mm×3mm 的过滤网过滤，熟化时间不得少于 7d；对于磨细生石灰粉，其熟化时间不得少于 2d 。

d. 沉淀池中储存的石灰膏，应防止干燥、冻结和污染。

e. 配制水泥石灰砂浆时，严禁使用脱水硬化的石灰膏。

f. 制作电石膏的电石渣，应进行 20min 加热至 70℃的条件进行检验，无乙炔气味时方可使用。

g. 粉煤灰的品质指标应符合现行行业标准《粉煤灰混凝土应用技术规范》（GB/T 50146—2014）的有关规定。

⑤ 凡在砂浆中掺入有机塑化剂、早强剂、缓凝剂、防冻剂等，应经检验和试配，质量符合要求后方可使用，对有机塑化剂的使用，应有砌体强度检验报告。

（2）原材料投料

① 砌筑砂浆现场拌制时，各组分材料的投料量应按重量计量。

② 砌筑砂浆应通过试配确定配合比，原材料投料应严格执行砂浆配合比。当砌筑砂浆的组成材料有变化或设计强度等级有变更时，应重新进行配合比试配，并出具配合比报告单。

③ 称量所使用的计量器具应经检定校准，并在校准有效期内，保证其精度符合要求。

④ 砌筑砂浆中胶凝材料用量应符合如下规定：

a. 水泥砂浆的最少水泥用量不应小于 200kg/m^3。

b. 粉煤灰的用量应由试验确定。

c. 石灰砂浆中的石灰膏、粘土膏和电石膏的用量，宜按稠度（120±5）mm 计量，当石灰膏施工稠度与试配稠度不一致时，其用量应按表 7-5 换算。

⑤ 原材料投料时称料的允许偏差：

a. 水泥、有机塑化剂和冬期施工中掺用的氯盐等外加剂，允许偏差应控制在 ±2% 以内。

b. 砂、水、石灰膏、电石膏、粘土膏、粉煤灰、磨细生石灰粉等组分配料允许偏差应控制在± 5% 以内。

c. 砂应计入其含水量对配料的影响。

（3）砂浆搅拌

① 砌筑砂浆宜采用机械搅拌，当砂浆用量较少时，也可采用人工搅拌。

② 机械搅拌程序：先向已转动的搅拌机内加入适量的水，再依次将砂子、石灰膏（或磨细生石灰粉、电石灰膏、粉煤灰等）投入到搅拌机中，拌合 1min 左右，再按配合比加入水泥及其余的水，继续搅拌均匀，并达到要求的稠度。

③ 采用机械搅拌的砌筑砂浆，自投完料算起到砂浆出料为止，总的搅拌时间应符合如下规定：

a. 水泥砂浆和水泥混合砂浆不得少于 2 min。

b. 水泥粉煤灰砂浆和掺用外加剂的砂浆不得少于 3 min。

c. 掺用有机塑化剂的砂浆应为 3～5 min。

④ 当采用人工搅拌时，应先将水泥和砂倒在拌灰坪上干拌均匀，再加水搅拌；若采用石灰膏等，应将水加到石灰膏中拌成稀浆，再将石灰膏稀浆加入到已干拌均匀的水泥、砂混合物中，继续混合搅拌至均匀为止。

（4）砂浆出料

① 砌筑砂浆应随拌随用，水泥砂浆和水泥混合砂浆应分别在 3h 和 4h 内使用完毕；当施工期间最高气温超过 30℃时，应分别在拌成后 2h 和 3h 内使用完毕。

② 对掺有缓凝剂的砂浆，其使用时间可根据具体情况适当延长。

（5）砌筑砂浆验收

① 砌筑砂浆应进行强度验收、稠度和分层度的验收。

② 砌筑砂浆的强度验收应以标准养护龄期为 28d 的试块抗压强度试验结果为准。

③ 当施工中或验收时出现下列情况，可采用现场检验方法对砂浆和试块强度进行原位检测或取样检测，并判定其强度：

a. 砂浆试块缺乏代表性或试块数量不足。

b. 对砂浆试块的结果有怀疑或有争议。

c. 砂浆试块的试验结果不能满足设计要求。

3. 质量控制要点

① 砌筑砂浆应随拌随用，一般砂浆须在拌成后 3～4h 使用完，当施工期间最高气温超过 30 ℃时，应在拌成后 2～3h 使用完毕。不允许使用过夜砂浆。

② 施工中当采用水泥砂浆代替水泥混合砂浆时，应重新确定砂浆强度等级。

③ 冬期施工使用的砂浆，宜优先采用普通硅酸盐水泥拌制，不得使用无水泥拌制的砂浆。

7.3.3 砌筑砂浆工程施工所应形成的文件资料

① 水泥出厂合格证及复试报告。

② 粉煤灰出厂合格证及复试报告。

③ 砂的检验报告。

④ 砂浆配合比通知单。

⑤ 砂浆试块 28d 标准养护抗压强度试验报告。

⑥ 原材料投料（计量）记录 。

7.3.4 质量标准

1. 一般规定

（1）砂浆试块制作

① 每一检验批且不超过 250m^3 砌体中的各种类型及强度等级的砂浆，每台搅拌机应至少检查一次，每次至少应制作一组试块。

② 砌筑砂浆试样应在搅拌机出料口随机取样、制作。一组试样应在同一盘砂浆中取样制作，同盘砂浆只应制作一组试样。

③ 砌筑砂浆试块的制作应按现行行业标准《建筑砂浆基本性能试验方法标准》（JGJ/T 70—2009）的规定执行。

（2）砌筑砂浆试块强度的合格标准

① 同一验收批砂浆试块抗压强度平均值必须大于或等于设计强度等级所对应的立方体抗压强度，同一验收批砂浆试块抗压强度最小一组平均值必须大于或等于设计强度等级所对应的立方体抗压强度的 0.75 倍。

② 砌筑砂浆同一验收批、同一类型强度等级的砂浆试块应不少于 3 组，当同一验收批只有一组试块时，该组试块抗压强度的平均值必须大于或等于设计强度等级所对应的立方体抗压强度。

③ 砂浆强度应以标准养护龄期为 28d 的试块抗压试验结果为准。

④ 若砂浆强度等级或配合比变更时，还应制作砂浆试块。抽检数量：每一检验批，且不超过 250m^3 砌体的各种类型及强度等级的砌筑砂浆，每台搅拌机应至少抽检一次。检验方法：在砂浆搅拌机出口随机取样制作砂浆试块（同盘砂浆只应制作一组试块），最后检查试块强度试验报告单。

2. 主控项目

① 水泥安定性应符合相应品种水泥的安定性要求。

② 水泥强度、砂浆试块强度、砂浆配合比等均应符合设计要求。

3. 一般项目

① 砂浆搅拌时间、砂浆分层度符合规范要求。

② 砌筑砂浆的分层度不应大于 30mm 。

4. 资料核查项目

水泥、粉煤灰出厂合格证及复验报告、砂检验报告。

5. 观感检查项目

① 砂浆稠度，应符合表 7-1 的规定。

② 砂中不得含有害杂物，砂的含泥量，对强度等级不小于 M5 的水泥混合砂浆，不应超过 5%，对小于 M5 的水泥混合砂浆，不应超过 10%。人工砂、山砂及特细砂，应经试配，并满足砌筑砂浆技术条件要求时，方允许使用。

③ 粉煤灰细度应符合《粉煤灰混凝土应用技术规范》（GB/T 50146—2014）标准的要求。

7.3.5 成品保护

① 砂浆储存：砂浆应盛入不漏水的储灰器中，并随用随拌，少量储存。

② 落地砂浆应及时回收，回收时不得夹有杂物，并应及时运至拌合地点，掺入新砂浆中拌合使用。

③ 砌筑砂浆的最终使用时限，不得超过表 7-7 的规定。

表 7-7 砌筑砂浆的使用时限

砂浆名称	使用时限		备 注
	气温≤30℃	气温>30℃	
水泥砂浆	3h	2h	掺有缓凝剂的砂浆，其使用时限可根据具体情况适当延长
水泥混合砂浆	4h	3h	
水泥粉煤灰砂浆	4h	3h	

7.3.6 职业健康安全要求

（1）预防措施

该项作业的危险点（最易发生的事故）是粉尘危害和机械伤人。

① 砂、水泥、粉煤灰、石灰膏、粘土膏或电石膏的投料人员应佩戴口罩、穿长袖衣服，防止粉尘吸入和腐蚀皮肤。

② 砂浆搅拌机械必须符合《建筑机械使用安全技术规程》（JGJ 33—2012）及《施工现场临时用电安全技术规范》（JGJ 46—2005）的有关规定，工作中应定期对其进行检查、维修，保证机械使用安全。

（2）安全操作规程

① 瓦工岗位作业指导书

② 起重工岗位作业指导书

（3）发生事故后应采取的避难和急救措施

① 定期组织砌筑砂浆搅拌操作人员进行身体检查，发现有矽肺病倾向，马上将该人调离砂浆搅拌操作岗位，并安排其疗养和治疗。

② 发生机械伤人事故，应立即停止生产作业活动，并及时将受伤人员就近送往医院，进行抢救和救护。

7.3.7 环境保护要求

① 砂应堆放整齐，水泥、粉煤灰应有专用库房存放，并有防潮措施。石灰膏应设专用储存池存放。

② 因砂浆搅拌而产生的污水应经沉淀后排入指定地点。

③ 砂浆搅拌机的运行噪声应控制在当地有关部门的规定范围内。

④ 在砂浆搅拌、运输、使用过程中，遗漏的砂浆应及时回收处理。

8　抹面砂浆

凡涂抹在土木工程的建（构）筑物或构件内外表面的砂浆，统称为抹面砂浆，抹面砂浆也可称为抹灰砂浆。与砌筑砂浆相比，抹面砂浆具有以下特点：

① 抹面层不承受荷载。

② 抹面层与基底层要有足够的粘结强度，使其在施工中或长期自重和环境作用下不脱落、不开裂。

③ 抹面层多为薄层，并分层涂抹，面层要求平整、光洁、细致、美观。

④ 多用于干燥环境，大面积暴露在空气中。

按施工部位，抹面砂浆可分为室内和室外抹面砂浆两种。室内抹面包括顶棚、内墙面、踢脚板、墙裙、楼地面和楼梯等；室外抹面包括屋檐、女儿墙、压顶、窗台、窗楣、腰线、阳台、雨篷、勒脚和外墙面等。根据功能不同，抹面砂浆可分为普通抹面砂浆和特殊用途抹面砂浆（如防水砂浆、绝热砂浆、装饰砂浆、纤维防裂砂浆等）。普通抹面砂浆有石灰砂浆、水泥砂浆、水泥混合砂浆、麻刀石灰浆和纸筋石灰浆。一般潮湿或易碰撞的环境中应选用水泥砂浆或水泥混合砂浆，如地面、墙裙、踢脚板、雨篷、窗台以及水池、水井、地沟、厕所等处。干燥环境宜选用麻刀石灰浆或纸筋石灰浆。本章主要介绍普通抹面砂浆、防水砂浆、装饰砂浆和纤维防裂砂浆。

8.1　普通抹面砂浆

8.1.1　普通抹面砂浆的材料选择

各层抹灰面的作用和要求不同，每层所选用的砂浆也不一样。同时，基底材料的特性和工程部位不同，对砂浆技术性能要求不同，这也是选择砂浆种类的主要依据。水泥砂浆宜用于潮湿或强度要求较高的部位；混合砂浆多用于室内底层或中层或面层抹灰；石灰砂浆、麻刀灰、纸筋灰多用于室内中层或面层抹灰。对混凝土基面多用水泥石灰混合砂浆。对于木板条基底及面层，多用纤维材料增加其抗拉强度，以防止开裂。

8.1.2　普通抹面砂浆的组成

抹面砂浆的基本组成材料为胶凝材料、细集料和水。为防止面层砂浆开裂，抹面砂浆中常加入一些纤维质的材料，如麻刀、纸筋、稻草等。抹面砂浆中掺入矿物外加剂，如粉煤灰、沸石粉等，改善砂浆和易性，充分利用能源。在砂浆中加入化学外加剂提高新拌合硬化后抹面砂浆的物理力学性质。

① 石灰膏细腻洁白，不含未熟化颗粒。不能使用已冻结风化的石灰膏，石灰膏应用块状生石灰淋制，淋制时必须用孔径不大于 3mm×3mm 的筛过滤，并储存于沉淀池中。熟化时间，常温下不少于 15d，用于罩面时不少于 30d。磨细的生石灰粉，用 4900 孔/cm 筛过

筛，用于罩面时熟化时间大于 3d。

② 石膏磨细，无杂质，初凝时间不小于 3～5min，终凝时间不大于 30min。

③ 粉煤灰根据要求，过筛以控制粒径使用，应具有一定的水硬性。

④ 普通砂洁净坚硬的粒径为 0.35～0.5mm 的中砂或中粗砂，含泥量不超过 3%；使用前需过筛，不得含有杂质。

⑤ 炉渣粒径 1.2～2mm 的过筛炉渣，使用前浇水湿透。

⑥ 麻刀均匀，坚韧，干燥，不含杂质，长度应小于 30mm，过剪，随用随打松，使用前 4～5d 用石灰膏调好。

⑦ 纸筋撕碎，用清水浸泡，捣烂，搓绒，漂去黄水，达到洁净细腻。按石灰膏：纸筋＝100：2.75（质量比）掺入淋灰池。罩面纸筋宜用碾磨机磨细。稻草、麦秸应坚韧、干燥，不含杂质，长度不大于 30mm，并经石灰浆浸泡处理。

⑧ 水泥：宜用硅酸盐水泥、普通硅酸盐水泥，也可用矿渣硅酸盐水泥、火山灰质硅酸盐水泥、粉煤灰硅酸盐水泥和复合水泥；彩色抹灰宜用白色水泥。水泥强度等级不宜高于 32.5 级。同一工种应采用同一品牌、同批的水泥。水泥出厂日期不超过 3 个月，否则要重新测试性能，严禁使用安定性不合格的水泥。

⑨ 沸石抹面砂浆中沸石可等量取代水泥。用于内墙抹面时，沸石取代水泥不得超过 30%；用于外墙抹面时，沸石取代水泥不得超过 20%；用于地面时，沸石取代水泥不得超过 15%。

⑩ 化学外加剂：目前许多施工现场在砂浆中掺用外加剂，主要目的是取消石灰膏，因石灰膏价格与水泥近似，且会带来淋制过程中对环境污染严重、大城市禁止在市内运输石灰膏等问题。

在砂浆中掺入调凝稠化剂和粉煤灰可替代石灰膏，改善了砂浆的和易性，延长了砂浆的凝结时间，减少干缩，并能改善施工环境。抹面砂浆中也可加入塑化剂改善砂浆和易性。为减少砂浆干缩裂缝、提高抹面砂浆抗裂性和抗渗性，可加入膨胀剂、防水剂。低温施工室外抹灰可掺入防冻剂。

8.1.3 普通抹面砂浆的技术要求

对于抹面砂浆要求具有良好的和易性，以易于抹成均匀平整的薄层，便于施工；同时应该具有较好的粘结力，保证砂浆与基底牢固粘结；还应保证变形较小，以防止其开裂脱落。

抹面砂浆常分两层或三层进行施工：

① 底层砂浆的作用是使砂浆与基层能牢固地粘结，应有良好的保水性。

② 中层主要是为了找平，有时可省去不做。

③ 面层主要为了获得平整、光洁地表面效果。

抹面砂浆对水泥、细集料的要求与砌筑砂浆基本相同。与砌筑砂浆不同，对抹面砂浆的主要技术要求不是抗压强度，而是和易性，以及与基底材料的粘结力，因此需要多用一些胶凝材料。有时还需要加入有机聚合物，提高砂浆与基底材料的粘结能力，同时增加硬化砂浆的柔韧性，减少开裂，避免砂浆空鼓或脱落。对细集料的粒度要求根据抹灰厚度的不同而有所不同。由于抹面砂浆暴露面积大，易干缩；抗裂性要求较高时，可加入一些纤维材料，常用的纤维材料有麻刀、纸筋、稻草、玻璃纤维等。抹面砂浆的配合比和稠度等须经检查合格后，方可使用。水泥砂浆及掺有水泥或石膏拌制的砂浆，应控制在初凝前用完。砂浆中掺用外加剂时，其掺入量也应由试验确定。普通抹面砂浆的流动性和砂子的最大粒径可参考表8-1。

表8-1　抹面砂浆流动性及集料最大粒径　　单位：mm

抹面层	沉入度（人工抹面）	砂的最大粒径
底层	90～110	2.2
中层	70～90	2.5
面层	70～80	1.2

抹面砂浆的总厚度和每层砂浆的厚度要适宜，砂浆层太厚既浪费材料，又容易因其内外层的干燥速度不一而使抹灰层出现开裂，抹灰层的平均厚度应根据基体材料的种类、抹灰等级要求等因素而确定。

（1）抹灰层的平均总厚度

抹灰层的平均层总厚度，应根据基体材料种类、工程部位和抹灰等级等因素确定，并不得大于下列规定：

① 顶棚：板条、空心砖、现浇混凝土为15mm；预制混凝土18mm；金属网20mm。

② 内墙：普通抹灰为18mm；高级抹灰为25mm。

③ 外墙：墙面为20mm；勒脚及突出墙面部分为25mm。

④ 石墙：石墙为35mm。

（2）每层厚度

每层抹灰厚度，应根据基体材料种类、工程部位、砂浆种类、质量等级及施工环境的气候条件确定。每层均控制厚度如下：

① 水泥砂浆的每层厚度宜为5～7mm。

② 石灰砂浆和水泥混合砂浆每层厚度宜为7～9mm。

③ 面层采用麻刀石灰、纸筋石灰、石膏灰时，经搟平、压实后，其厚度麻刀石灰不得大于3mm；纸筋石灰、石膏灰不得大于2mm。

④ 混凝土大板和大模板建筑的内墙面及楼板底面，宜用腻子分遍刮平，各遍应粘结牢固，总厚度为2～3mm。

⑤ 板条、金属网顶棚和墙抹灰的底层和中层，宜用麻刀石灰砂浆或纸筋石灰砂浆，各遍应分遍成活，每遍厚度为3～6mm。

8.1.4　抹面砂浆的配合比设计

1. 一般规定

① 抹面砂浆在施工前应进行配合比设计，砂浆的试配抗压强度应按下式计算：

$$f_{m,0}=kf_2 \tag{8-1}$$

式中　$f_{m,0}$——砂浆的试配强度，MPa，精确至0.1MPa；

f_2——砂浆强度等级值，MPa，精确至0.1MPa；

k——砂浆生产（拌制）质量水平系数，取1.15～1.25。

注：砂浆生产（拌制）质量水平为优良、一般、较差时，k值分别取为1.15、1.20、1.25。

② 抹面砂浆配合比应采取质量计量。

③ 抹面砂浆的分层度宜为10～20mm。

④ 抹面砂浆中可加入纤维，掺量应经试验确定。

⑤ 用于外墙的抹面砂浆的抗冻性应满足设计要求。

2. 水泥抹面砂浆

（1）水泥抹面砂浆应符合下列规定：

① 强度等级应为M15、M20、M25、M30。

② 拌合物的表观密度不宜小于1900kg/m³。

③ 保水率不宜小于82%，拉伸粘结强度不应小于0.20MPa。

（2）水泥抹面砂浆配合比的材料用量可按表8-2选用。

表8-2 水泥抹面砂浆配合比的材料用量 单位：kg/m³

强度等级	水泥	砂	水
M15	300～380	1m³砂的堆积密度值	250～300
M20	380～450		
M25	400～450		
M30	460～530		

3. 水泥粉煤灰抹面砂浆

（1）水泥粉煤灰抹面砂浆应符合下列规定：

① 强度等级应为M5、M10、M15。

② 配制水泥粉煤灰抹面砂浆不应使用砌筑水泥。

③ 拌合物的表观密度不宜小于1900kg/m³。

④ 保水率不宜小于82%，拉伸粘结强度不应小于0.15MPa。

（2）水泥粉煤灰抹面砂浆的配合比设计应符合下列规定：

① 粉煤灰取代水泥的用量不宜超过30%。

② 用于外墙时，水泥用量不宜少于250kg/m³。

③ 配合比的材料用量可按表8-3选用。

表8-3 水泥粉煤灰抹面砂浆配合比的材料用量 单位：kg/m³

强度等级	水泥	粉煤灰	砂	水
M5	250～290	内掺，等量取代水泥量的10%～30%	1m³砂的堆积密度值	270～320
M10	320～350			
M15	350～400			

4. 水泥石灰抹面砂浆

（1）水泥石灰抹面砂浆应符合下列规定：

① 强度等级应为M2.5、M5、M7.5、M10。

② 拌合物的表观密度不宜小于1800kg/m³。

③ 保水率不宜小于88%，拉伸粘结强度不应小于0.15MPa。

（2）水泥石灰抹灰砂浆配合比的材料用量可按表8-4选用。

表 8-4　水泥石灰抹面砂浆配合比的材料用量　　单位：kg/m^3

强度等级	水泥	石灰膏	砂	水
M2.5	200～230	(350～400) $-C$	$1m^3$砂的堆积密度值	180～280
M5	230～280			
M7.5	280～330			
M10	330～380			

注：表中 C 为水泥用量。

5. 掺塑化剂水泥抹面砂浆

(1) 掺塑化剂水泥抹面砂浆应符合下列规定：

① 强度等级应为 M5、M10、M15。

② 拌合物的表观密度不宜小于 $1800kg/m^3$。

③ 保水率不宜小于 88%，拉伸粘结强度不应小于 0.15MPa。

④ 使用时间不应大于 2.0h。

(2) 掺塑化剂水泥抹面砂浆配合比的材料用量可按表 8-5 选用。

表 8-5　掺塑化剂水泥抹面砂浆配合比的材料用量　　单位：kg/m^3

强度等级	水泥	砂	水
M5	260～300	$1m^3$砂的堆积密度值	250～280
M10	330～360		
M15	360～410		

6. 聚合物水泥抹面砂浆

聚合物水泥抹面砂浆应符合下列规定：

① 抗压强度等级不应小于 M5.0。

② 宜为专业工厂生产的干混砂浆，且用于面层时，宜采用不含砂的水泥基腻子。

③ 砂浆种类应与使用条件相匹配。

④ 宜采用 42.5 级通用硅酸盐水泥。

⑤ 宜选用粒径不大于 1.18mm 的细砂。

⑥ 应搅拌均匀，静停时间不宜少于 6min，拌合物不应有生粉团。

⑦ 可操作时间宜为 1.5～4.0h；

⑧ 保水率不宜小于 99%，拉伸粘结强度不应小于 0.30MPa。

⑨ 具有要求的防水性能，抗渗性能不应小于 P6 级。

⑩ 抗压强度试验方法应符合现行国家标准《水泥胶砂强度检验方法》GB/T 17671 的规定。

7. 石膏抹面砂浆

(1) 石膏抹面砂浆应符合下列规定：

① 抗压强度不应小于 4.0MPa。

② 宜为专业工厂生产的干混砂浆。

③ 应搅拌均匀，拌合物不应有生粉团，且应随拌随用。

④ 初凝时间不应小于 1.0h，终凝时间不应大于 8.0h，且凝结时间的检验方法应符合现行行业标准《抹灰石膏》(GB/T 28627—2012) 的规定。

⑤ 拉伸粘结强度不应小于 0.40MPa。

⑥ 宜掺加缓凝剂。

⑦ 抗压强度试验方法应符合现行行业标准《抹灰石膏》(GB/T 28627—2012) 的规定。

(2) 抗压强度为 4.0MPa 石膏抹面砂浆配合比的材料用量可按表 8-6 选用。

表 8-6　抗压强度为 4.0MPa 石膏抹面砂浆配合比的材料用量　　单位：kg/m^3

石膏	砂	水
450～650	$1m^3$砂的堆积密度值	260～400

8. 配合比试配、调整与确定

(1) 抹面砂浆试配时，应考虑工程实际需求，搅拌应符合现行行业标准《砌筑砂浆配合比设计规程》(JGJ/T 98) 的规定，试配强度应按标准确定。

(2) 查表选取抹灰砂浆配合比的材料用量后，应先进行试拌，测定拌合物的稠度和分层度（或保水率），当不能满足要求时，应调整材料用量，直到满足要求为止。

(3) 抹面砂浆试配时，至少应采用 3 个不同的配合比，其中一个配合比应为按本规程查表得出的基准配合比，其余两个配合比的水泥用量应按基准配合比分别增加和减少 10%。在保证稠度、分层度（或保水率）满足要求的条件下，可将用水量或石灰膏、粉煤灰等矿物掺合料用量作相应调整。

(4) 抹面砂浆的试配稠度应满足施工要求，并应按现行行业标准《建筑砂浆基本性能试验方法标准》(JGJ/T 70) 分别测定不同配合比砂浆的抗压强度、分层度（或保水率）及拉伸粘结强度。符合要求的且水泥用量最低的配合比，作为抹灰砂浆配合比。

(5) 抹面砂浆的配合比还应按下列步骤进行校证：

①应按下式计算抹面砂浆的理论表观密度值：

$$\rho_t = \Sigma Q_i \tag{8-2}$$

式中　ρ_t——砂浆的理论表观密度值（kg/m^3）；

　　Q_i——每立方米砂浆中各种材料用量（kg）。

② 应按下式计算砂浆配合比校正系数（δ）：

$$\delta = \rho_c / \rho_t \tag{8-3}$$

式中　ρ_c——砂浆的实测表观密度值（kg/m^3）。

③ 当砂浆实测表观密度值与理论表观密度值之差的绝对值不超过理论表观密度值的 2% 时，按规范选定的配合比，可确定为抹灰砂浆的配合比；当超过 2%时，应将配合比中每项材料用量乘以校正系数（δ）后，可确定为抹灰砂浆的配合比。

(6) 预拌砂浆生产前，应按规范的步骤进行试配、调整与确定。

(7) 聚合物水泥抹面砂浆、石膏抹面砂浆试配时的稠度、抗压强度及拉伸粘结强度应符合规范的规定。

8.1.5　普通抹面砂浆的参考配合比

普通抹面砂浆配合比可参考表 8-7。

表 8-7　普通抹面砂浆配合比

材　　料	配合比(体积比)	应用范围
石灰∶砂	(1∶2)～(1∶4)	用于砖石墙表面(檐口、勒脚、女儿墙及潮湿房间的墙除外)
石灰∶粘土∶砂	(1∶1∶4)～(1∶1∶8)	干燥环境墙表面
石灰∶石膏∶砂	(1∶0.4∶2)～(1∶1∶3)	用于不潮湿房间的墙及天花板
石灰∶石膏∶砂	(1∶1∶2)～(1∶2∶4)	用于不潮湿房间的线脚及其他装饰工程
石灰∶水泥∶砂	(1∶0.5∶4.5)～(1∶1∶5)	用于檐口、勒脚、女儿墙及比较潮湿的部位
水泥∶砂	(1∶3)～(1∶2.5)	用于浴室、潮湿车间等墙裙、勒脚或地面基层
水泥∶砂	(1∶2)～(1∶1.5)	用于地面、天棚或墙面面层
水泥∶砂	(1∶0.5)～(1∶1)	用于混凝土地面随时压光
石灰∶石膏∶砂∶锯末	1∶1∶3∶5	用于吸声粉刷
水泥∶白石子	(1∶2)～(1∶1)	用于水磨石(打底用 1∶2.5 水泥砂浆)
水泥：白石子	1∶1.5	用于剁假石[打底用(1∶2)～(1∶2.5)水泥砂浆]
白灰∶麻刀	100∶2.5(质量比)	用于板条天棚底层
石灰膏∶麻刀	100∶1.3(质量比)	用于板条天棚面层(100kg 石灰膏加 3.8kg 纸筋)
纸筋∶白灰浆	灰膏 0.1m³，纸筋 0.36kg	较高级墙板、天棚

抹面砂浆配合比以体积比计算。其材料用量按体积比计算，可用下式表示：

$$Q_s = \frac{S}{(C+S)-SS_p} \quad Q_c = \frac{C\gamma_c}{S}Q_s \quad Q_d = \frac{d}{S}Q_s$$

式中　Q_s——砂子用量，m^3

Q_c——水泥用量，kg；

C——水泥比例数；

S——砂子质量比；

Q_d——石灰膏用量，m^3；

d——石灰膏比例数；

S_p——砂孔隙率，%；

γ_c——水泥容重，kg/m^3。

当砂子用量超过 $1m^3$ 时，因其空隙容积已大于灰浆数量，均按 $1m^3$ 取定。砂子密度按 $2650kg/m^3$，质量为 1550kg，孔隙率为 40%。水泥密度按 $3100kg/m^3$，质量为 1200kg。石灰膏用生石灰量 $600kg/m^3$。粉化灰用生石灰量 $501kg/m^3$。

不同种类抹面砂浆用量如表 8-8～表 8-13 所示。

表 8-8　水泥砂浆

项　　目	1∶1	1∶1.5	1∶2	1∶2.5	1∶3
水泥 32.5 (kg)	765.00	644.00	557.00	490.00	408.00
中砂 (m^3)	0.64	0.81	0.94	1.03	1.03
水 (m^3)	0.30	0.30	0.30	0.30	0.30

表 8-9　每立方米石灰砂浆配合比表

项　　目	1∶2.5	1∶3
石灰膏（m^3）	0.40	0.36
中砂（m^3）	1.03	1.03
水（m^3）	0.60	0.6

表 8-10　每立方米石膏砂浆配合比

项　　目	石膏砂浆 1∶3	素石膏浆
石膏粉（kg）	1586.00	867.00
水泥 32.5（kg）	473.00	
水（m^3）	0.30	0.60

表 8-11　混合砂浆

项　　目	0.5∶1∶3	1∶3∶9	1∶2∶1	1∶0.5∶4	1∶1∶2	1∶1∶6
水泥 32.5（kg）	185.00	130.00	340.00	306.00	382.00	204.00
石灰膏（m^3）	0.31	0.32	0.56	0.13	0.32	0.17
中砂（m^3）	0.94	0∶99	0.29	1.03	0.64	1.03
水（m^3）	0.60	0.60	0.60	0.60	0.60	0.60

表 8-12　混合砂浆

项　目	1∶0.5∶1	1∶0.5∶3	1∶1∶4	1∶0.5∶2	1∶0.2∶2
水泥 32.5（kg）	583.00	371.00	278.00	453.00	510.00
石灰膏（m^3）	0.24	0.15	0.23	0.19	0.08
中砂（m^3）	0.49	0.94	0.94	0.76	0.86
水（m^3）	0.60	0.60	0.60	0.60	0.60

表 8-13　纸筋石灰

项　　目	纸筋石灰浆	麻刀石灰浆	石灰麻刀砂浆 1∶3
石灰膏（m^3）	1.01	1.01	0.34
中砂（m^3）			1.03
纸筋（kg）	48.60		
麻刀（kg）		12.12	16.60
水（m^3）	0.50	0.50	0.60

8.1.6　普通抹面砂浆施工技术规程

（1）一般规定

① 应根据设计、施工及基体的材质等选用相应品种、强度等级的抹面砂浆。

② 抹面砂浆的稠度应根据施工要求或达到 90～100mm。

③ 抹面砂浆抹灰层平均总厚度应符合设计规定。

④ 抹灰时应根据相关标准的要求控制块材的含水率。

⑤ 外墙大面积抹灰时，应设置水平和垂直分格缝。水平分格缝的间距不宜大于 6m，垂直分格缝宜按墙面面积设置，不宜大于 $30m^2$。

（2）基层处理

① 基层应平整、坚固、洁净，是保证砂浆层与基层结合牢固、不空鼓、不开裂的关键，因此施工前一定要对基层进行处理，应将基层表面的尘土、污垢、舌头灰、油渍、墙面的混凝土残渣和脱模剂、养护剂等清理干净。

② 前道工序留下的沟槽、孔洞等应修整完毕，门窗框与墙体之间的缝隙应用砂浆嵌塞密实，当基层平整度超出允许偏差时，宜采用适宜材料补平或剔平。表面平整度应符合施工要求。

③ 对基层裂缝，先用机械切出约 20mm 深、20mm 宽的 V 型槽，然后进行修补找平、密封。

④ 不同材质的基体交接处，应在抹灰前铺设宽度不小于 200mm 的加强网。门窗口、墙阳角处的加强护角应提前抹好。

⑤ 在混凝土、加气混凝土砌块等基层上抹灰时，宜采用与之配套的界面剂和砂浆对基层进行处理。

⑥ 在烧结砖等吸水速度快的基层上抹灰时，宜提前 24h 以上对基层浇水湿润，但表面不得有明水。

⑦ 在蒸压灰砂砖、蒸压粉煤灰砖、混凝土小型空心砌块、混凝土多孔砖等基层上抹灰时，宜采用界面砂浆对基层进行处理，也可提前 24h 以上对基层浇水湿润，但表面不得有明水。

（3）现场备料

① 预拌干混砂浆拌合用水应符合国家标准的饮用水；当采用其他水源时，经检验应符合《混凝土用水标准》（JGJ 63—2006）的规定。

② 推荐加水量 16%～16.5%，一般使其稠度为 90～100mm，具体视现场环境及砌块种类确定适当稠度。

③ 砂浆应采用机械搅拌，拌制砂浆时要搅拌均匀、无生团，成厚糊状；放置 5min，让其充分熟化后稍加搅拌方可使用。

④ 拌制好的砌筑砂浆应在 4h 内用完。

⑤ 调好后的砂浆不许再次加水拌合使用，严禁将硬化后的砂浆重新拌合使用。

⑥ 要做到随拌随用，避免造成材料浪费。

（4）施工程序

① 抹灰工程应在砌体完工 7d 以上并验收合格后方可进行。

② 抹灰工艺：基层处理→浇水湿润→吊垂直、套方、找规矩、抹灰饼→抹水泥踢脚或墙裙→做护角、抹水泥窗台→墙面充筋→抹底灰→修补预留孔洞、电箱槽、盒等→抹罩面灰。

③ 吊垂直、套方、找规矩、抹灰饼：根据基层表面平整垂直情况，用一面墙做基准，吊垂直、套方、找规矩，确定抹灰厚度，普通抹面砂浆每层抹灰厚度以 7～9mm 为宜。

④ 水泥踢脚、护角、窗台及配电槽、盒等处理：可根据一般抹灰工程施工工艺标准对这些部位进行处理；

⑤ 墙面充筋：当灰饼砂浆达到七八成干时，即可充筋，充筋根数根据房间的宽度和高度确定，一般标筋宽度 5cm，两筋间距不大于 1.5m，当墙面高度小于 3.5m 时宜做立筋，大于 3.5m 时宜做横筋，做横筋间距不宜大于 2m。

⑥ 抹灰施工：待充筋硬结后方可开始抹灰。抹灰前应先抹一层薄灰使基体抹灰严实，

此层抹灰应用力压实使砂浆挤入细小缝隙内，接着分层抹灰直至与灰饼或充筋找平，随后用木杠刮找平整，用木抹子搓毛；随后全面检查抹灰是否平整，阴阳角是否方直、整洁，管道后与阴角交接处、墙顶板交接处是否光滑平整、顺直，并用托线板检查墙面垂直与平整情况。

⑦ 当抹面砂浆每遍厚度大于 10mm 时应分遍抹灰，每遍抹灰间隔时间不得小于 24h。每层砂浆应分别压实，无脱层、空鼓。抹罩面灰时应注意表面平整并压实，抹平应在砂浆凝结前完成。抹面砂浆表面应光滑、平整、洁净、接槎平整、颜色均匀，分格缝应清晰。

⑧ 当抹灰总厚度大于等于 35mm 时，应采取加强措施。

⑨ 室内墙面、柱面和门洞口的阳角做法应符合设计要求。设计无要求时，宜采用 M15 及以上强度等级的抹面砂浆，其高度不应低于 2m，每侧宽度不应小于 50mm；或采用专用阳角条做暗护角。

⑩ 抹面砂浆层凝结后应及时保湿养护，养护时间不得少于 3d。

⑪ 抹面砂浆层在凝结前应防止快干、水冲、撞击、振动和受冻。抹面砂浆施工完成后，应采取措施防止玷污和损坏。

⑫ 其他应符合《建筑装饰装修工程质量验收规范》(GB 50210) 的规定。

(5) 注意事项

① 干混砂浆进场后，应按不同种类、强度等级、批号分开存放，先到先用。

② 袋装干混砂浆在施工现场储存应采取防雨、防潮措施，并按不同品种、编号分别堆放，严禁混堆混用。

③ 散装干混砂浆在施工现场储存应采取防雨、防潮措施，筒仓应有明显标记，严禁混存混用。

④ 干混砂浆自生产日起，储存超过说明书规定的有效日期，应经复检合格后才能使用。

⑤ 现场施工完成后应及时进行养护。

⑥ 操作工具使用完毕应清洗干净。

⑦ 预拌干混砂浆露天施工时，环境温度、基层温度以及所使用的材料温度不应低于 5℃。风力大于 5 级及雨天不应施工。

8.1.7 干混抹面砂浆

1. 产品特性

① 灰浆能承受一系列外部作用，例如耐气候影响（指湿气侵袭或者温度波动）、耐化学腐蚀和耐机械作用。

② 使用水泥或者石灰水泥灰浆满足灰浆足够的抗水冲能力，而可以用在浴室和其他潮湿的房间抹灰工程中。

③ 灰浆具有良好的水蒸气渗透性和适合于进行油漆及悬挂沉重的壁纸。

④ 减少施工的抹灰层数，一般单层施涂厚度可为 10～30mm，较要求分层抹压的普通湿拌砂浆更能提高工效。

⑤ 良好的和易性使施工好的完成面光滑平整、均匀，提供后续装饰涂层，如陶瓷砖、油漆和装饰腻子更稳定节约的基面。

⑥ 在施工过程中具有良好的抗流挂性、对抹灰工具的低粘性，易施工性。

⑦ 砂浆的保水性能好，硬化后不产生裂纹。

⑧ 更好的抗裂、抗渗性能，更好的保护墙体。

2. 传统抹面砂浆与干混抹面砂浆的比较

传统抹面砂浆施工困难，容易导致疏松、开裂、渗漏，不能很好地起到保护墙体的作用。传统抹面砂浆和易性差，致使很多施工人员因为难以提浆收光只能撒上水泥粉进行表面粉光，致使砂浆表面开裂。也有用石灰膏粉光表面，因强度不够而空鼓及饰面脱落、泛浆。表 8-14 是传统抹面砂浆与干拌抹面砂浆的综合对比。

表 8-14 传统抹面砂浆与干拌抹面砂浆综合对比

项　目	传统抹面砂浆	干拌抹面砂浆
搅拌	现场人手配混及拌制导致质量不稳定，难于控制使用时间，常有现场加水增加塑性的现象，导致浆体品质降低	工厂预拌，无需现场配混，只需加入适量水分稍作拌合，足够的使用时间，能使用大型的专业搅拌设备，易于保证浆体品质一致
施工	往往需要大量的基面浇水或界面处理，不能进行机械施工，劳动强度大，施工效率低，对施工人员技术依赖性大，容易产生下坠变形并要分多层施工，需要浇水养护	底层无需特别处理，可以机械施工，效率高，浆体本身有较强的初粘力，减少浆体散落，具有良好施工性和抗下坠性能，保水性能优的产品无需浇水养护
质量	高收缩率，经常产生裂缝，结构疏松，容易产生渗漏，与底层粘结力较弱，空鼓率高	减少裂缝，与底层有良好黏结力，不空鼓，较低收缩率，高致密性，抗渗能力好，耐久性高
损耗	粘连力差，施工时材料易散落，保水能力差，容易造成失水、风干，造成浪费	粘连力大，减少施工时浆体散落，损耗极低，保水力大不易造成浪费
材料的储运	要在工地现场储存多种原材料，并需要较大的储存空间，转运灰浆到施工现场需额外流程及工序	统一包装规格或散装到达工地，易于储存和装卸。弹性控制用量，随用随配，材料储存于施工现场附近，易于管理，并于施工点搅拌，无需运送
文明施工	搅拌、储存和施工过程中遗留大量散落的废料，灰尘大，需要大量劳动力清理施工现场残留的干硬浆体	减少清理废料的需要，只需清理包装纸袋，现场干净清洁，并可采用机械无尘施工

3. 参考配合比

（1）产品分类

① 根据抹面砂浆功能分类：一般可将抹面砂浆分为普通抹面砂浆、装饰抹面砂浆、防水抹面砂浆和具有某些特殊功能的抹面砂浆（如绝热、耐酸、防射线砂浆）等。

② 根据抹面砂浆所使用的胶凝材料分类：

a. 使用无机粘结剂的抹面砂浆（水泥、石膏或者熟石灰）。

b. 使用水泥、可再分散粉末或者熟石灰作为粘结的装饰性粉刷砂浆。

c. 水泥基抹灰用于外部涂敷和潮湿房间，而石膏基抹灰专用于内墙。

本节所指的抹面砂浆是指非特殊功能性的砖砌墙体的内外墙抹面砂浆。一般情况下选择抗压强度在 10MPa 或 15MPa 的较为普遍，但也可以根据具体的特殊要求制作低强度与高强度产品。

表 8-15 所列是标准石灰-水泥抹灰和水泥基轻质抹灰的典型配方（质量分数）。

表 8-15　标准石灰-水泥抹灰和水泥基轻质抹灰的典型配方（质量分数）　　单位:%

成　分	石灰-水泥抹灰	水泥基轻质抹灰
普通硅酸盐水泥 32.5R	8～12	18～25
熟石灰	6～8	0～5
0.2～0.8mm 石英砂	80～85	
石灰石砂		60～75
石灰石粉		5～7
发泡聚苯乙烯		1～2
淀粉醚		0.001～0.02
疏水剂	0.15～0.25	0.1～0.2
引气剂	0.015～0.03	0.03～0.05
甲基纤维素醚（黏度为 15000MPa·s）	0.08～0.12	0.1～0.12

（2）配方推荐

典型的加气混凝土砌筑及抹面砂浆推荐配方见表 8-16。

表 8-16　典型的加气混凝土砌筑及抹面砂浆推荐配方

材　料	质量份	材　料	质量份
水泥	250	甲基纤维素醚（MKX 45000 PP）	3
砂	732	可再分散乳胶粉（RE 5010 N）	15

典型的普通外墙抹面砂浆推荐配方见表 8-17。

表 8-17　典型的普通外墙抹面砂浆推荐配方

材　料	质量份	材　料	质量份
砂 0.2～0.7mm	400.0	白水泥	40.0
砂 0.1～0.4mm	250.0	熟石灰	
砂 1～2.8mm	50.0	改性淀粉醚	0.2
1000 目砂粉	80.0	可再分散乳胶粉（R1 5512）	0～60
瓷土	20.0	水	220.0
钛白粉	40.0		

注：采用标准为《蒸压加气混凝土用砌筑砂浆与抹面砂浆》《建筑砂浆基本性能试验方法标准》《水泥胶砂干缩试验方法》。

4. 施工技术要求

（1）表面

处理墙壁表面应先清洁，清除灰尘、油渍及其他污垢。正确处理墙壁表面对获得最佳抹灰效果至关重要。

（2）材料

搅拌加入定量的拌合水，用适当型号的搅拌机混合大约 5min，直至均匀、没有块状物为止。如采用连续搅拌的设备，其混合时间较短，砂浆配方需进行适当调整。

（3）施工

可采用人工施工或机械喷涂。人工作业时，使用木模板配合直边大刮尺（或充筋）进行初步找平，然后再用钢灰匙将表面收光抹平；喷涂时，把已搅拌好的灰料倒入喷浆机的容器内，直接均匀地喷涂到墙面上。喷嘴与墙壁表面应垂直并保持一定距离，同时平稳移动喷枪。喷涂后用直边大刮尺推抹及刮平。待表面略干后，再用钢灰匙将表面收光抹平。如需分层施工，需等前一层硬化后方可进行第二层施工。按照规范或设计，部分墙体需在抹灰前先固定一层钢丝网格，其网格孔径及粗细按要求严格执行，如网格过于细小，则要考虑施工时灰浆是否会脱层，以免日久后发生剥落现象。

（4）养护

材料具有优异的保水性能，在一般情况下依靠自然养护即可，无需浇水养护。只在特别炎热或出现快速干燥的情况下才需浇水养护。

（5）安全

使用灰浆呈碱性，会刺激皮肤。在使用过程中，应避免吸入粉尘和接触皮肤及眼睛，并应戴上合适的防护手套及护眼罩，一旦接触皮肤，应用清水冲洗，若接触到眼睛，应立即用大量清水冲洗，并尽快就医诊治。干拌抹面砂浆产品应无毒并不易燃。

（6）储存

避免阳光直接照射，应放在托板上离地储存，以防雨水浸湿；并最好垫上胶膜，防止地面水汽影响，避免过度叠压，避免产品过早失效或结块。

5. 抹灰干混砂浆应检验和测试下列性能指标

（1）出厂检验：

出厂检验包括初凝时间、抗压强度、密度、稠度和收缩率。

（2）性能测试

① 材料的标准稠度：抹灰干混砂浆按具体的设计标准用水量加水混合后，按规定方法搅拌均匀。以此判断材料的性能，是否达到设计要求。方法原理是抹面砂浆的湿砂浆对标准试杆（或试锥）的沉入具有一定阻力，通过试验湿砂浆的沉入度，确定砂浆的基本性能是否符合出厂要求。

② 砂浆保水性：砂浆混合物能够保持水分的能力称为保水性。保水性也指砂浆中各项组成材料不易分离的性质。

③ 分层度：砂浆的保水性是用分层度表示的。搅拌均匀的砂浆静置 30min 后，上下层砂浆沉入量的差值，称为分层度。

④ 砂浆的流动性：砂浆的流动性又称稠度，是指在自重或外力作用下流动的性能。施工时，砂浆铺设在粗糙不平的砖石表面上，要能很好地铺成均匀密实的砂浆层，抹面砂浆要能很好地抹成均匀薄层，采用喷涂施工需要泵送砂浆，都要求砂浆具有一定的流动性。砂浆的流动性和许多因素有关，胶凝材料的用量、用水量、砂粒粗细、形状、级配，以及砂浆搅拌时间都会影响砂浆的流动性。干混砂浆湿砂浆的流动性可在实验室中，用砂浆稠度仪测定其稠度值（即沉入量）来表示砂浆的流动性。试验方法参阅砂浆试验部分。传统砂浆流动性的选择与砌体材料及施工天气情况有关。对于多孔吸水的砌体材料和干热的天气，则要求砂浆的流动性要大些。相反对于密实不吸水的材料和湿冷的天气，可要求流动性小些。而拥有良好保水性能的干混砂浆的流动性可基本稳定在一个相对标准的稠度范围。

8.2 防 水 砂 浆

砂浆防水一般称其为抹面防水，它是一种刚性防水层。目前砂浆防水常使用的方法为人工抹压方法，机械湿喷法采用的较少。大量的人工抹压方法，主要依靠施工人员的现场操作来实现，抹面的平整度和密实性与操作人员的操作技巧有关。为了提高砂浆抹面防水层的抗渗能力，掺入市售的小分子防水剂可提高水泥砂浆水密性和疏水性，提高同厚度砂浆抹面层的防水性能。水泥砂浆抹面属刚性防水层，它质脆、韧性差，在湿度和温度变化的情况下易产生空鼓开裂现象。为了克服这一缺陷，往往在水泥砂浆中引入了聚合物材料进行改性，改性后的砂浆，一则大大地提高了水密性，二则提高了抗拉、抗折和粘结强度，降低了砂浆的干缩率，增强了抗裂性能。目前商业化的防水砂浆专用胶乳，有氯丁橡胶胶乳、丁苯胶乳、羧基丁苯胶乳、丙烯酸酯胶乳、环氧乳液等。采用商业化专用胶乳对普通硅酸盐水泥进行改性的聚合物水泥砂浆，在地下工程的防渗、防潮，厕浴间的防水，及墙面防水中发挥了特有的作用。但在使用专用胶乳配制防水砂浆中，发现了此类砂浆仍有许多方面不能满足工程的需求，如胶乳的加入降低了水泥早期的强度，此时如养护不好，分格面积不合理，就会产生裂缝及空鼓。在专用胶乳的基础上，目前已有商业化的单组分胶粘剂及粉、液双组分胶粘剂产品，此系列产品除了保证该类砂浆良好的施工性能、抗渗性及粘结性外，还通过对聚合物胶乳和水硬性材料技术水平的提高，解决了该类砂浆早期强度低的问题。采用某些产品配制砂浆，其干缩率可比普通水泥砂浆小 10～15 倍，比日本工业用聚合物水泥砂浆的干缩率还小 2～3 倍。这类产品的面市，解决了地下防水工程大面积防水施工的难题，它在地下工程、涵洞、洞库、隧道背水面的防水工程中起到了至关重要的作用。

8.2.1 水泥防水砂浆的种类

水泥防水砂浆的分类及性能如表 8-18 所示。

表 8-18 水泥防水砂浆的分类及性能

	分类	性能
水泥防水砂浆	掺小分子的水泥防水砂浆	在普通水泥砂浆中掺入小分子防水剂，以提高砂浆的水密性或疏水性，达到提高砂浆抗渗等级的目的
	掺塑化膨胀剂防水砂浆	在普通水泥砂浆中掺入塑化膨胀剂（膨胀剂复合减水剂），减少了砂浆拌合用水量并使其在水化反应的早期及中期产生化学自应力作用，一则可提高砂浆的密实性，同时化学自应力可补偿砂浆因温度和干、湿度变化而引起的收缩，达到防止砂浆空鼓、开裂的作用
	聚合物水泥防水砂浆	① 在普通水泥砂浆中掺入专用胶乳，可提高砂浆的抗渗性和粘结性，提高抗折和抗拉强度，砂浆的早期强度低于普通砂浆 ② 采用特种水泥和改性专用胶乳或粉状聚合物改性水泥两类产品配制砂浆，砂浆除具有上述优点外，早期强度大幅度提高，有的甚至 6h 就可进行下道工序的施工；体积稳定性大大提高，可在 $100m^2$ 大面积施工不设缝，拱形结构可在上百延长米内不设缝

8.2.2 各类防水砂浆、防水剂的化学组成

各类防水砂浆防水剂的化学组成如表 8-19 所示。

表 8-19　各类防水砂浆防水剂的化学组成

防水砂浆种类	防水剂类别	
掺小分子防水剂的砂浆	无机类	氯化钙、无机铝盐
掺塑化膨胀剂的砂浆	有机类	有机硅、脂肪酸
聚合物水泥砂浆	钙钡石膨胀源	硫铝酸盐、木钙萘系减水剂
	橡胶类	氯丁胶乳、羧基丁苯胶乳、丁苯胶乳
	橡塑类	丙烯酸酯乳液、环氧乳液
	胶乳或粉状聚合物改性水硬性材料	丙烯酸酯胶乳+改性水泥 环氧乳液+改性水泥 粉状聚合物+改性水泥

8.2.3　水泥防水砂浆适用范围

水泥防水砂浆适用范围如表 8-20 所示。

表 8-20　水泥防水砂浆适用范围

种　类	特　点	适 用 范 围
小分子防水剂砂浆	1. 提高了水密性和疏水性 2. 价格便宜 3. 与普通水泥砂浆比较，机械力学性能不提高 4. 某些防水剂加入后，砂浆的抗压强度下降，干缩率上升	结构稳定，埋置深度不大，不会因温度、湿度变化，振动等产生有害裂缝的地上及地下防水工程
掺塑化膨胀剂防水砂浆	1. 提高了水密性及抗渗性 2. 对干、冷缩具有补偿收缩作用 3. 可加大分格面积	用途同上，分格面积可比小分子防水剂砂浆加大
专用胶乳改性水泥类聚合物水泥砂浆	1. 提高了水密性、抗折、抗拉强度粘结性 2. 初粘性、施工性能优异 3. 早期强度低	用途同上，还可用于受冲击和有振动的防水工程
专用胶乳加改性水泥面胶粉改性水泥胶粘剂配制的聚合物水泥砂浆	1. 提高了水密性、抗折强度、抗拉强度、粘结性 2. 初粘性、施工性能优异 3. 早期强度高、干缩率小、体积稳定性好	用途同上，还可用于受冲击和有振动的防水工程，可用于大面积的防水抹面工程

8.2.4　施工前的准备工作

1. 材料、施工工具、施工环境

（1）材料

① 水泥：普通硅酸盐水泥，矿渣硅酸盐水泥，火山灰质硅酸盐水泥。水泥强度等级应不低于 32.5MPa，无受潮结块现象，出厂期不超过 3 个月，遇有特殊情况需经过检验，质量合格才可使用。不同品种的水泥不可混用。

② 砂：选用颗粒坚硬、粗糙洁净的粗砂，平均粒径不小于 0.5mm，最大粒径不大于 3mm。砂中不得含有垃圾，草根等有机杂质，含泥量不得大于 1%，硫化物和硫酸盐含量不

得大于1%。

③ 水：一般采用饮用水，如用天然水应符合混凝土用水要求。

（2）施工工具

一般常用的工具有：

清理工具（清理基层用）铁锤、钻子、剁斧、钢丝刷、扫帚、棕刷、胶皮管、水桶等。

抹砂浆工具灰浆搅拌机或拌盘、铁锹、水桶、灰桶、筛子、棕刷、抹刀等。

（3）施工环境

施工操作环境应满足下列要求：

① 气温在5℃以上，40℃以下，风力在四级以下。夏季露天施工还应做好防晒，防雨工作，冬季5℃以下施工要采取取暖和保温措施。

② 当工程在地下水位以下施工时，施工前应将水位降到抹面层以下。地表积水应排除。

③ 旧工程维修防水层，应将渗漏水堵好或堵漏，抹面交叉施工，以保证防水层施工顺利进行。

2. 基层的处理

基层处理十分重要，是保证防水层与基层表面结合牢固，不空鼓和密实不透水的关键。基层处理包括清理、浇水、刷洗、补平等工序，使基层表面保持潮湿、清洁、平整、坚实、粗糙。

（1）混凝土基层的处理

① 新建混凝土工程，拆除模板后，立即用钢丝刷将混凝土表面刷毛，并在抹面前浇水冲刷干净。

② 旧混凝土工程补做防水层时，需用钻子、剁斧、钢丝刷将表面凿毛，清理平整后再冲水，用棕刷刷洗干净。

③ 混凝土基层表面凹凸不平、蜂窝孔洞，应根据不同情况分别进行处理。

超过1cm的棱角及凹凸不平处，应剔成慢坡形，并浇水清洗干净，用素灰和水泥砂浆分层找平（图8-1）。

混凝土表面的蜂窝孔洞，应先将松散不牢的石子除掉，浇水冲洗干净，用素灰和水泥砂浆交替抹到与基层面相平（图8-2）。

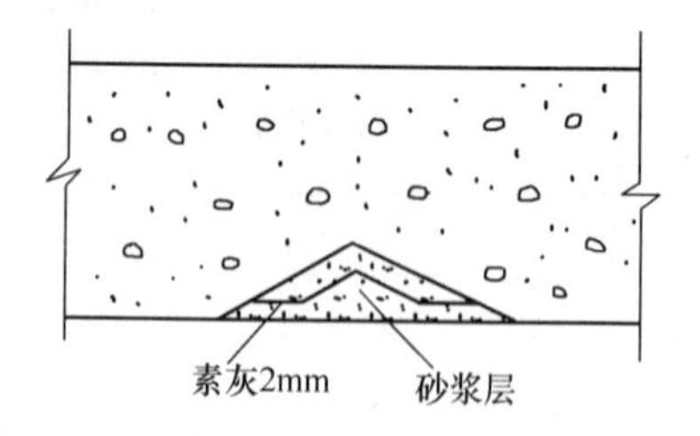

图8-1 混凝土基层凹凸不平的处理

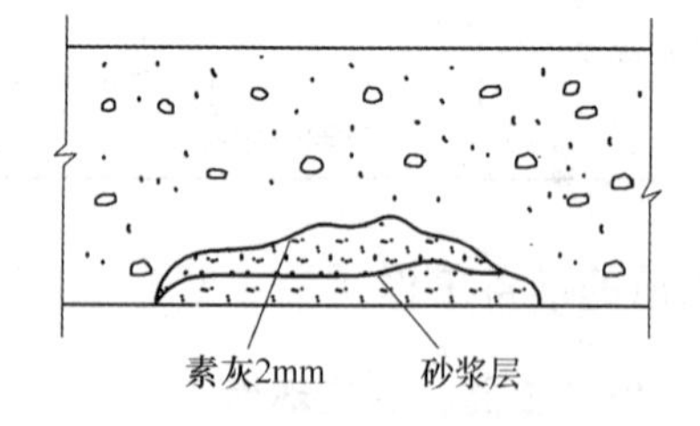

图8-2 混凝土基层蜂窝孔洞的处理

混凝土表面的蜂窝床面不深，石子粘结较牢固，只需用水冲洗干净后，用素灰打底，水泥砂浆压实找平（图8-3）。

④ 混凝土结构的施工缝要沿缝剔成八字形凹槽，用水冲洗后，用素灰打底，水泥砂浆压实抹平。

（2）砖砌体基层的处理

对于新砌体，应将其表面残留的砂浆等污物清除干净，并浇水冲洗。对于旧砌体，要将其表面酥松表皮及砂浆等污物清理干净，至露出坚硬的砖面，并浇水冲洗。

对于石灰砂浆或混合砂浆砌的砖砌体，应将缝剔深 1cm，缝内呈直角（图 8-4）。

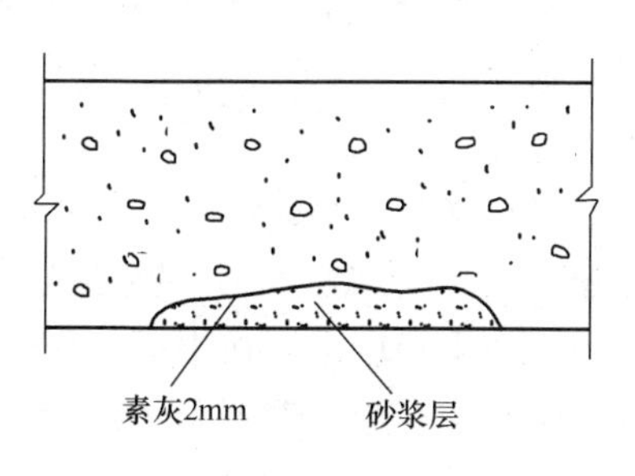

图 8-3　混凝土基层蜂窝麻面的处理

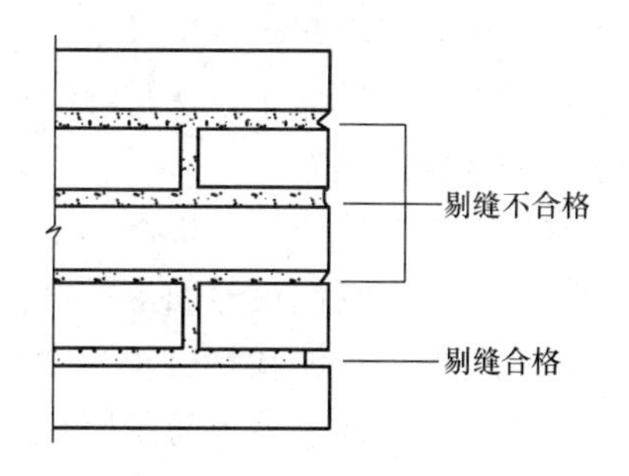

图 8-4　砖砌体的剔缝

（3）毛石和料石砌体基层的处理

这种砌体基层的处理与混凝土和砖砌体基层处理基本相同。对于石灰砂浆或混合砂浆砌体，其灰缝要剔深 1cm，缝内呈直角。对于表面凹凸不平的石砌体，清理完毕后，在基层表面要做找平层。找平层的做法是：先在石砌体表面刷水灰比 0.5 左右的水泥浆一道，厚约 1mm，再抹 1～1.5cm 厚的 1∶2.5 水泥砂浆，并将表面扫成毛面。一次不能找平时，要间隔两天分次找平。

基层处理后必须浇水湿润，这是保证防水层和基层结合牢固，不空鼓的重要条件。浇水要按次序反复浇透。砖砌体要浇到砌体表面基本饱和，抹上灰浆后没有吸水现象为合格。

3. 砂浆的拌制

砂浆的拌制可采用机械搅拌或用人工搅拌，拌合时要严格按照配合比加料，拌合料要均匀一致。

拌合好的砂浆不宜存放过久，防止离析与初凝，初凝后的砂浆不得加水再度使用。

4. 砂浆抹面施工操作要点

（1）混凝土顶板与墙面防水层操作

素灰层：厚 2mm。先抹一道 1mm 厚素灰，用铁抹子往返用力刮抹，使素灰填实基层表面的孔隙。随即在已刮抹过素灰的基层表面再抹一道厚 1mm 的素灰找平层，抹完后，用湿毛刷在素灰层表面按顺序涂刷一遍。

第一层：水泥砂浆层，厚 6～8mm。在素灰层初凝时抹水泥砂浆层，要防止素灰层过软或过硬，过软会将素灰层破坏；过硬则粘结不良，要使水泥砂浆薄薄压入素灰层厚度的 1/4 左右（图 8-5）。抹完后，在水泥砂浆初凝时用扫帚按顺序向一个方向扫出横向条纹。

第二层：水泥砂浆层，厚 6～8mm。按照第一层的操作方法将水泥砂浆抹在第一层上，抹后在水泥砂浆凝固前水分蒸发过程中，分次用铁抹子压实，一般以抹压 2～3 次为宜，最后再压光。

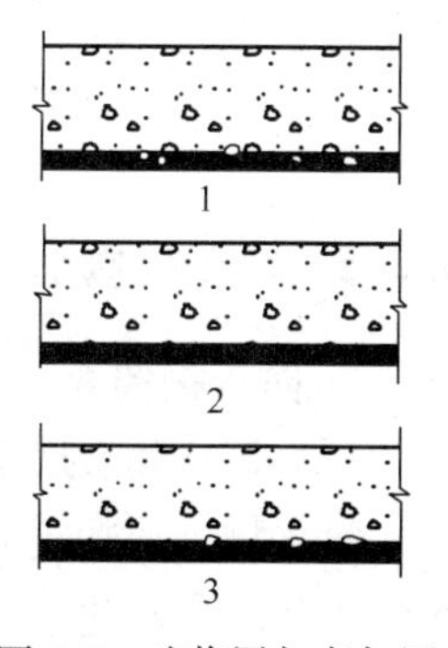

图 8-5　砂浆层与素灰层衔接示意

1—素灰层太软；砂粒穿透素灰层；2—素灰层太硬，水泥砂浆层与素灰层衔接不良；3—素灰层软硬适宜，素灰层与水泥砂浆层之间有 0.5mm 的衔接层

（2）砖墙面和拱顶防水层的操作

第一层是刷水泥浆一道，厚度约为 1mm，用毛刷往返涂刷均匀，涂刷后，可抹第二、三、四层等，其操作方法与混凝土基层防水相同。

（3）石墙面和拱顶防水层的操作

待找平层（为一层素灰，一层砂浆）水泥砂浆充分硬化后，再在其表面适当浇水湿润，即可进行防水层施工，其操作方法与混凝土基层防水相同。

（4）地面防水层的操作

地面防水层操作与墙面、顶板操作不同的地方是，素灰层（一、三层）不采用刮抹的方法，而是把拌合好的素灰倒在地面上，用棕刷往返用力涂刷均匀，第二层和第四层是在素灰层初凝前后把拌合好的水泥砂浆层按厚度要求均匀铺在素灰层上，按墙面、顶板操作要求抹压，各层厚度也均与墙面、顶板防水层相同。地面防水层在施工时要防止践踏，应由里向外顺序进行（图 8-6）。

（5）特殊部位的施工

① 结构阴阳角处的防水层，均需抹成圆角，阴角直径 5cm，阳角直径 1cm。

② 防水层的施工缝需留斜坡阶梯形槎，槎子的搭接要依照层次操作顺序层层搭接。留槎的位置一般留在地面上，亦可留在墙面上，所留的槎子均需离阴阳角 20cm 以上（图 8-7）。

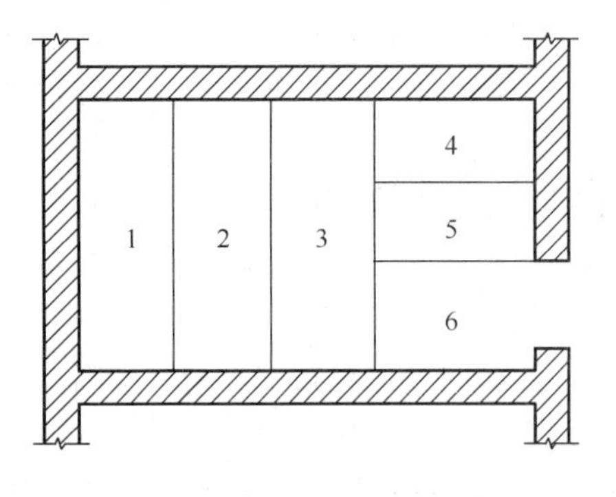

图 8-6　地面施工顺序

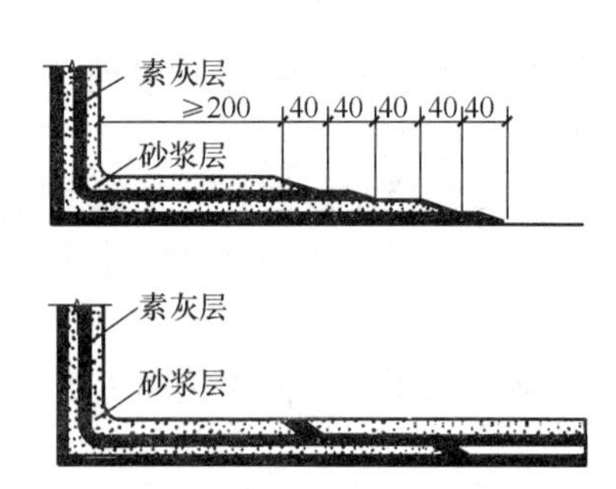

图 8-7　防水层接槎处理

8.2.5　掺无机质小分子防水剂防水砂浆的施工

1. 防水剂简介

（1）氯化物金属盐类防水剂（又称防水浆）

氯化物金属盐类防水剂是用氯化钙、氯化铝，水配制而成的液体，呈淡黄色。把它掺入水泥砂浆后，经化学反应生成含水氯硅酸钙，氯铝酸钙等化合物，将水泥砂浆中的空隙填充，切断毛细孔通路，提高水泥砂浆的抗渗能力。市场有成品销售。

若自制氯化物金属盐类防水剂，可参照表 8-21 配合比配制。

表 8-21　氯化物金属盐类防水剂配合比

材料名称	重量配合比（%）	备　注
氯化铝	4	固体，工业用
氯化钙	46	$CaCl_2$含量不小于 70%的工业品
水	50	自来水或饮用水

配制方法：

① 按配合比将所用材料分别称量好。

② 将固体氯化钙破成粒径约3cm的碎块。

③ 将固体氯化钙碎块加入水中，用木棒不断搅拌，直至氯化钙全部溶解（在此过程中液体不断升温）。

④ 待液体温度下降至50～52℃时，加入氯化铝继续搅拌至全部溶解，即成防水剂。

（2）无机铝盐防水剂

无机铝盐防水剂是用无机铝和碳酸钙为主料，与多种无机化学原料化合反应而成的淡黄色或褐黄色油状液体。掺入水泥砂浆后，可同水泥水化产物硅酸三钙、水化铝酸三钙、铁酸三钙等发生化学反应生成难溶于水的胶体，以及具有一定膨胀性的复盐——水化氯铝酸钙，水化氯铁酸钙，水化氯硅酸钙等晶体物质，这些胶体和晶体物质能够填充水泥水化过程中形成的毛细孔道和裂隙，从而增加水泥砂浆的密实度，有效地提高了防水层的抗渗性。

无机铝盐类防水剂市售成品较多，可根据其技术性能及工程特点选用。

2. 防水净浆、砂浆的配合比

① 掺氯化物防水剂净浆，砂浆的配合比如表8-22所示。

表8-22 氯化钙类防水剂配合比（重量比）

材料名称	水泥	砂	水	防水剂
防水净浆	8	—	6	1
防水砂浆	8	3	6	1

② 掺无机铝盐防水剂净浆，砂浆配合比如表8-23所示。

表8-23 无机铝盐防水剂配合比

材料名称	水泥	砂	水	无机铝盐防水剂	备注
防水净浆	1	—	2～2.5	0.03～0.05	重量比
防水砂浆（底层）	1	2.5～3.5	0.4～0.5	0.05～0.08	重量比
防水砂浆（面层）	1	2.5～3.0	0.4～0.5	0.05～0.10	重量比

8.2.6 掺有机硅防水剂砂浆的施工

1. 防水剂简介

有机硅水泥砂浆是以水泥、砂子、有机硅防水剂按一定比例混合拌制而成。

（1）防水机理

有机硅防水剂主要成分为甲基硅醇钠（钾）、高沸硅醇钠（钾），是一种小分子水溶性聚合物，易被弱酸分解，其在空气中所含二氧化碳，在水的作用下，生成甲基硅醇。它一方面进一步反应缩合成网状有机硅树脂膜（具有憎水性）；另一方面与硅酸盐建筑材料表面所含硅醇基反应脱水交联，使其表面键合上烃基，从而使其结构完全同于有机硅树脂，表面张力降低，水的接触角增大为105°左右，形成憎水层，因之不难看出这种化学反应的生成物不仅填塞了水泥砂浆内部毛细孔道，而且憎水层呈现“反毛细管效应”，从而有效地增加了水泥砂浆的密实度，提高了抗渗性。

(2) 有机硅防水剂技术性能

有机硅防水剂技术性能如表 8-24 所示。

表 8-24 有机硅防水剂主要技术指标

序号	项　　目	甲基硅醇钠	高沸硅醇钠
1	外观	淡黄色液体	淡黄色至无色透明液体
2	固含量（%）	34 左右	31～35
3	pH 值	13	14
4	相对密度（25℃）	1.25	1.25～1.26
5	硅含量（%）	3～5	1～3
6	氯化钠含量（%）	≤2	2
7	黏度（25℃）(s)	10～25	
8	总碱量（%）	≤8	<20

2. 防水净浆、砂浆的配合比

① 硅水的配合比如表 8-25 和表 8-26 所示。

表 8-25 碱性硅水配合比

重量比		体积比		用　　途
有机硅防水剂	水	有机硅防水剂	水	
1	7～9	1	9～11	配制防水砂浆，抹防水层

表 8-26 中性硅水配合比表

重量比			用　　途
有机硅防水剂	水	硫酸铝或硝酸铝	
1	5～6	0.4～0.5	配制防水砂浆、抹防水层

② 净浆及砂浆的配合比如表 8-27 所示。

表 8-27 净浆及砂浆的配合比

名　　称	硅水配合比	砂浆配合比
	有机硅防水剂∶水	水泥∶砂∶硅水
结合层水泥素浆	1∶7	1∶0∶0.6
底层防水砂浆	1∶8	1∶2∶0.5
面层防水砂浆	1∶9	1∶2.5∶0.5

3. 施工

(1) 基层处理按要求进行

(2) 施工工艺

① 在处理好的基面上喷硅水。喷碱性硅水 1～2 遍，并在潮湿状态下进行下一道工序。

② 抹结合层。在喷刷硅水后的基层上抹 2～3mm 厚的水泥素浆，边抹边压，使其与基层紧密结合。待素浆层达初凝时，再进行砂浆层的铺设。

③ 抹防水砂浆。砂浆层按底层、面层分两次施工。施工前先将阴阳角做好，然后开始铺抹底层砂浆，厚度约为0.5～0.6cm，边铺边抹压密实。底层砂浆初凝时，应用木抹子搓成麻面，然后再施工面层，面层厚约1.5cm，施工方法同底层，只是初凝时压实抹光。

④ 养护。防水层完工后，应及时予以湿润养护，并注意做好前14d的湿润养护，以避免过早出现干缩裂缝。

⑤ 注意事项：

a. 所用材料进场后应进行复检，各项性能指标合格后方可使用。

b. 基层过于潮湿或露天作业遇雨时，均不得施工。当基层喷刷硅水后受到雨淋，应对其防水效果进行检查，方法是看滴水是否被吸收，若被吸收则无防水效果，可重新喷刷硅水。一般情况是硅水喷刷24h以后，即不会被水冲掉。

c. 防水层施工时若留槎，应留置阶梯坡形槎。

d. 配制砂浆时应严格控制水灰比，以保证砂浆质量及施工和易性。

e. 有机硅防水剂耐高、低温性能好，可以进行冬期施工。如若防水剂冻结，则融化后仍可使用，不影响其效果。

f. 当水泥砂浆掺中性硅水，切不可将中性硅水同108胶先行混合，而应将稀释后的108胶与水泥砂浆先行搅拌，然后再加入中性硅水继续搅拌，配制成中性防水砂浆。

g. 有机硅防水剂应于密闭塑料容器内储存。若长期暴露存放，会形成沉淀而失效。

h. 有机硅防水剂呈强碱性，使用时应勿使接触皮肤，并特别注意保护眼睛。

8.2.7 掺塑化膨胀剂砂浆的施工

1. 掺塑化膨胀剂砂浆简介

塑化膨胀剂的性能详如表8-28所示。

表8-28 塑化膨胀剂的性能

品种	化学组成	膨胀源	固相体积膨胀率
硫铝酸钙型	SiO_2 23%～25% Al_2O_3 8%～10% Fe_2O_3 1%～1.5% CaO 27%～30% MgO 1%～1.5% SO_3 20%～25% Na_2O 0.5%～1.0% 减水剂	水化硫铝酸钙（钙矾石）	1.22～1.75倍

掺塑化膨胀剂防水砂浆的性能如表8-29所示。

表8-29 掺塑化膨胀剂防水砂浆的性能

试验项目	单位	质量指标	
		质量要求	达到指标
抗压强度	MPa	3d>20	25
		7d>45	50
		28d>45	50

续表

试验项目	单　位	质量指标	
		质量要求	达到指标
膨缩率	%	3d>0.004	0.005
		7d>0.007	0.008
		28d<−0.020	−0.020
透水压比	%	>300	>400
吸水量（48h）	%	>65	50

2. 净浆及砂浆的配合比

净浆及砂浆的配合比如表 8-30 所示。

表 8-30　净浆及砂浆的配合比（重量比）

类别	配合比				抗渗等级
	水泥	塑化膨胀剂掺量	砂	水	
净浆	1.5	—	—	1	—
砂浆	1	8%～10%	2.5	0.45	>P8

3. 施工

(1) 基层处理按要求进行

(2) 施工操作按要求进行

(3) 养护

① 此类砂浆必须注意早期需充分的水进行养护。

② 水养护时间不得少于 14d。

8.2.8　聚合物水泥防水砂浆的施工

1. 聚合物水泥硬化体的微观结构与力学性能

聚合物水泥砂浆弥补了普通水泥砂浆“刚性有余，韧性不足”的缺陷，使刚性抹面技术对防水工程的适应能力得以提高，同时也扩大了刚性抹面技术的适用范围。

聚合物水泥砂浆中的胶结材料与上述的小分子防水剂不同，聚合物水泥中聚合物和水泥同时承担胶结材料的功能。它是一种有机高分子材料与无机水硬性材料的有机复合，复合材料的力学性能是其微观结构的宏观显现，一般聚合物水泥的微观结构状态以以下三类为主，如图 8-8 所示。

Ⅰ型海岛式结构形态主要表现的是聚合物改性水泥材料的特性，防水砂浆便是这类结构形态产品的典型代表。此种结构形态中，连接相的“海”为无机相，分散的“岛”为有机相，“海”包围着“岛”，“岛”中又是海和岛的相互包容。在此种结构形态中，无机相建立了无机凝胶结晶的骨架结构，聚合物填充在骨架结构的空隙中，与无机相相互包容，因此复合材料便从原来的脆性材料变成了刚中带韧的材料。复合材料除了防水抗渗性能大幅度上升外，抗压强度有所下降，而抗拉、抗折和粘结强度提高。

Ⅱ型海岛式结构形态主要表现的是以水泥为填料，以聚合物为成膜物的柔性材料的特性，不属于聚合物改性水泥的范畴。此种结构形态中，连续相的“海”为聚合物相，分散的“岛”为无机相，这种结构形态下的聚合物水泥主要体现的是软韧性材料的特性，有一定的抗张拉延伸。

两相连续结构为Ⅰ型海岛结构形态向Ⅱ型海岛结构形态转变的过渡期。

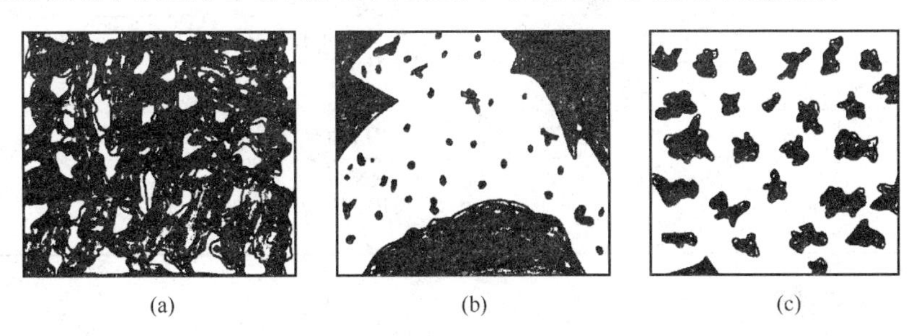

图 8-8 聚合物水泥的微观结构

(a) Ⅰ型海岛式；(b) 两相连续；(c) Ⅱ型海岛式

注：黑暗部分为无机相，亮部分为聚合物相。

2. 不同类型产品的技术性能

目前用于改性水泥的专用胶乳产品有：氯丁胶乳、丁苯胶乳、羧基丁苯胶乳、丙烯酸酯乳液、环氧乳液等。

采用专用胶乳配制的聚合物水泥防水砂浆主要技术指标如表 8-31 所示。

表 8-31 聚合物水泥防水砂浆技术指标

项 目	技术指标	
凝结时间	初凝	≥45min
	终凝	≤10h
抗压强度	20～40MPa	
抗折强度	5～6MPa	
粘结强度	1.0～2.0MPa	
干缩率	＜0.15%	
抗渗等级	＞P8	
抗冻等级	＞F50	

采用粉、乳液两组分胶结剂或单组分胶结剂配制聚合物水泥防水砂浆技术性能如表8-32所示。

表 8-32 聚合物水泥防水砂浆技术性能

项 目	技术指标		备 注
凝结时间	初凝	＞45min	1∶2.5 水灰比
	终凝	＜2h	
抗压强度	4h	＞10MPa	
	1d	＞20MPa	
	7d	＞35MPa	

续表

项　目	技术指标		备　注
抗折强度	4h	>2.5MPa	
	1d	>4.5MPa	
	7d	>7.0MPa	
抗渗强度	1d	>P8	
	28d	>P15 劈检渗透高度 1mm	
	28d 成型后 7d 水浸泡	>P15 劈检渗透高度 1mm	

3. 特性及应用范围

聚合物水泥砂浆，不仅具有优良的机械力学性能，还具有优良的抗裂性和抗渗性，因而适用于地下和地上建（构）筑物的防水工程；它可以在潮湿的基面上直接施工，特别适用于渗漏地下工程从背水面施做防水层；适用于人防、涵洞、地下沟道、地铁、水下隧道的防水工程。

4. 合成纤维聚合物水泥防水砂浆

（1）合成纤维聚合物水泥简介

在上述的聚合物水泥体系中引入集束状的合成纤维，例如聚丙烯、尼龙 6 纤维等，使其在聚合物水泥硬化体中三维无规分布，可使砂浆抗裂性进一步提高，纤维聚合物水泥防水砂浆的抗裂性比一般普通砂浆大 1 倍，其抗裂能变化情况如表 8-33 所示。

表 8-33　抗裂性

名称	抗裂能	备注
普通水泥砂浆	2.49kJ/m^2	1∶2.5 灰砂比
纤维聚合物水泥砂浆	3.07kJ/m^2	

（2）合成纤维的技术性能（表 8-34）

表 8-34　聚丙烯纤维技术指标

项目	技术指标
密度	0.91
断裂强度（MPa）	6.03×10^2
断裂伸长率 CV（%）	15.10
模量（MPa）	4.64×10^3

（3）合成纤维聚合物水泥防水砂浆的配合比

① 纤维的掺加量：纤维的长度以 0.9～1.9cm 为宜，每立方米砂浆中可掺入 0.9～1.2kg 的纤维。

② 聚合物水泥砂浆配合比：如购买专用胶乳，要严格按生产厂家提供的配方配料。

如购买单组分粉剂产品和粉、液两组分的产品，要严格按生产厂家提供的配方配料。

（4）合成纤维聚合物水泥防水砂浆的施工

① 基层处理。

② 施工操作，纤维聚合物水泥砂浆在施工中不能来回抹压，以免将砂浆带空鼓，并且第一遍砂浆搓毛的时间一定要找准。

③ 养护：纤维聚合物水泥砂浆，应采取干湿交替养护办法，一般为7d湿养护21d干养护，31d湿养护25d干养护，1d湿养护27d干养护等，或按生产厂家提供的养护方法养护。

8.2.9　钢纤维聚合物水泥防水砂浆

1. 钢纤维的技术性能（表8-35）

表8-35　钢纤维的技术性能

项目	技术指标
长度	3.5cm
宽度	0.5mm
形状	两边带钩形、波浪形、直形
模量	2.1×10^5MPa

2. 钢纤维聚合物水泥砂浆

在上述聚合物水泥防水砂浆体系中引入短的钢纤维，因为钢纤维的弹性模量比水泥大很多，三维无规分布的钢纤维可以将硬化体中的应力分散掉，大大提高砂浆的抗裂能力，一般情况下，钢纤维聚合物水泥砂浆的抗裂性比普通水泥砂浆大10～20倍。因此钢纤维聚合物水泥砂浆体系可施做大面积的抹面工程。

3. 钢纤维聚合物水泥防水砂浆配合比

如购买专用胶乳，应严格按生产厂家提供的配合比配料。

如购买单组分粉剂或粉、液两组分的产品，应严格按生产厂家提供的配方配料。

钢纤维的掺量一般为水硬性材料用量的10%～12%。

4. 钢纤维聚合物水泥防水砂浆的施工

① 基层处理按要求进行。

② 施工操作按要求进行，钢纤维聚合物水泥砂浆的施工还应注意以下几点：

a. 一般钢纤维防水层的厚度为1cm为宜，一道成活。

b. 钢纤维防水层上面必须要做合成纤维的聚合物水泥防水砂浆保护层，避免钢纤维砂浆层暴露在空气中，遭受湿空气而锈蚀。

③ 养护：干、湿交替养护方法可按合成纤维聚合物水泥防水砂浆中养护条款进行。

8.3　装饰抹面砂浆

8.3.1　装饰抹面砂浆的组成材料

（1）水泥

装饰抹面砂浆一般采用白色硅酸盐水泥，水泥强度等级不宜高于32.5级。根据实际工程需要，加入耐碱的颜料，便可制成彩色硅酸盐水泥。

（2）石英砂

可分为天然石英砂、人造石英砂和机制石英砂三种。人造石英砂和机制石英砂较天然石英砂纯净、二氧化硅含量高。

（3）色石渣

色石渣又称米粒石、色米石，有多种颜色，主要用于配制装饰抹面砂浆。汉白玉、东北绿、东北红、湖北黄、墨玉等可用于水磨石，松香石、白石子、羊肝石等可用于斩假石、水刷石。装饰抹灰用的集料（石粒、砾石等），应耐光、坚硬，使用前必须冲洗干净。干粘石用的石粒应干燥。掺入装饰砂浆的颜料，应用耐碱、耐光的颜料。

8.3.2 装饰抹面砂浆的配合比

（1）装饰抹面砂浆配合比可参考表 8-36

表 8-36 装饰抹面砂浆配合比

项 目	分层做法		厚度（mm）
水刷石	水泥砂浆 1∶3 底层 水泥白石子浆 1∶1.5 面层		15 10
斩假石	水泥砂浆 1∶3 底层 水泥石屑浆 1∶2 面层		16
水磨石	水泥砂浆 1∶3 底层 水泥白石子浆 1∶2.5 面层		16 22
干粘石	水泥砂浆 1∶3 底层 水泥砂浆 1∶2 面层		15 7
石灰拉毛	水泥砂浆 1∶3 底层 纸筋灰浆面层		14 6
水泥拉毛	混合砂浆 1∶3∶9 底层 混合砂浆 1∶1∶2 面层		14 6
喷涂	混凝土外墙	水泥砂浆 1∶3 底层 混合砂浆 1∶1∶2 面层	1 4
	砖外墙	水泥砂浆 1∶3 底层 混合砂浆 1∶1∶2 面层	15 4
辊涂	混凝土墙	水泥砂浆 1∶3 底层 混合砂浆 1∶1∶2 面层	1 4
	砖墙	水泥砂浆 1∶3 底层 混合砂浆 1∶1∶2 面层	15 4

（2）各装饰抹面砂浆的用量可参考表 8-37～表 8-40

表 8-37 水泥白石子浆

项 目	1∶1.5	1∶2	1∶2.5	1∶3
水泥 32.5（kg）	945.00	709.00	567.00	473.00
白石子（kg）	1189.00	1376.00	1519.00	1600.00
水（m^3）	0.30	0.30	0.30	0.30

表 8-38　白水泥白石子浆

项　　目	1∶1.5	1∶2	1∶2.5	1∶3
白水泥 32.5（kg）	945.00	709.00	567.00	473.00
白石子（kg）	1189.00	1376.00	1519.00	1600.00
水（m^3）	0.30	0.30	0.30	0.30

表 8-39　白水泥色石子浆

项　　目	1∶1.5	1∶2	1∶2.5	1∶3
水泥 32.5（kg）	945.00	709.00	567.00	473.00
色石子（kg）	1189.00	1376.00	1519.00	1600.00
水（m^3）	0.30	0.30	0.30	0.30

表 8-40　其　　他

项　　目	水泥豆石浆 1∶1.25	素水泥浆	白水泥浆
白水泥（kg）			1532.00
水泥 32.5（kg）	1135.00	1517.00	
小豆石（m^3）	0.69		
水（m^3）	0.30	0.52	0.52

8.3.3　装饰砂浆的施工技术要求

装饰抹灰主要有水刷石、水磨石、斩假石、干粘石、假面砖、拉条灰、拉毛灰、洒毛灰、喷砂、喷涂、辊涂、弹涂、仿石和彩色抹灰等。装饰抹灰面层的厚度、颜色、图案应符合设计要求。这些工艺施工过程中均分层操作，底层和中层操作方法大致相同，而面层的操作方法各不相同。装饰抹灰不仅可以加强墙体的耐久性，而且可以丰富墙体的颜色与质感、线条美观，具有很好的装饰性。

装饰抹灰面层应做在已硬化、粗糙而平整的中层砂浆面上，涂抹前应洒水润湿。装饰抹灰面层有分格要求时，分格条应宽窄厚薄一致，粘贴在中层砂浆面上应横平竖直，交接严密，完工后应适时全部取出。装饰抹灰面层的施工缝，应留在分格缝、墙面阴角、水落管背后或独立装饰组成部分的边缘处。装配式混凝土外墙板，其外墙面和接缝不平处以及缺棱掉角处，用水泥砂浆或聚合物水泥砂浆修补后，可直接进行喷涂、辊涂、弹涂。

水刷石、水磨石、斩假石面层涂抹前，应在已浇水润湿的中层砂浆面上刮水泥浆（水灰比为 0.37～0.40）一遍，以使面层与中层结合牢固。水刷石面层必须分遍拍平压实，石子应分布均匀、紧密。凝结前应用清水自上而下洗刷，并采取措施防止玷污墙面。

（1）水磨石面层的施工

应符合下列规定：

① 水磨石分格嵌条应在基层上镶嵌牢固，横平竖直，圆弧均匀，角度准确。

② 白色和浅色的美术水磨石面层，应采用白水泥。

③ 面层宜分遍磨光，开磨前应经试磨，以石子不松动为准。

④ 表面应用草酸清洗干净，晾干后方可打蜡。

(2) 斩假石面层的施工

应符合下列规定：

① 斩假石面层应擀平压实，斩剁前应经试剁，以石子不脱落为准。

② 在墙角、柱子等边棱处，宜横剁出边条或留出窄小边条不剁。

(3) 干粘石面层的施工

应符合下列规定：

① 中层砂浆表面应先用水润湿，并刷水泥浆（水灰比为0.40～0.50）一遍，随即涂抹水泥砂浆或聚合物水泥砂浆粘结层。

② 石粒粒径为4～6mm。

③ 水泥砂浆或聚合物水泥砂浆粘结层的厚度一般为4～6mm，砂浆稠度不应大于80mm，将石料粘在粘结层上，随即用辊子或抹子压平压实。石粒嵌入砂浆的深度不得小于粒径的1/2。

④ 水泥砂浆或聚合物水泥砂浆粘结层在硬化期间，应保持湿润。

⑤ 房屋底层不宜采用干粘石。

(4) 假面砖、喷涂、辊涂、弹涂和彩色抹灰

假面砖、喷涂、辊涂、弹涂和彩色抹灰所用的彩色砂浆，应先统一配料，干拌均匀过筛后，方可加水搅拌。外墙假面砖的面层砂浆涂抹后，先按面砖尺寸分格划线，再划沟、划纹。沟纹间距、深浅应一致，接缝平直。

(5) 室内拉条灰面层的施工

应符合下列规定：

① 按墙面尺寸确定拉模宽度，弹线划分竖格，粘贴拉模导轨应垂直平行，轨面平整。

② 拉条灰面层，应用水泥混合砂浆（掺细纸筋）涂抹，表面用细纸筋石灰揉光。

③ 拉条灰面层应按竖格连续作业，一次抹完，上下端灰口应齐平。

④ 涂抹拉毛灰和洒毛灰面层，宜自上而下进行，涂抹的波纹应大小均匀，颜色一致，接槎平整，喷砂抹灰的表面应用聚合物水泥砂浆涂抹，其配合比应由试验确定。

(6) 外墙面喷涂、辊涂、弹涂面层的施工

应符合下列规定：

① 中层砂浆表面的裂缝和麻坑，应处理并清扫干净。

② 门墙和不做喷涂、弹涂的部位，应采取措施，防止玷污。

③ 喷涂、弹涂应分遍成活，每遍不宜太厚，不得流坠，面层厚度，喷涂为3～4mm，弹涂为2～3mm，辊涂厚度按花纹大小确定，并一次成活。

④ 每个间隔分块必须连续作业，不显接槎。仿石和彩色抹灰的面层，接搓应平整，仿石表面涂饰的纹理应均匀。

(7) 装饰抹灰面层的外观质量

应符合下列规定：

① 水刷石石粒清晰，分布均匀，紧密平整，色泽一致，不得有掉粒和接槎痕迹。

② 水磨石表面应平整、光滑，石子显露均匀，不得有砂眼、磨纹和漏磨处，分格条应位置准确，全部露出。

③ 斩假石剁纹均匀顺直，深浅一致，不得有漏剁处，阳角处横剁和留出不剁的边条，应宽窄一致，棱角不得有损坏。

④ 干粘石石粒粘结牢固，分布均匀，颜色一致，不露浆，不漏粘，阳角处不得有明显黑边。

⑤ 假面砖表面应平整，沟纹清晰，留缝整齐，色泽均匀，不得有掉角、脱皮、起砂等缺陷。

⑥ 拉条灰拉条清晰顺直，深浅一致，表面光滑洁净，上下端头齐平。

⑦ 拉毛灰、洒毛灰花纹、斑点分布均布，不显接槎。

⑧ 喷砂表面应平整，砂粒粘结牢固、均匀、密实。

⑨ 喷涂、辊涂、弹涂 颜色一致，花纹大小均匀，不显接槎。

⑩ 仿石、彩色抹灰表面应密实，线条清晰，仿石的纹理应顺直，彩色抹面的颜色应一致。

⑪ 干粘石、拉毛灰、洒毛灰、喷砂、辊涂和弹涂等，在涂抹面层前，应检查其中层砂浆表面的平整度。

8.4 纤维防裂砂浆

8.4.1 纤维在砂浆中的作用

在砂浆中加入纤维主要起到下面几个方面的作用

① 阻裂：阻止砂浆基体原有缺陷裂缝的扩展，并有效阻止和延缓新裂缝的出现。

② 防渗：提高砂浆基体的密实性，阻止外界水分侵入，提高耐水性和抗渗性。

③ 耐久：改善砂浆基体的抗冻、抗疲劳性能，提高了耐久性。

④ 抗冲击：改善砂浆基体的刚性，增加韧性，减少脆性，提高砂浆基体的变形力和抗冲击性。

⑤ 抗拉：并非所有的纤维都可以提高抗拉强度，只有在使用高强高模纤维的前提下才可以起到提高砂浆基体的抗拉强度的作用。

⑥ 美观：改善水泥砂浆的表面性态，使其更加致密细腻、平整、美观、耐老化。

8.4.2 纤维砂浆的技术要求

摘录一些有关的企业标准供参考（表 8-41 和表 8-42）。

表 8-41 聚苯乙烯保温板用（内保温体系）抗裂砂浆主要技术指标

项 目	指标	项 目	指标
容重（kg/m^3）	≤1500	安定性	合格
抗压强度（MPa）	10	拉伸粘结强度（MPa）	≥0.6
初凝时间（h）	≥3	干燥收缩值（mm/m）	0.4
终凝时间（h）	≤12	外表面砂浆软化系数（MPa）	≥0.95

表 8-42　外墙外保温体系用聚合物抹面砂浆技术指标

项　目		指　标
拉伸黏结强度（与 18kg/m^3 聚苯板）(MPa)	常温常态	≥0.10 或聚苯板破坏
	耐水	
	耐冻融	
抗裂性		厚度 5mm 以下无裂纹
柔韧性	抗压强度、抗折强度（水泥基）	≤3.0
	开裂应变（无水泥基）(%)	≥1.5
可操作时间（h）		≥2

8.4.3　常用纤维的砂浆配合比设计与施工要点

（1）聚丙烯纤维（PP 纤维）砂浆

① 聚丙烯纤维（PP 纤维）特点：

单丝聚丙烯纤维已在我国广泛应用。此种纤维在北美、澳洲以及亚洲也均得到广泛应用。它是由加有抗老化剂的聚丙烯树脂经热熔、拉丝、表面涂敷与短切等工序制成的，其主要特点是：相对密度小（0.91），抗拉强度高（≥270MPa），弹性模量低（3.8GPa）；抗老化性好；耐化学侵蚀（抗碱与抗酸性均好）；浸泡在水中可分散成为单丝，不结团；与水泥浆粘结性好；保水率低（<0.1%）。

聚丙烯纤维的外观为切成一定长度的白色纤维束，每一束有几百根单丝纤维，每根单丝纤维具有很规矩的圆形截面，通常其纤维直径为 33μm 或 48μm。目前在国内可提供的产品有三种长度规格，长度为 4.8mm 与 9.5mm 的纤维主要用于水泥砂浆。

② 聚丙烯纤维砂浆配合比设计：

纤维砂浆的配合比可保持砂浆原配合比不变，仅需按单位体积。掺量掺入砂浆中拌合均匀即可。

砂浆中纤维掺量在 0.6～1.0kg/m^3。根据砂子粒径调整纤维掺量，若使用粗砂和中粗砂，可适当减小掺量；若使用细砂或特细砂，则应适当调增掺量。过低和过高的掺量对于改善砂浆基体性能的效果不是不明显就是易导致结团，不能充分发挥其作用。

③ 聚丙烯纤维砂浆施工要点：

聚丙烯纤维砂浆拌合时，对搅拌设备和工艺无特别要求。纤维搅拌过程中，建议按如下顺序投料：黄砂、纤维、水泥、水。略延长搅拌时间，纤维束即可彻底分散为纤维单丝并均匀分布；强制式搅拌机不用延长拌合时间。不能因为纤维砂浆的使用而降低对其各方面的施工质量管理要求，要严格按照国家现行有关施工技术规程、规范和标准进行砂浆抹灰操作施工的质量管理。

（2）碳纤维（PAN 纤维）砂浆

① 碳纤维特点：

碳纤维具有密度小、强度高、模量大、导电性好、耐腐蚀等特点且对人畜无害；但碳纤维冲击韧性低，断裂过程在瞬间完成，不发生屈服，是典型的脆性材料。现给出某生产厂家生产的碳纤维的基本性能参数（表 8-43）。

表 8-43 PAN 纤维的基本性能参数

纤维直径（μg）	纤维长度（mm）	弹性模量（GPa）	抗拉强度（MPa）	纤维密度（g/cm³）
7	5～15	175～215	2000～3000	1.74～1.75

② 碳纤维砂浆配合比：

表 8-44 给出的是某研究单位的碳纤维砂浆配合比。

表 8-44 碳纤维砂浆配合比

水泥+硅粉	1	三乙醇胺	0.06%
砂子	1.5	硫酸铝钾	0.06%
水	0.5	硫酸钠	0.5%
碳纤维	0.5%	高效减水剂	2%
分散剂	0.4%	硅粉	13%
消泡剂	0.02%		

③ 配制工艺：

碳纤维砂浆有湿拌合干拌两种方法分散碳纤维，具体工艺过程如表 8-45 和表 8-46 所示。

表 8-45 用湿拌法分散碳纤维

湿拌法
将分散剂溶解于水
加入碳纤维并搅拌至碳纤维均匀（3～5min）
在砂浆搅拌器中加入水泥、砂、硅粉
将拌合料搅拌均匀
一边搅拌一边缓缓加入已分散的碳纤维及水
将混合料搅拌 5min 左右
加入早强剂、减水剂
再搅拌 5min 左右
浇筑

表 8-46 用干拌法分散碳纤维

干拌法
将砂、硅灰搅拌均匀
将已搅拌均匀的集料铺一层在容器中，再在上面铺一层碳纤维，再铺一层集料、一层碳纤维，这样反复操作，直到全部倒入
用砂浆搅拌器将以上混合物搅拌均匀
加入水泥
将混合料正、反向搅拌 5min 左右
加入减水剂、早强剂
再搅拌 5min 左右

9 建筑装饰工程砂浆

9.1 瓷砖粘结剂

瓷砖粘结剂是粘贴瓷砖的水泥基粘结材料，亦称瓷砖胶，是干混砂浆中最主要的品种之一，是建筑及装饰工程中最普遍使用的粘结材料，可用来粘贴陶瓷砖、抛光砖以及如花岗石之类的天然石材。它们由集料、硅酸盐水泥、少量熟石灰与根据产品质量水平要求添加的功能性添加剂组成。功能性添加剂能增强从制备到最终应用各个环节上的产品性能，能用薄浆粘贴施工工艺进行施工。专门设计的干混粘结砂浆能根据不同的基材（如木板、水泥纤维板）、饰面材质及各种极端的气候条件下（如潮湿、温差）对无机的刚性装饰块材进行粘结。

9.1.1 瓷砖粘结剂的性能特点与分类

（1）瓷砖粘结剂的性能特点

① 工艺先进：调配好的瓷砖粘结剂能在与水掺合调配成胶糊状粘结剂后，用锯齿镘刀刮涂出一个厚度均匀的粘结层，然后再将瓷砖推揉压入粘结层中的瓷砖粘结剂。这种薄浆施工工艺不但比厚浆施工更为节约用量，更由于瓷砖粘结剂具有良好的保水能力（纤维素醚的作用），所以瓷砖和基底（基础）都不必预先浸泡或者预润湿。如果使用足够的添加剂应配比正确，在未固结的瓷砖胶上的瓷砖也不会滑动。这样，就不需要再在瓷砖之间插入定位器，并且贴砖也可以从上方向下方进行，使施工的效率及施工质量得到大幅提高。

② 节约材料用量：薄至仅 1.5mm 的粘结胶层，亦可以产生足够的粘结力，能大幅度降低材料使用量。

③ 能保证工程质量：粘结力强，减少分层和剥落机会，保障工程质量，避免长期使用后的空鼓、开裂问题；减少裂缝产生的机会，增强墙体的保护功能。高强度的粘结力，粘贴牢固；极佳的抗下垂性，能有效帮助抑制面材的下滑；良好的耐水性和耐高温性，潮湿环境与炎热环境下均可施工；耐冷热、冻融变化，高耐久性，不空鼓、起壳；收缩性小，防潮抗渗性能优异。部分添加了憎水性可再分散乳胶粉的瓷砖粘贴干混砂浆还具有墙体防渗、防泛碱的功能。

④ 稳定的产品质量：工厂预先干拌混合，质量稳定。加水搅拌，简单方便，质量容易控制。

⑤ 利于环境保护：能减少废料，无有毒的添加物，完全符合环保要求。

（2）瓷砖粘结剂分类

薄层贴砖用的干混砂浆往往必须满足各种不同的技术要求，例如良好的施工性、良好的保水能力、在高温下具有长开放时间和调整时间、良好的抗滑移性等，以及根据要贴砖的基底（例如，混凝土表面、砖结构、石灰-水泥抹灰及底涂层、石膏、木材、旧瓷砖面、石膏墙板、加气轻质混凝土、刨花板等）和要使用的瓷砖不同（例如天然石料和各种陶瓷砖），瓷砖胶必须在硬化后对各种覆盖材料和各种基础之间提供高粘合强度，并要考虑到霜冻、潮湿作用，以及长期浸泡在水中的可能性。除了提供良好的胶粘强度外，还必须具有足够的柔性、低吸水性，同时基础与瓷砖间由于覆盖材料和基底具有不同的热膨胀系数以及基础可能会造成的张力。由此就需要有多种陶瓷砖胶粘剂可供选择：标准和柔性、正常和快凝，以及特殊胶粘剂。例如粘贴天然石料用的白砂浆、防水胶粘剂、地砖用可浇筑砂浆、石膏基胶粘剂和用于新砂浆层的高柔砂浆等。

① 瓷砖粘结剂按使用特性有如下几种分类（表 9-1）。

表 9-1 瓷砖粘结剂的分类表

胶泥类别	特　　性
普通型	低成本，符合最起码的粘贴要求。用于在刚性的无机基面上粘贴带吸收性的中、小型瓷砖
专业型	高质量，用于在刚性的无机基面上粘结吸收性较低的瓷砖
柔韧性胶	高质量，高柔性，可在苛刻的基材（如木板）上粘贴非吸收性的饰面砖（如抛光砖）
快速固化型	覆盖表面，在短期内可供人行走

② 瓷砖胶的参考配方（表 9-2）。

表 9-2 瓷砖胶的参考配方

原材料	普通质量	标准质量	高品质
水泥，普通	25.0～30.0	30.0～50.0	
水泥，高质量			40.0～50.0
填料（石英砂、河砂、石灰石）	70.0～75.0	65.0～70.0	50.0～55.0
纤维素醚	0.25	0.40	0.50
木质纤维			0.50
可再分散胶粉	0.5～1.0	1.0～2.0	2.0～6.0

③ 德国瓦克（Wacker）公司提供的基础配方（表 9-3）。

表 9-3 瓦克（Wacker）提供的基础配方

组成	规格型号	配方 1（简单）	配方 2（标准）	配方 3（柔性）
水泥	32.5R（ISO）	450	400	350
石英砂	9a（0.1～0.4mm）	90	96	100
石英砂	12a（0.06～0.3mm）	450	480	500
碳酸钙	200 目			
可再分散乳胶粉	RE5010N 或 RE5012T（抗下垂）	10～15	15～30	
	RE5044N			50～80
纤维素醚	MKX40000	4	4	4

陶瓷墙地砖粘结剂按组成材料可以有如下几种类型：

① 水泥粘结剂：水泥粘结剂是白色或灰色的固体粉末，它是由水泥、砂、合成树脂和各种外加剂组成。当水泥粘结剂与水混合时，它形成施工操作方便的糊剂。它适用于在隔板

的内外表面上瓷砖的粘贴。

水泥粘结剂不适用于在带孔道的预制建筑构件上面砖的粘贴。在这种带孔道的预制建筑构件上面粘贴面砖，要求将面砖粘贴在能吸收混凝土柔性（可变形）层上，在外墙表面上铺贴大面积面砖时也会提出这样的要求。在这种情况下应适用塑性粘结剂。

② 掺有合成橡胶的粘结剂：掺有合成橡胶的粘结剂为液态。这种粘结剂中掺有弹性很好的聚合物。聚合物的加入，改善了粘结剂的粘结性、弹性和防水性。这类粘结剂尤其适合于温度变化大的环境如浴室、游泳池和阳台等。

③ 能导电的粘结剂：能导电的粘结剂为粉末状。这类粘结剂是由水泥、石英砂、合成树脂以及赋予粘结剂导电性能的外加剂组成。粉末状的粘结剂与水混合后即可得到粘性好、易于施工操作的砂浆。能导电的粘结剂主要用于具有导电性的陶瓷面砖的铺贴。它们用于有可能产生静电放电危险的场合，如操作室、化学实验室和用易燃气体的环境中。

④ 合成树脂和水的乳浊液组成的粘结剂：合成树脂和水的乳浊液组成的粘结剂为糊状。这类粘结剂是由乙烯树脂或丙烯树脂与具有特殊颗粒尺寸的矿物以及外加剂组成的混合物。适用于锯齿抹刀进行施工操作。

这类粘结剂特别适用于弹性要求较高的场合。例如用于石膏、木质和水泥等的墙面或地面上的面砖铺设。

⑤ 环氧粘结剂：环氧粘结剂需在使用前由液态的环氧树脂、聚酰胺树脂、石英砂与各种外加剂混合而成。用这种粘结剂铺贴时具有良好的施工操作性，并使施工后的面砖表面光洁度好。

在粘结剂制备好后几个小时内硬化过程中，会发生许多化学反应，最后变成黏度很大，机械强度很高，耐化学腐蚀性很强的物质。

这种粘结剂也可用于有腐蚀性危险的环境的面砖之间形成密封连接。例如可用于热水游泳池内衬表面面砖的铺砌、废水处理系统储罐内部表面瓷砖的铺砌、化学实验室水槽及桌子表面的面砖等。由于环氧树脂的粘性和强度特别好，因此也可以用它来连接预制混凝土构件。

⑥ 聚氨酯甲酸乙酯树脂粘结剂：聚氨酯甲酸乙酯树脂粘结剂是两组分粘结剂。一种是聚氨酯甲酸乙酯弹性体，另一种是与之相应的硬化剂。将这两种粘结剂混合后即可制得粘结剂。然后用锯齿形抹子抹灰。

粘结剂的组分之间发生一系列化学反应，使粘结剂变硬并形成一层薄膜粘结在面砖上，赋予表面以防水性。因此，这种粘结剂特别适合用于浴室、屋顶、阳台等与水接触较多的场合。由于这种粘结剂的弹性好，故而还可用于经常受强烈振动或变形的构件上面的面砖铺贴。

9.1.2 施工技术要求

1. 粘结剂与铺贴操作之间的关系

在确定粘结剂与铺贴操作之间的关系时，必须考虑以下两点。

① 确定允许“明露于大气中的时间”。“明露于大气中的时间”即涂上粘结剂后依然保持能铺贴面砖并保持良好粘结性的持续时间。确定粘结剂是否已超过允许明露于大气中的时间的方法是将面砖背面铺放在粘结剂上，然后再将面砖背面的粘结剂除去，看面砖背面是否

已被粘结剂充分湿润或未被粘结剂湿润来确定。

② 安装调整时间。安装调整时间即面砖已铺放好后，尚能进行调放而不影响粘结强度的持续时间。

2. 使用准备

将瓷砖粘结剂倒入盛有适量清水的容器中，混合比例视产品配方而定，用手提电钻配搅拌器进行搅拌，至均匀无结块后即可使用。

如用人工方式进行搅拌，由于用人工方式搅拌产生的剪切力小，所以最好是让搅好的混合物静置 5min 进行熟化，再搅拌后使用。此步骤在使用强制式螺旋机械搅拌时，则不是必需的。搅拌常见问题如表 9-4 所示。

表 9-4 搅拌常见问题

问题	原 因	解决方法
搅拌困难	手提电钻功率不足	更换较小直径的搅拌器；最大直径的搅拌器一般不应小 700W 的功率，并最好选用低速搅拌器
	水量不足	放入合适比例的水搅拌
搅拌不均匀	先在搅拌容器中放入粉料再加水	先在搅拌容器中放入水再加粉料搅拌
	选用搅拌器不合适	选用带有螺旋式搅拌头的搅拌器
搅拌时有结块	无电动搅拌设备，采用人工搅拌	减少每批次搅拌的分量；静置 2～3min 后，结团会较易松开
	产品存放过期，或在存放过程中受潮	更换产品

3. 搅拌的经验与窍门

① 用秤称量出标准的每包用水量，注入容器中记录刻度，按标准比例搅拌，留心观察成胶后的质感，以保证搅拌质量。

② 加入粉料后，觉得水分过多，勿将带有部分粉料物质的水倒出，这样会影响材料的性能，应再添加粉料进行搅拌。

③ 判断搅拌好的粘结剂，可观察表面应有发亮的感觉；搅拌器在胶浆表面带起的搅拌痕迹不易平复；用刮板带起时，胶浆呈厚团状粘附于刮板上。

4. 使用过程

（1）基面条件

① 找平层或混凝土基面的养护期必须符合要求，砂浆找平层≥14d，混凝土结构≥28d。

② 瓷砖和被粘贴基面的表面应完整、坚固、清洁，无油污、浮尘及裂缝。

③ 基面如果是结实、牢固、完整的水泥基复合防水涂料，可以直接进行铺贴。

④ 基面如果是坚实的旧瓷砖面、人造石、油漆等，要使用韧性、柔性的高强瓷砖粘合剂进行铺贴。

⑤ 室内粘贴石膏板、碎木胶合板（22mm）、刨花板、加气混凝土、预制水泥板或石膏批荡面，需预先用非膜性界面处理剂涂刷待 2～4h 干透后，再行粘贴。

（2）使用方法

① 在平整的基面上粘结小型的饰面砖可使用薄涂法施工，选用合适的齿形刮板将搅拌好的胶浆刮涂于墙身或地面，涂胶量以施工时间不大于当时条件下的晾置时间为准，饰面砖

的底部应均匀地粘结不少于70％的接触面积。粘贴完成24～36h后可进行勾缝。

② 在不平整的基面上粘结饰面砖，或粘结较大的饰面砖、石板材，宜采用厚涂法（使用灰匙施工）；较小型的饰面砖粘贴或对墙体有抗渗要求的，应使瓷砖底部100％接触到胶浆；墙体贴较大的石板材、抛光砖材底部应均匀地粘结不少于75％的接触面积。粘贴完成24～36h后可进行勾缝。常见问题及解决办法如表9-5所示。

表9-5 使用过程常见问题及解决办法

问　题	原　因	解决方法
在粘结较大的砖、石材时，不易进行调整校正	基面与砖材底部均100％地粘结，造成真空的空气压力，使得砖材只能左右移动，而不能压入或拉出	在粘贴前先将砖材进行预（空）铺贴，大约估计涂抹胶浆的厚度。采用厚涂法进行施工，用四角及中间抹胶的方式，避免出现真空吸力
粘结后出现空鼓或粘结力下降	粘贴时已经过了晾置时间	在晾置时间内粘贴； 粘贴时略加以挪动按压，对保证粘贴效果有很大的帮助
	过了调整时间后又去调整	调整时间过后如调整，应清除后重新抹浆
	粘贴大型饰面砖时，胶浆的用量不足，导致在前后调整时拉出过多，使胶浆脱层	进行预铺时，尽可能准确胶浆用量，多使用捶压的方式调整前后距离，胶浆厚度不应小于3mm，拉出调整距离约是胶浆厚度的25％
粘结较薄白色或浅色石材时，感觉颜色变暗	浅色且疏松的石材易透底，采用灰色的粘结剂颜色易受影响	采用白色的瓷砖粘结剂进行粘贴

5. 用量控制

薄涂法与厚涂法用量如表9-6和表9-7所示。

表9-6 薄涂法用量

齿形刮板规格	用量（kg/m^2）	备　注
3.5mm×3.5mm	1.5～2	适用于旧面及平整基面的小型砖翻新、铺贴
6mm×6mm	3～4	适用在较平整的批荡找平层上铺贴条形锦砖、广场砖
10mm×10mm	4～5	适用在较平整的批荡找平层上铺贴较大的抛光砖、文化石（片岩）、石板材

表9-7 厚涂法用量

板材规格	用量（kg/m^2）	备　注
20cm×20cm以下	3	适用在基面较粗糙的批荡层上铺贴
20cm×20cm以下	56	适用在基面很粗糙的找平层上铺贴
50cm×20cm以下	68	适用在较粗糙的批荡找平层上铺贴

6. 经验与窍门

① 晾置时间又称开放时间，可用一个白色的小瓷片贴于已刮胶的墙体，垂直轻按压，然后拉起，观察是否有胶浆转移到小瓷片的背面，如果转移率不足70%，则应铲除重新涂抹胶浆。

② 混合后的施工时间很大程度上受空气温度和湿度的影响，一般使用2h后开始注意胶浆性能，尽快用完。

③ 基面的平整度对材料的用量非常重要，要保证基面的平整垂直，才能保障材料的用量在控制范围内。

④ 多余的、粘污在饰面砖面层上的胶浆，应趁湿用湿布清除干净，以免固化后难以清除。

⑤ 如需留缝填充柔性密封胶，要在铺贴定位完毕后，尽快将缝中多余的胶浆勾出或压平，以免填缝后出现表面不平整。

⑥ 在用灰色瓷砖粘合剂粘贴浅颜色的石材（尤其是大理石）时，应用分色纸保护，以免污染。

⑦ 大砖施工应做好托底平直，从下往上施工，原则上应该在第一层固化后，再做第二层，如果要连续施工，应该将饰面砖固定后，再安装上一排。

7. 包装与保存注意事项

① 材料包装应采用带有防潮胶膜的包装袋。

② 材料要保存在阴凉干燥的环境下，保存时间约9个月。

8. 使用安全控制

① 产品不具有易燃性及任何挥发毒性，使用安全。

② 产品为水泥制品，与水产生碱性反应，要适当保护眼睛和皮肤，皮肤如粘上浆料，及时用清水冲洗，如不慎入眼，须及时就医处理。

9.1.3 瓷砖粘结剂的检验和性能测试

可按下列步骤和方法进行：

1. 出厂检验

出厂检验包括工作性、抗下垂性、开放时间和压剪强度等。

2. 性能测试

① 粘刀性：黏度适宜，不容易粘刀。

② 含气量：气泡含量。

③ 触变性：是刮抹的阻力，区别于流动性。

④ 流畅性（可涂抹、梳理性）：以纤维水泥板为基材，不挂刀，不打卷。

⑤ 观察有否结膜、泌水。

⑥ 放置时间对稠化、增粘的影响。

⑦ 抗下垂性：

a. 目的：测试瓷砖粘结剂的初始粘结性、保水性等。

b. 材料：石质砖（150mm×150mm×5mm）225g；石质砖（40cm×40cm），砝码（5kg、200g）。

c. 工具：刮刀、锯齿、镘刀（6mm×6mm）。

d. 仪器：抗下垂测试仪。

e. 试验条件：标准。

f. 程序：同质砖上划线，距顶端约 14cm。拌合瓷砖粘结剂涂抹、梳理（60°斜抗下垂性的测试角），置石质砖于其上，加砝码（5kg）30s，用刮刀去掉线边多余的粘结剂，立起同质砖并夹在抗下垂仪器上 60s，放下顶重（200g）持续 60s，然后每隔 60s 加砝码 200g，观察瓷砖开始下垂的精确时间。记录石质砖下垂前所加质量（包括石质砖自重）。

⑧ 开放时间：

a. 目的：瓷砖粘结剂涂抹、梳理后的应用时间，总体反映粘结剂的保水、湿润性随时间的变化通过最低强度来确定时间。

b. 材料：混凝土板（40cm×40cm×5cm）、陶质砖（5cm×5cm，吸水率 12%～18%）。

c. 程序：拌合粘结剂，涂抹、梳理。于 5min、10min、15min、20min、25min、30min、40min 放置陶质砖，加砝码 2kg，持续 30s。标准养护 28d，测试拉伸强度。

⑨ 保水性：采用滤纸法，观察滤纸吸水程度。

⑩ 润湿性：

a. 目的：评价粘结剂涂抹、梳理后放置时间。随着时间延长，若表面已经结膜，则润湿性变差。

b. 材料：纤维水泥板、石质砖。

c. 程序：同开放时间。1h 后，揭开瓷砖，计算瓷砖被粘结剂湿润面积的百分率。

⑪ 修正时间：即为从胶泥被施工至基材上以后的一段时间内，湿胶泥上所贴的瓷砖位置可以改动而不明显损失粘结强度的时间。

⑫ 拉伸粘结强度：测定方法见《陶瓷墙地砖胶粘剂》(JC/T 547—2005)。

⑬ 压剪强度：测定方法见《陶瓷墙地砖胶粘剂》(JC/T 547—2005)。

9.2 嵌 缝 剂

嵌缝剂也称填缝剂、勾缝剂，用来填满贴在墙壁或地板上的瓷砖或天然石料之间的接缝材料。配比适当的水泥基瓷砖填缝剂适用于室内和室外。与瓷砖、石材等装饰材料相配合，提供美观的表面和饰面砖之间的粘结、防渗等。优质的瓷砖填缝剂还能够减小整个墙壁或者地板覆盖材料内的应力，保护瓷砖基层材料免受机械损坏和水渗透进整个建筑所带来的负面影响。嵌缝剂主要用于各种陶瓷墙地砖、大理石、花岗岩等砖材的填缝。嵌缝剂还可用于机场停机坪、跑道；高速公路、桥面的伸缩缝；厂矿单位一般混凝土路面伸缩缝；地下隧道、管道和管片的嵌缝、防腐设施。

9.2.1 嵌缝剂的分类

嵌缝剂按照用途可分为砖材嵌缝剂、道路结构嵌缝剂。

(1) 砖材嵌缝剂

根据应用不同，砖材嵌缝剂按填缝宽度可分为细缝嵌缝剂和宽缝嵌缝剂；按凝固时间可分为早强型和通用型。

瓷砖是最常用的装饰材料之一，以往瓷砖填缝时多用白水泥粉。这些抹在瓷砖缝表面的白水泥并未固化，粘结力和防水性差，脱水后或遇冷缩热胀就会出现裂纹，致使外墙、浴室等墙地砖渗水。近几年来，随着设计的逐步深入，大量的楼盘外墙及室内装饰铺贴越来越讲究，使用彩色瓷砖填缝剂就必然成为突出外墙瓷砖的整体美或线条感的首选产品。

干混状的水泥型产品，由水泥、细砂及聚合物添加剂组成的填缝色剂，色度高，质感细腻，有多种色彩，适用于大部分类型的瓷砖和石材接缝，可增强面材的装饰效果，部分高性能产品还具有防水抗渗和抗霉菌功能。它与水混合施工后，具有一定的柔韧性和抗渗能力，可增强瓷砖与基面、瓷砖与瓷砖之间的粘结力，可防止底材和砖块、石块特别是规格尺寸大的砖块、石块之间的胀缩变形，从而延长饰面的使用寿命。

采用彩色瓷砖填缝剂既解决了墙地面渗水的隐患，又有美化功效，且易清洗。砖缝与砖体的颜色可根据喜好搭配，突出个性化的风格。

瓷砖填缝剂的单位面积费用较低，性价比高，是干混砂浆中能较早被广泛接受与应用的材料之一。

(2) 道路结构嵌缝剂

道路结构嵌缝剂是用末填充空隙的材料，以无定形嵌缝胶为主体，最早使用的嵌缝胶有沥青类、油性嵌缝胶等。而用于填充需经受振动或热胀冷缩等所致具有伸缩性的间隙，则必须采用弹性嵌缝胶。

9.2.2 砖材嵌缝剂

1. 基本参考配合比

根据应用不同，瓷砖嵌缝剂按填缝宽度可分为细缝嵌缝剂和宽缝嵌缝剂；按凝固时间可分为早强型和通用型。

一般情况下，白色和彩色瓷砖嵌缝剂使用白水泥作为无机粘结剂，灰色、深红色和黑色瓷砖嵌缝剂可使用灰水泥作为无机粘结剂。

瓷砖嵌缝剂的典型配方如表 9-8 所示。

表 9-8 瓷砖嵌缝剂的典型配方

瓷砖嵌缝剂类型	A（质量分数，%）	B（质量分数，%）
普通硅酸盐水泥	23～30	20～25
高铝水泥（HAC）	0～10	0～10
颜料（TiO_2/FeO）	0～5	
填料（石英砂或碳酸盐填料）	75～56.9	51.9～79
纤维素醚	0～0.1	0～0.1
可再分散粉末	0～2	1～5
改善施工性所用添加剂	0～1	0～3

注：类型 A 用于建筑内部和外部的标准灰色瓷砖嵌缝剂；类型 B 用于建筑内部和外部的优质、着色、光滑表面瓷砖嵌缝剂。

现提供某嵌缝剂的配方（表 9-9）。

表 9-9　嵌缝剂的配方

组成	规格型号	配方（g）	组成	规格型号	配方（g）
水泥	32.5R	365	甲基纤维素	MKX1500PP20	0.3
石英砂	0.1～0.4mm	450	膨润土		10
重钙		150	熟石灰		10
可再分散乳胶粉	RI554Z	25	减水剂	MF10	0.3

2. 性能要求

① 与瓷砖边缘具有良好的粘合性。

② 低收缩率，减少裂纹形成。

③ 优质的柔性配方还能具有足够抗变形能力、高韧性或柔性。

④ 用于地面的高耐磨损性能。

⑤ 低吸水率，良好的抗渗性能。

⑥ 提供适宜的施工稠度，有优良的施工性。

3. 施工技术要求

（1）表面处理

嵌缝工序应在瓷砖铺贴 24h 后方可进行。使用嵌缝剂前应先将瓷砖缝隙清洁干净，去除所有灰尘、油渍及其他污染物，同时也要清除瓷砖缝隙间松散的瓷砖粘结剂。

（2）搅拌

使用带合适搅拌叶的低速电钻进行机械搅拌料加入适量的水中，然后开始搅拌，直至均匀没有块状为止。待拌合物静置 5min，再略搅拌后即可使用。

（3）施工

用橡胶填缝刀或合适刮刀，将搅拌好的嵌缝剂填入瓷砖缝隙内，按对角线方向或以环形转动方式将填缝剂填满缝隙尽可能不在瓷砖面上残留过多的嵌缝剂，并在物料凝固前用湿海绵或湿布定期清洁瓷砖表面。尽快清除发现的任何瑕疵，并尽早修补完好。

（4）清洗

使用微湿的海绵清洁瓷砖表面，局部使用干净湿布擦净，并于嵌缝剂膜层干燥之前进行。工具使用后应立即用清水冲洗。

嵌缝剂初干固化后，用干布将表面已经粉化的嵌缝剂擦掉，或者用水进行最后的清洗。

（5）常见施工问题

常见施工问题及解决方法如表 9-10 所示。

表 9-10　常见施工问题及解决方法

问　题	原　因	解决方法
勾缝剂表面发白、起粉	表面没有初干时过早用水冲洗 施工后初干前受到雨淋 配水过多 初步清洗时使用的海绵过湿 基层过湿	初干后再清洗（约 24h 后） 不要在雨天户外施工并作适当保护 采用合适的水灰比施工 初步擦洗的海绵要拧干 基面较干后再施工

续表

问 题	原 因	解决方法
勾缝剂开裂，与瓷砖粘结处粘结不牢固	勾缝时调好的勾缝剂已经过了可使用时间（开放时间） 瓷砖粘结剂未干 水灰比不对 挤压不够密实	在开放时间内使用 粘结剂初干后再施工 调整合适的水灰比 使用刮板以45°角反复交叉压填
表面粘附有未清洗干净的勾缝剂	饰画砖材料的吸收性和凹凸面导致施工时表面的残留物过多、过厚 不能使残留的勾缝剂快速失水，产生较强的粘附力	用颜色比较接近的勾缝剂 施工时尽可能多地刮走表面的残留物，有利于减少勾缝剂的附着力 使用有机酸（如洁瓷净）按照清洗的困难程度稀释，用带粗糙纤维清洁工具（如百洁布）在勾缝剂干透后进行擦抹清洗，清洗后，立即用大量的清水洗去酸性残留物

(6) 经验与窍门

① 混合后，如果静置2～3min后再搅拌一下，嵌缝剂会有微发亮的感觉，这时嵌缝剂中独有的有机成分将会得到更好的发挥，使嵌缝剂的表面光滑度及防水性能更为出色。

② 混合后的施工时间很大程度上受到空气温度和湿度的影响，一般开调使用1h后开始注意胶浆性能，尽快用完。

③ 微湿的海绵要达到完全拧不出水，有两个方法可以更容易把海绵拧干：用棉布将海绵其中一面粘在一起，海绵拧干时就容易用力；将海绵粘在厚夹板上，然后在一个用钢条穿住的水管上进行挤压。

④ 使用酸性清洗产品（如洁瓷净类产品）进行清洗，在能够洗干净的情况下，应该尽量调稀，并在清洗前对墙体进行预先浇水润湿。

⑤ 压入嵌缝剂时，海绵刮板宜用大力，使压入的嵌缝剂表面低于砖面，有利于海绵清洗时不会过多破坏勾缝面，且节约材料。

⑥ 海绵刮板使用时间长后会吸入一定量的嵌缝剂材料，使得工具发硬且失去弹性，可将海绵板放在平面上，用小铁锤敲击即可使勾缝刀恢复弹性，用砂纸磨平后又可继续使用。

⑦ 一般情况下，外墙较宽的缝使用颗粒较粗的嵌缝剂，对防霉抗菌要求较高的部位，如潮湿的卫生间等，适宜选用防霉型的嵌缝剂。

⑧ 有时候为了得到更好的清洗效果，可用海绵沿同一方向清洗两次，但一定要保证海绵微干，并勤清洗海绵。

⑨ 市场上有专用的铁条形勾缝刀，用于勾填较宽的缝，施工效率虽然低些，但最大的好处是无需清洗，效果也很好。

(7) 健康与安全问题

瓷砖嵌缝剂含大量的碱性水泥，会刺激皮肤，建议使用适当的工具或戴上手套进行施工。在使用过程中，应避免吸入粉尘和接触皮肤或眼睛，一旦接触皮肤，应用清水冲洗，若接触到眼睛，应立即用大量清水冲洗，并尽快就医诊治。正常的配方产品应无毒并不易燃。

(8) 储存

避免阳光直接照射，应放在托板上离地储存，以防止雨水浸湿，并避免过度叠压。若不按照上述储存方法，可能导致产品过早失效或结块。

4. 嵌缝剂出厂需检验指标及性能测试相关标准

（1）嵌缝剂出厂需检验

包括：工作性、稠度和收缩性（抗开裂性）等指标。

（2）性能测试

① 防水性：抗渗性能。

② 工作性：感觉易于刮涂。

③ 黏度控制：不易粘附在瓷砖表面。

④ 强度：抗压、抗拆。

⑤ 耐磨性：耐磨。

⑥ 防水性：抗渗检测。

⑦ 开裂性：参照《陶瓷墙地砖胶粘剂》(JC/T 547—2005)。

⑧ 收缩性：40mm×40mm×160mm 棱柱体，两端粘结直径 7mm 钢球，比长仪，测 1d、2d、3d、7d、14d、21d、28d 长度变化，计算其收缩率。

（3）相关标准、规范

中华人民共和国行业标准《外墙饰面砖工程施工及验收规程》(JGJ 126—2000) 等。

9.2.3 道路、结构嵌缝剂

1. 性能要求

道路、结构嵌缝剂应该具有良好的耐热抗寒、耐腐蚀、耐老化等性能，并兼有可塑性和粘结力。

冷施工，施工方便。温度稳定性好，具有良好的高温稳定性和低温韧性，夏季不发软、不挤出，冬季气温低时不脆裂，稠度适中，可灌性好，适应施工要求。

弹性恢复率好，适应混凝土板胀缩变形。粘结性能好，与缝两侧的混凝土粘结牢固，具有良好的耐久性和抗老化性。

2. 品种介绍

嵌缝胶是用来填充空隙（孔洞、接头、接缝等）的材料。无定形嵌缝胶是密封材料的主体，种类有有机硅（包括改性有机硅）类、聚氨酯类、聚硫橡胶类、丙烯酸酯类、SBR 橡胶类、丁基橡胶类、沥青、油性嵌缝胶类等，最早使用的嵌缝胶有沥青类、油性嵌缝胶等。而用于填充需经受振动或热胀冷缩等所致具有伸缩性的间隙，则必须采用弹性嵌缝胶。30 多年来，弹性嵌缝胶在建筑、土木、汽车、船舶、电气通信等许多工业、民用领域中的应用越来越广泛，其中建筑用密封胶需求量最大。弹性嵌缝胶是将粘结和密封两种功能集于一身的产品。其中性能较好的三类高档弹性密封胶分别是有机硅嵌缝胶、聚硫嵌缝胶和聚氨酯嵌缝胶。

聚氨酯嵌缝胶一般分为单组分和双组分两种基本类型，单组分为湿气固化型，双组分为反应固化型。单组分嵌缝胶施工方便，但固化较慢；双组分有固化快、性能好的特点，但使用时需配制，工艺复杂一些。两者各有其发展前途。

目前最为常用的是双组分聚氨酯嵌缝胶。它由主剂 A 组分与副剂 B 组分组成，主剂 A 组分是带有异氰酸基（—NCO）的聚合物，是淡黄色黏稠液体，副剂 B 组分是含固化剂和填料的膏状物。使用时先将B组分搅拌均匀，然后将A组分与B组分按1∶2（质量比）混合搅拌均匀后，用嵌缝枪将混合料灌入接缝内，24h后形成富有弹性的嵌缝胶。

3. 施工技术要求

下面以双组分聚氨酯嵌缝胶为例介绍施工技术要求。

（1）缝内清理

在嵌缝前，应做好混凝土板缝的清理工作，再用空压机的高压气流将缝内的灰土或杂物吹净，保持缝内的干燥，及时灌缝施工。

（2）配料

清好缝后，先将B组分搅拌均匀，然后将A组分与B组分按1∶2（质量比）混合搅拌均匀后即可使用，随配随用。A、B两组分混合后应及时使用，一般控制在半小时以内用完。

（3）施工

① 先在清理过的缝壁用刷子涂刷嵌缝胶专用底涂料。该涂料为双组分，质量比为甲组∶乙组=1∶1.5（体积比为甲组∶乙组=1∶2，甲、乙组分须搅拌均匀后使用）。

② 涂刷底涂料后，可用配套工具灌缝枪灌缝。将搅拌均匀的料，倒入灌缝枪内，然后边灌缝边移动，灌注高度：一般控制低于平面1mm左右。

灌缝深度应依照设升要求，缝道过深，可预先填泡沫塑料条或细砂至设计标高，然后再进行灌注嵌缝施工。

（4）注意事项

缝道应保持干燥，无尘土、杂物。施工温度5℃以上，雪雾天不能施工，施工工具要及时清理，以免堵塞。

4. 配方成分

表9-11给出聚氨酯嵌缝胶的配方组成。

表9-11　聚氨酯嵌缝胶的配方组成

种　类	原料（举例）	使用目的
聚氨酯预聚体	聚醚多元醇及二异氰酸酯	单组分胶的基础预聚物
双组分胶的主剂	活性氢化合物、多元醇、芳族多元胺等	
双组分胶的固化剂、填料、体质颜料	$CaCO_3$、TiO_2、粘土、滑石粉、炭黑、SiO_2、PVC糊等	增量、补强、增稠、调色
增塑剂	邻苯二甲酸酯类氯化石蜡	降低黏度，改善作业性及物性
溶剂	甲苯、二甲苯	调整黏度
催化剂	二月桂酸二丁基锡、辛酸铅、辛酸亚锡、叔胺类	加快预聚体制备反应；促进固化
触变剂	气相SiO_2、表面处理$CaCO_3$	防止胶条坍落（抗下垂）
稳定剂、抗氧剂、UV吸收剂等		抗老化，提高耐候性
发泡抑制剂	分子筛、无水石膏、CaO等	吸收原料水分及所产生的CO

9.3 界 面 剂

界面剂是一种胶粘剂，又称墙固，一般都是由醋酸乙烯-乙烯制成。具有超强的粘结力，优良的耐水性，耐老化性。提高抹面砂浆对基层的粘结强度可有效避免抹灰层空鼓，脱落，收缩开裂等问题。界面剂主要用于处理混凝土、加气混凝土、灰砂砖及粉煤灰砖等表面，解决由于这些表面吸水特性或光滑引起界面不易粘结，抹灰层空鼓、开裂、剥落等问题，可以大大增强新旧混凝土之间以及混凝土与抹面砂浆的粘结力。可以取代传统混凝土表面的凿毛工序，改善加气混凝土表面抹灰工艺，从而提高工程质量，加快施工进度、降低劳动强度，是现代施工不可缺少的配套材料。

界面剂通常使用于混凝土表面，因为混凝土表面过于光滑。通过使用这个产品，可以使基层表面变得粗糙、可增加对基层的粘结力、避免抹灰层空鼓起壳，从而代替人工凿毛处理工艺。其具有很强的渗透性，能够充分浸润进层材料表面，提高新抹腻子与基层材料的吸附力增加粘结能力。也可直接刷于地面材料背部，具体依据材料来定。

9.3.1 界面剂分类

界面处理剂按材料进行分类可分为有机（水溶性环氧树脂、丙烯酸、VAE乳液等）、无机、有机与无机复合三大类；

按成品形态可分为固态、液态、固液双组分三种。

① 干混状界面剂：干混砂浆界面处理剂大多含保水剂、高分子聚合物（产生分子间物理结合力），属于粉末状兑水可用的单组产品。

② 乳液型界面剂（分为单组分和多组分）：常用的有VAE（醋酸乙烯-乙烯共聚乳液）乳液型界面剂、丙烯酸乳液型界面剂。

下面介绍目前常用的几类界面剂：

（1）干混砂浆界面剂

干混砂浆界面剂由乳胶粉为主要胶结料辅以多种添加剂（如纤维素等）均混而成的新型高强粉状胶粘剂，与普通界面剂相比，具有超强的粘结力、优良的耐水性、耐老化性，提高抹面砂浆对基层的粘结强度，可有效避免抹灰层空鼓、脱落、收缩开裂等弊病。

（2）VAE乳液型界面剂

VAE乳液即醋酸乙烯-乙烯共聚乳液，是一种无毒、无味环保型粘合剂基料，由于引入了乙烯链段，起到内增塑作用，降低了玻璃化温度和成膜温度，给聚合物提供了柔软性、耐酸耐碱、耐老性，并有较好的力学性能和机械稳定性，乳液粒子的平均粒径小，有良好的流平性，便于操作，而且通过添加各种助剂进行改性，使得其粘结性能更加突出，应用更加广泛。

VAE乳液型界面剂采用VAE乳液为基料，配以多种助剂，采用科学配方制成，它是一种高分子水泥体系，具有很强的渗透性，能充分浸润基层材料表面，提高新抹砂浆与基层材料的吸附力，增加粘结性能，避免水泥砂浆与光滑墙面粘结时空鼓；对不容易抹灰的墙体材料如聚苯板、沥青涂层、聚氨酯防水层、钢板、加气砖、粉煤砂砖、粘土珍珠岩砖以及现浇混凝土、预制混凝土均能提高其粘结力，适用于各种新建工程及维修改造工程，并可增强其防水性。

（3）丙烯酸乳液型界面剂

丙烯酸乳液耐水性很好，但是一般的丙烯酸乳液钙离子稳定性差，与水泥复配后，导致乳液破乳失效，混合不均，分散性不好，时间稍长会导致水泥沉降，给施工带来麻烦。利用核壳乳液聚合技术、交联技术，使丙烯酸酯线型高分子链轻度交联成网状，使高聚物的诸多性能得到改善，制备出“内硬外软”的核壳乳液，其成膜温度低、性能优异。丙烯酸乳液与水泥复配后制成水泥砂浆及混凝土表面粘结增强剂。

9.3.2　参考配合比

水泥基界面剂（砂浆）的参考配方如表9-12所示。

表9-12　水泥基界面剂（砂浆）的参考配方

材　料	规格型号	数　量
水泥	普通硅酸盐水泥42.5	450
砂	0～0.6mm	500
MC	MKX6000PF50L	3.5
可再分散乳胶粉	RE5010N	15～35

9.3.3　界面剂的性能要求

① 能封闭基材的孔隙，减少墙体的吸收性，达到阻缓、降低轻质砌体抽吸覆面砂浆内水分，保证覆面砂浆材料在更佳条件下粘结胶凝。

② 固结，提高基材表面强度，保证砂浆的粘结力。

③ 担负砌体与抹面的粘结搭桥作用，保证使上墙砂浆与砌体表面更易结合成一个牢固的整体。

④ 具有永久粘结强度，不老化、不水化及不形成影响耐久粘结的膜性结构。

⑤ 免除抹灰前的二次浇水工序，避免墙体干缩。

9.3.4　施工技术要求

界面处理剂的施工方法有：喷涂、涂刷、甩浆、涂抹，根据不同的基面情况，从节约材料保证质量的方面选择合适的施工方法。

按材料的不同和施工特点，采用不同的施工方法。

（1）干混类界面剂

① 表面处理基面必须结实，无灰尘、油脂及松散材料，对于干燥并具有很高吸水率的表面，可先用水稍润湿。

② 搅拌：将一包粉料慢慢倒入清水中，同时不停搅拌。最好使用机械搅拌，根据搅拌机的速度连续搅拌3～7min。

③ 施工：可通过甩浆法造成麻点，或涂抹法（含较粗砂粒）造成划道凹点以及拉毛法等，一般都可在终凝后（更能增大机械嵌固力）再进行后续材料的施工。

④ 抹灰：韧干后即可进行手工或机械抹灰。

⑤ 养护：在干燥及高温条件下，宜适当洒水养护。

（2）乳液类

① 施工环境须干燥，相对湿度应小 70%，通风良好。基面及环境的温度不应低于 5℃。

② 基层处理：首先应除去浮土、油污和表层疏松部分。吸水性强的墙体材料先用清水润湿墙体表面。

③ 配制界面处理剂：胶界面处理剂∶水泥∶砂＝1∶1∶（1～1.5）水泥为 42.5 以上普通硅酸盐或矿渣水泥（禁用小窑水泥）。

④ 施工：用刷子扫帚等工具甩刷于基层上，拉毛成粗糙面，待水分挥发，表面发粘、收浆，接近初凝，而后续材料可以压入又不下滑，即可进行材料施工（即待表面干后或 24h 后再抹灰）。

⑤ 工具的清洗：由于凝固的浆料很难清除，所以工具用后，应尽快用水清洗干净。

施工时还需注意下列问题：施工温度应在 5℃以上；一次配制量不宜过多，拌合后应在 1h 内用完；界面剂宜储存在 5℃以上阴凉通风处，防止日晒；使用时搅拌均匀，有效期为 6 个月，每千克可用约 $3m^2$。

9.3.5 有关技术标准与规范

表 9-13 为混凝土界面处理剂技术性能要求。其他内容详见附录《混凝土界面处理剂》（JC/T 907—2002）。

表 9-13 混凝土界面处理剂技术性能

检验项目		性能指标	
		混凝土界面处理剂	加气混凝土界面处理剂
剪切粘结强度（14d）（MPa）		≥1.5	≥1.0
拉伸粘结强度（MPa）	原强度（14d）	≥0.6	≥0.5
	耐水（养护 7d，浸水 7d）	≥0.5	≥0.3
	热老化（养护 7d，烘干 7d）		
	碱处理（养护 7d，浸碱 7d）		
	冻融循环（25 次）		
晾置时间（min）		—	≥10
线收缩（%）		<0.5	

9.4 腻　　子

腻子是内外墙涂料涂饰时常用于基面处理的涂装配套产品，主要作用是填补基层墙体的缺陷，对基面进行微找平，增加基面的平整度。腻子同时也用于修补、填平建筑物墙面基底的大小裂缝、凹凸不平处、缺口、小洞、缺棱少角等。

（1）建筑装饰常用的腻子具体分类

① 按成分：分为单组分与双组分腻子。

② 按照状态：乳液基膏状单组分腻子、聚合物水泥基双组分腻子、干粉腻子。

③ 按照耐水性：耐水腻子、非耐水腻子（如 821 腻子）。

④ 按照使用场合：内墙腻子、外墙腻子。

⑤ 按照功能：耐水腻子、弹性腻子、高弹防水腻子。

（2）建筑装饰常用的腻子

① 聚醋酸乙烯腻子：用聚醋酸乙烯乳液（白乳胶）加填充料（滑石粉或太白粉）羧甲基纤维素溶液拌匀而成。用于混凝土表面及抹灰表面刮腻子。

② 聚醋酸乙烯水泥腻子：用聚醋酸乙烯乳液加水泥、水拌成。用于外墙抹灰表面刮腻子。

③ 石膏腻子：将熟桐油和石膏粉拌合再加水调和拌成。用于木材表面和刷过清油的墙面刮腻子。

④ 石膏胶泥腻子：石膏粉∶SG 791 胶=1∶（0.6～0.7）（重量比），用于修补石膏板缝。

⑤ 水粉腻子：用骨胶太白粉拌合加适量颜料和水拌均匀调成。用木材表面清漆的润水粉。

⑥ 油粉腻子：熟桐油与松香水拌、再加入太白粉调和而成。用于木材表面清漆的润油粉。

⑦ 金属面石膏腻子：用石膏粉、熟桐油、油性腻子或醇酸腻子、底漆、水调配而成，用于金属面修补腻子。

⑧ 耐水腻子：市场有成品供应，用于有防水要求的室内刮腻子。

9.4.1 参考配合比

目前经常使用的腻子品种及特点如表 9-14 所示。

表 9-14 腻子品种及特点

项目	腻子品种	主要组成材料	特 点
外墙	水泥粉状腻子	水泥、甲基纤维素、重质碳酸钙、滑石粉、可再分乳胶粉等	包装费用低、腻子膜性能优异
	双组分腻子	水泥、重质碳酸钙、液体胶粘剂等	成本较低，腻子膜性能好
内墙	水泥粉状腻子	白水泥、灰钙粉、甲基纤维素、重质碳酸钙、滑石粉等	成本低，腻子膜性能好，包装费用低
	石膏粉状腻子	石膏粉、甲基纤维素、重质碳酸钙、滑石粉、胶粘剂等	成本低，腻子膜性能好，包装费用低

根据粉刷石膏的施工要求和技术性能要求，推荐面层建筑粉刷石膏的基本配方如表9-15所示。石膏灰浆、石膏-石灰灰浆和轻质石膏灰浆的典型配方如表 9-16 所示。单组分水泥基耐水腻子配方如表 9-17 所示。超细腻子典型配方如表 9-18 所示。

表 9-15 建筑粉刷石膏的基本配方

材 料	配方（%）	材 料	配方（%）
建筑石膏	94～97	保水剂	0.05～1.5
白水泥	0.3～1.5	缓凝剂	0.05～1.0
灰钙粉	0.3～1.5	减水剂	0.5～1.5

表 9-16　石膏灰浆、石膏-石灰灰浆相轻质石膏灰浆的典型配方

成　分	石膏灰浆（%）	石膏石灰灰浆（%）	轻质石膏灰浆（%）
石膏	74～98		70～95
石灰石			20～35
熟石灰	1.5～5	15～20	2～5
珍珠岩		0.3～0.8	3～5
淀粉醚	0.01～0.04	0.01～0.03	0.01～0.05
引气剂	0.015～0.03	0.015～0.02	0.01～0.03
缓凝剂	0.025～0.05	0.025～0.04	0.025～0.04
甲基纤维素醚（黏度为 30000MPa·s）	0.16～0.23	0.16～0.23	
特殊增稠效果甲基纤维素醚			0.2～0.24

表 9-17　单组分水泥基耐水腻子配方

原材料	规格、型号	用量（%）	原材料	规格、型号	用量（%）
水泥	32.5 或 42.5 级	20～50	触变剂	工业品	0.1～0.6
石英砂	100～325 目	20～40	消泡剂	工业品，固体粉末	0.1～0.3
双飞粉	150～200 目	20～50	多功能助剂	工业品	0.1～0.8
增稠剂	工业品，固体粉末	0.1～0.5	聚合物胶粉	工业品	1.0～8.0

表 9-18　超细腻子典型配方

原材料	规格、型号	用量（%）	原材料	规格、型号	用量（%）
水泥	白色或灰色 32.5	26.5	甲基纤维素醚	WalocelMW 6000PFV50L	0.3
填料	碳酸钙粉 200 目	71.2	可再分散乳胶粉	RI551Z	2.0

9.4.2　产品性能要求

（1）外墙水泥找平腻子

① 面层腻子提供良好的基面，使得涂料的用量减少。

② 有较强的粘结力，能很好地附着于基面上。

③ 具有一定的韧性，能很好地缓冲不同基层产生不同的伸缩应力的作用。

④ 良好的耐老化性及抗渗性、防潮性。

⑤ 环保、无毒、安全。

⑥ 抗裂性好。

⑦ 具有透气性。

⑧ 耐候性佳，耐老化，耐用时间长。

经过功能性添加剂的改性，还可具有如下附加的功能优点：

① 旧饰面（涂料、瓷砖、马赛克、石材等光滑墙面）上直接刮抹的功能。

② 更好的触变性，通过简单的抹平即可获得近乎完善的光滑表面，减少由于基面不平整而多用涂料所造成的损失。

③ 具有弹性，能抵抗微裂缝，可抵消温度应力的破坏。

④ 良好的憎水性，起防水渗功能。

(2) 内墙腻子多使用粉刷石膏

① 粘结力强：内墙粉刷石膏几乎与各种墙体基材都有较好的粘结性能，抹灰不用刷任何界面剂。由于粉刷石膏具有微膨胀性能，有效地抑制了抹灰中的收缩开裂现象，较好地解决了水泥砂浆、混合砂浆抹灰的空鼓、开裂、脱落等通病。

② 表面装饰性：粉刷石膏表面致密光滑、强度较高、不起灰、不收缩、无气味、无裂纹、不返碱。

③ 防火性能：粉刷石膏凝结后，有大量的结晶水，在受热条件下，结晶水被释放出来，形成蒸汽，阻拦了火焰的蔓延；同时脱水过程中吸收了大量的热量，从而提高了耐火性。

④ 保温隔热性能石膏制品的热导率仅为水泥混凝土制品的 25%，粘土砖的 30%，因此，用粉刷石膏抹面的墙面具有较好的隔热保温效果。

⑤ 节省工期：粉刷石膏抹灰层凝结硬化快，养护周期短，整个硬化及强度达标过程仅 1～2d，施工工期比水泥砂浆或混合砂浆缩短 70%左右。

⑥ 施工方便：粉刷石膏抹灰分底层和面层两部分，底层为粉刷石膏砂浆层，现场混合时按灰浆质量比 1∶（1.5～2.0）混合均匀，加水搅拌后就可直接上墙抹灰；面层为净浆，加水即可。粉刷石膏抹灰具有易抹、易刮平、易修补、劳动强度低、材料消耗少、冬期施工不因气温低而明显减慢水化速度的特点。

⑦ 具有呼吸功能　粉刷石膏在硬化过程中，形成无数个微小的蜂窝孔，当室内环境湿度较大时，呼吸自动吸湿；在相反的条件下，却能自动释放储备水分，这样反复循环，巧妙地将室内湿度控制在一个适宜的范围，提高了居住的舒适感。

⑧ 质轻：建筑石膏的体积密度为 900kg/m^3，分别是水泥的 56%，生石灰的 75%，对减轻建筑物的自重有积极的意义。

9.4.3　施工技术要求

(1) 施工条件的影响因素

施工条件的影响因素主要是环境的温度和湿度。在炎热气候条件下视具体产品的性能要对基层适当喷水，或保持湿润状态。由于使用水泥或石膏作为胶凝材料，环境温度要求不低于 0℃，施工后硬化前不受冻。

(2) 抹灰前的准备及注意事项

① 要求主体工程已全部完成，楼屋面已全部施工完毕。

② 抹灰基层的所有预埋件、门窗及管道应安装完毕。

③ 为防止抹灰过程中污染和损坏已完工的成品，抹灰前应确定防护具体项目和措施，对相关部位进行遮挡和包裹。

④ 门窗的安装应在抹灰后进行。

(3) 表面处理

① 底材表面应结实平整、干燥清洁、无油脂、无蜡染及其他松散物。

② 新抹灰的表面应养护 12d 后方可批嵌腻子，原抹灰层不能使用水泥净浆压光。

③ 施工前若墙体过于干燥时，应提前湿润墙面。

9.4.4 外墙腻子的施工工艺

（1）施工准备

施工工具准备：将施工用铲刀、刮刀、砂纸等备好待用。

材料准备：检查施工用腻子的表现质量，是否有结块、霉变等。如果为粉状腻子应按说明书比例，加水搅拌均匀，静置待用。

基层检查：施工基层表面是否牢固、是否有裂缝或空鼓现象，是否有赃物污染，并作相应处理。

（2）基层处理

清理脏物及污染物，局部找平，填补凹坑、铲平凸出物，对蜂窝、麻面进行满刮薄腻子或打磨预处理。

基层干燥程度基层应进行必要的养护，不能过于潮湿，但也不能过于干燥。

（3）批刮腻子

如果基层过于干燥或吸水性强时，最好使用封固底漆进行封闭，否则会影响腻子的附着力。批刮腻子应使用抹子进行施工，从上向下或从右向左，抹子与基面表面成30°角批刮。每遍腻子不能刮的太厚，过厚易产生龟裂、脱落等弊病。通常外墙腻子一道在0.5～1.0mm之间。

腻子通常批刮两遍，两遍腻子的间隔时间不能过短，一定要在第一道腻子干燥后，再批刮第二道腻子。

批刮腻子时不要过多往返刮涂，以免出现卷皮、脱落或将腻子中的胶料挤出，封住表面不易干燥。

批刮腻子时，要注意手法，要填满、填实，将四周的腻子收刮干净，使腻子痕迹尽量减少。

（4）腻子的打磨

腻子基层干燥后，用砂纸进行打磨。砂纸粗细要根据腻子的种类决定，粗砂纸用于打磨硬质腻子和清理基层，中砂纸用于打磨普通的腻子，细砂纸用于打磨光面腻子。

打磨腻子通常是将砂纸包在打磨块垫上，往复用力推动垫块，不能只用一两个手指压着砂纸打磨，以免影响打磨的平整度。

检查基层的平整度，应无显著刮痕，无粗糙感觉，表面光滑为合格。

旧墙面应先铲除原有松动基层，清除浮灰，不能铲除的应用洗涤剂彻底将界面清洗干净。墙面清理干净后，再按腻子的施工方法批。

施工注意事项

① 施工前应先行确定底材的垂直度与平整度。

② 切忌将超过使用时间的灰浆加水混合后再用。

③ 搅拌好的腻子灰浆应在1～2h内用完（视配方而定）。

④ 宜在1～2d内打磨。

⑤ 基面用水泥膏压光的情况下，建议使用界面处理剂或界面腻子、弹性腻子。

9.4.5 内墙刮腻子交底实例

本工程居室内房间墙面、顶棚为耐水腻子，卫生间墙面用水泥砂浆拉毛，板底刮耐水腻子、顶棚、厨房墙面为胶灰拉毛，顶棚两遍耐水腻子，不封阳台水性耐擦洗涂料，板底刮腻子喷涂顶棚，楼梯间墙面刮腻子喷涂墙面，水耐性擦洗涂料，板底刮腻子顶棚。

1. 材料及机具准备

石膏腻子（底层、面层）、耐水腻子、高凳、脚手板、腻子托板、滚筒、刷子、排笔、小漆桶、砂纸、橡皮刮板、腻子槽、擦布、半截大桶等。

2. 作业条件

① 墙面应基本干燥，基层含水率不得大于8%。

② 抹灰作业已全部完成，过墙管道、洞口、阴阳角等提前处理完备。

③ 门窗玻璃应提前安装完备。

④ 大面积施工前应做好样板，经验收合格后方可进行大面积施工。

3. 施工工艺

（1）室内墙面、顶棚为耐水腻子面浆饰面做法

① 工艺流程：基层处理→验收→弹线找角→石膏底层→石膏面层→满刮第一遍耐水腻子→满刮第二遍耐水腻子→腻子验收。

② 施工方法：

A. 基层处理：首先用1∶2∶0.14水泥砂浆（水泥∶砂∶UEA膨胀剂14%～15%）堵穿墙螺栓眼，在刮腻子前，对墙面凹凸不平认真检查，要求对墙面进行清理，将混凝土表面的浮砂、灰土、清理干净，表面的隔离剂、油污用碱水（火碱∶水=1∶10）刷洗干净，清理干净刷一遍建筑胶，要刷均匀，不得有遗漏，主体结构于二次结构交接处都应用白乳胶粘贴300mm网格布。墙面基层清理内容如下：

a. 主体于二次结构接缝处，先用磨光机将缝磨平。

b. 阴角、阳角、局部缝隙、坑洼不平处应预先刮粉刷石膏，将其找平填实。

c. 满刮第一遍耐水腻子，对房间墙面顶棚必须找平、找方。

B. 刮耐水腻子：根据墙体基层的不同和浆活等级的不同，刮腻子的遍数和材料也不同，一般情况为2～3遍，刮腻子时应横竖刮，并注意接茬和收头时腻子要刮净。

C. 复找腻子：刮平以后，对墙体的麻点、坑洼、刮痕等用腻子重新复找刮平，干透后用细砂纸打磨，并把粉尘扫净达到表面光滑平整，达到验收程度。

（2）阳台、公共走廊、楼梯间等顶棚为水泥腻子、耐擦洗涂料做法

工艺流程：基层处理→验收→弹线找角→石膏底层→石膏面层→满刮第一遍耐水腻子→满刮第二遍耐水腻子→腻子验收→刷第一遍涂料→刷第二遍涂料→验收。

① 基层及耐水腻子施工方法同室内墙面、顶棚为耐水腻子面浆饰面做法；

② 第二遍腻子后，开始打磨修理，待阴阳角墙面全部修理完后，用40～60目砂纸打磨，使其表面光滑，无刮痕，清理干净。收头腻子的收头要刮干净，施工时要注意腻子的接茬。

③ 涂料施工：

a. 施涂第一遍防水涂料，施涂顺序是先顶板后刷墙面，刷墙面时应先上后下。刷墙面

先将墙面清扫干净，涂料使用前应搅拌均匀，施涂时也应保证均匀。

b. 施涂第二遍涂料，施工时要用细砂纸将墙面小疙瘩打磨，磨光滑后清扫干净，操作时应连续迅速操作，涂刷时从一头开始逐渐涂刷另一头，要注意上下顺序，互相衔接避免出现干燥后再处理接头。

(3) 卫生间、厨房墙体拉毛

① 基层处理同室内墙面、顶棚为耐水腻子面浆饰面做法。

② 再用将1∶1水泥砂浆加建筑胶搅拌均匀，用抹子均匀抹在墙上约2～3mm或用笤帚蘸水泥浆均匀甩在墙体上，并喷水养护3～4天。

(4) 质量标准

① 选用的腻子、石膏的性能符合设计要求。

② 基层的腻子应平整、坚实、牢固、无粉化、无起皮和无裂皮；内墙腻子的粘结强度应符合《建筑室内用腻子》(JG/T 298—2010) 的规定。

③ 涂抹均匀，颜色一致，平整光滑无刮痕，洁净无砂眼、起皮、疙瘩、裂缝、透底等缺陷。

④ 墙面平整，阴阳角顺直清晰，腻子要坚实牢固，门窗管线交界无污染。

⑤ 室内腻子验收方法，如表9-19所示：

表9-19 室内腻子验收方法

序号	外观	要求	方法
1	颜色	均匀一致	观察
2	泛碱、咬色	允许少量轻微	观察
3	流坠、疙瘩	允许少量轻微	观察
4	砂眼、刷痕	允许少量轻微砂眼	观察
5	装饰线允许偏差（mm）	2	

(5) 成品保护

① 施工时首先要清理好周围环境、防止尘土飞扬而影响装饰质量。

② 不得污染窗台、门窗、玻璃等已完成的分项工程。

③ 装饰墙面完工后，要妥善保护、不得磕碰污染墙面。

(6) 应注意的质量问题

① 涂料工程基层的含水率不得大于10%。

② 涂料工程用的防水腻子应坚实牢固，不得有粉化、起皮和裂纹等现象。

③ 接茬明显：涂刷时要按顺序，后一排笔等前一笔，若间隔时间稍长，就容易看出接头。

(7) 安全环保措施

① 所有工人上架施工时应佩带个人防护用品，尤其注意要系好安全带。

② 凳高前要做好上人前的检查工作，注意自身的安全防护工作。

③ 楼层内施工时注意检查楼层内的洞口防护及临边防护是否齐全，如发现不全，及时向项目安全员汇报，及时整改，以防高空坠落伤人。

④ 进入施工现场必须戴安全帽，严禁吸烟。

⑤ 油工施工前应集中工人进行安全教育并进行书面交底。

⑥ 现场清扫设专人散水，不得有扬尘污，打磨粉尘用潮布擦净。

⑦ 施工噪音应采取措施使之降低在规定规范之内。

9.5　修补砂浆

混凝土结构在成型与使用过程中经常出现开裂或磨损。如水工建筑物由于混凝土质量和年久等原因造成结构表面有孔洞缺陷、出现裂缝；伸缩缝未处理得当而引起渗水；水泥混凝土路面因施工不当或过早使用、使用年限的增加及超荷重使用而严重磨耗导致剥落、起砂露石，严重影响公路和使用性能。以上种种如不及时对裂缝进行修补，有可能对混凝土造成更大的破坏，影响其耐久性。因此，对有缺陷的混凝土进行修补，能提高混凝土工程的安全性，延长使用寿命。

9.5.1　修补砂浆的分类、用途与配合比

目前用于混凝土修补的材料主要有：无机修补砂浆，采用普通水泥或特种水泥与级配集料配制的水泥砂浆；有机高分子修补砂浆，如环氧树脂、聚酯树脂和丙烯酸等各种树脂材料（表 9-20）；有机与无机材料复合的聚合物修补砂浆，主要有聚合物改性砂浆。

表 9-20　常用的修补砂浆

树脂基材料	聚合物改性水泥基材料	水泥基材料
环氧树脂	SBR 改性	普通水泥砂浆
聚乙烯酯	聚醋酸乙烯改性	铝酸盐水泥砂浆
丙烯酸酯	磷酸镁改性	自流平砂浆

1. 无机修补砂浆

采用普通水泥或特种水泥与级配集料配制的水泥砂浆是最常用的修补材料，具有耐久性好、耐水性好、价廉、环保等优点，但对于细裂纹，因水泥基材料与集料颗粒尺寸较大难以进入裂缝而无法实现对裂缝的修复与修补。同时，砂浆与旧砂浆基底的粘结性能较差。

在混凝土路面维修中，若采用水泥砂浆作为修补材料，应先进行基层的缺陷修补，然后再进行面层板块的修补。采用高强水泥砂浆压力灌浆对基层的缺陷进行修补，以加固路面板块基础。面层板块则采用早强、高强、微膨胀、粘结性良好的砂浆进行修补。为此，在配合比中采用“早强剂＋高效减水剂＋膨胀剂”。

采用的高强水泥砂浆配合比如表 9-21 所示。

表 9-21　高强修补水泥砂浆配合比

代号	水泥：砂	外掺物（水泥质量分数）（%）					贯入量（cm）
		高效减水剂	超塑化剂	早强剂	膨胀剂	粉煤灰	
M1	1：2.5（细砂）	1.5		4	10		11.6
M2	1：1.5（中砂）		1.5	4	10		11.7
M3	1：2.0（细砂）	1.5		5	10	30	11.9

续表

代号	水泥：砂	外掺物（水泥质量分数）（%）					贯入量（cm）
		高效减水剂	超塑化剂	早强剂	膨胀剂	粉煤灰	
M4	1：2.0（细砂）		1.5	5	10	30	11.6
M5	1：1.5（细砂）	1.5		4	10		11.4
M6	1：1.5（中砂）		1.5	4	10		10.0
M7	1：2.0（中砂	1.5		5	10	30	12.0
M8	1：2.0（中砂）		1.5	5	10	10	10.5
M9	1：2.5（中砂）	1.5		5	10		10.1
M10	1：2.5（细砂）		1.5	5	10		10.0

各配合比相应的力学性能如表 9-22 所示。

表 9-22　高强修补水泥砂浆强度　　单位：MPa

代号	抗压强度			抗折强度		
	2d	3d	28d	2d	3d	28d
M1	27.8	29.5	42.0	5.06	6.05	7.47
M2	41.3	46.1	71.5	8.00	8.64	11.43
M3	15.2	22.8	46.9	3.10	5.38	7.57
M4	20.0	30.0	54.1	3.70	3.87	8.80
M5	35.1	35.5	57.4	5.35	6.96	9.33
M6	34.6	45.7	62.8	7.65	9.14	11.12
M7	18.9	20.4	45.2	4.00	5.17	8.47
M8	26.3	26.4	52.4	5.47	5.86	8.65
M9	23.6	32.7	43.2	4.45	5.53	7.48
M10	22.1	29.5	34.0	5.07	6.06	7.62

试验表明：水泥砂浆的 2d 抗压强度在 27.8～41.3MPa，抗折强度在 5.05～8.0MPa，28d 抗压强度在 42.0～71.5MPa，抗折强度在 7.47～11.43MPa，早期强度与 28d 强度均较高，对路面混凝土基础，压力灌浆水泥砂浆足够满足强度要求。掺加粉煤灰的砂浆早期强度略低，2d 抗压强度在 15.2～26.3MPa，抗折强度在 3.10～5.47MPa，28d 抗压强度在 45.2～54.1MPa，抗折强度在 7.57～8.8MPa。对压力灌浆加固的路面混凝土基础，在经过 2d 的养护后，亦可满足支撑面层混凝土的强度要求。

无机类修补材料与混凝土工程有较好的性能相容性和耐久性。常用于一般工程修补。但修补材料与基材之间的界面过渡区是薄弱相。若不能保证过渡区足够的强度即修补材料的粘结强度及耐久性，修补材料若在荷载作用下发生应力集中或环境作用下劣化，势必导致其脱落，修补失效。近年来，为了改善无机类修补材料的粘结强度，出现了有机与无机类的复合修补材料。

2. 聚合物改性水泥基修补砂浆

聚合物改性砂浆是在水泥砂浆组成中加入了聚合物，以水泥砂浆和聚合物为胶结材料，并和集料结合而成的砂浆。国内外用于水泥砂浆改性的聚合物基本上分为三种类型：即以丁苯乳胶（SBR）、聚醋酸乙烯酯（PVAC）为代表的聚合物乳液；以聚乙烯醇、糖醇为代表的水溶性聚合物和以不饱和聚酯树脂、环氧树脂为代表的液体树脂。我国目前常用的有PAE（丙乳）砂浆、PVDC（聚乙烯乙酸酯改性水泥）砂浆、SBR（丁苯胶乳）砂浆等。中国矿业大学建工学院研制的复合改性材料HPSRM-1，具有高强度、高粘结性、高耐久性、低收缩与良好的施工性能。在SBR改性砂浆路面中，因为气温过高，材料会释放有毒气体。所以，丁苯橡胶的饱和度不宜太大，否则，在热带气候条件下应限制使用。

（1）用途与机理

聚合物改性水泥基修补砂浆属于有机改性类修补材料，具有较高的粘结强度，由于无机成分较多，与基材相容性较好，因此修补砂浆越来越多的应用于混凝土建筑物的修补中。修补砂浆是由水泥、筛选石料、优质填料及合成聚合物配制而成，它能保证砂浆的早期强度及其他修补所需的重要性能，适用于修补因钢筋锈蚀导致的混凝土剥落，并可修补结构性及一般混凝土组件的缺陷，如蜂窝洞及水泥浆流失等问题。

采用普通水泥砂浆中混合掺加塑化树脂粉末与水溶性聚合物所配制的修补砂浆，可用于修补严重磨耗的砂浆路面。水溶性聚合物、塑化树脂粉末的掺入均能提高修补砂浆的抗拉强度，水溶性聚合物对提高抗拉强度的作用更显著。水溶性聚合物可显著改善修补砂浆的韧性，且掺量越大，增韧作用越明显；塑化树脂粉末的掺入，对修补砂浆韧性的影响很小。

有人认为，高掺量水溶性聚合物的修补砂浆粘结强度虽高，但增大干缩。普通砂浆以及掺塑化树脂的修补砂浆在保湿养护条件下不产生收缩，但掺入水溶性聚合物的修补砂浆在保湿条件下仍有明显的收缩，这可能是水溶性聚合物在参与水泥水化时发生化学缩减所致。在干燥条件下，各类砂浆均发生收缩，大掺量的水溶性聚合物砂浆收缩值更大，因此采用水溶性聚合物砂浆作修补砂浆进行薄层修补，可能出现大面积收缩开裂。

有文献指出，从耐磨性方面考虑，大掺量的水溶性聚合物水泥砂浆对提高耐磨性的效果比塑化树脂的掺入效果更加显著，低掺量的水溶性聚合物与低掺量的塑化树脂混掺对提高修补砂浆的耐磨性也非常有效。水溶性聚合物的掺入仅使弹性模量略有降低；而塑化树脂粉末的掺入，因其能提高强度而使弹性模量有所增大；而二者小掺量混掺，则对弹性模量基本上无影响。所配制的修补砂浆的弹性模量与被修补砂浆的弹性模量相差不多。相比之下，环氧树脂玻璃纤维修补材料、环氧树脂修补砂浆等修补材料与砂浆的弹性模量存在着数量级的差别，这种数量级的差别易使被修补部位的粘结界面的两侧产生极大的应力差，时间一长，就必然会产生粘结失效、修补层脱落的现象。

从技术性能来看，理想的薄层修补砂浆能经受干湿、冷热交替，动静荷载作用而不起壳、脱落，而且耐磨耗。这就要求修补砂浆的粘结强度高、耐磨性好，干缩变形性能及弹性模量与被修补的旧砂浆相接近。从施工要求来看，要尽可能使中断交通的时间缩短，而且薄层修补砂浆的流动性要大且不离析（最好能自流平），这要求配方还应具有早强、大流动性的特性。采用普通水泥砂浆中混合掺加塑化树脂粉末与水溶性聚合物所配制的修补砂浆可以用作修补材料。

（2）参考配合比

修补砂浆配制时，为了减少砂浆的收缩，砂的用量应适中。一般，灰砂比在1∶(2.5～1.4)之间比较合适。掺入水溶性聚合物可大幅增加砂浆的粘结性，但会增大干缩值，用于大面积修补时，砂浆中水溶性聚合物的掺量不宜大于10%。掺加1.2%～2%的塑化树脂粉末，或1%的塑化树脂粉末加5%水溶性聚合物配制修补砂浆最适合于表面磨损、起砂露石的混凝土路面的薄层修补。

以水泥基单组分聚合物修补砂浆为例。该修补砂浆以特制的快硬快凝复合胶凝材料作基材，配以专用的复合外加剂、活性掺合料及专门级配的集料，配合比如表9-23所示。

表9-23 水泥基单组分聚合物修补砂浆的配合比

<table>
<tr><th>胶粘剂类型</th><th>1# （质量份）</th><th>胶粘剂类型</th><th>1# （质量份）</th></tr>
<tr><td>普通硅酸盐水泥42.5级（OPC）</td><td>25</td><td>可再分散乳胶粉</td><td>0～4</td></tr>
<tr><td>高铝水泥</td><td>25</td><td>高效减水剂</td><td>3</td></tr>
<tr><td>石英砂（0.05～0.5mm）</td><td>70～90</td><td rowspan="2">添加剂
（特殊性能要求的应用）</td><td rowspan="2">（0～5）</td></tr>
<tr><td>纤维素醚（黏度约为40000MPa·s）</td><td>0.4</td></tr>
</table>

3. 环氧树脂修补砂浆

环氧树脂类修补材料：主要有环氧树脂粘结砂浆、环氧树脂粘结替代混凝土、环氧树脂粘结干填充料等。这类材料早期的力学性能有所降低但对长期强度没有太大影响，并且与基材有较高的粘结强度，抗渗能力较好。但是由于添加了环氧树脂而使其热工性能和基材混凝土有较大的差异，如热膨胀系数。若周围环境温度变化较大，修补材料的变形与基材不一致就会导致其与基材分离进而脱落；此外，可能由于环氧树脂的加入使修补材料的电势与基材的电势不同，反而有加速钢筋锈蚀的危险。因此，不得用于由于钢筋锈蚀而引起的修补。

其他树脂类修补材料：由混凝土的开裂和剥落引起的渗漏、裂缝是混凝土常见的病害之一。可以采用注入树脂的修补方法。要求这种材料要有与基材较好的粘结性、凝固较快、能使结构在修补后恢复其原有的结构强度。对用于微裂缝的树脂还要有较好的渗透性，能够填充到裂缝的根部。常用的材料有环氧树脂、聚氨基甲酸酯树脂等。前者由于凝固不是很快只能用于几毫米以下灌缝：后者修补裂缝的宽度不受限制。

混凝土的缺陷较大，应采用混凝土二次补强修补，对混凝土表面缺陷或裂缝则以采用树脂修补为宜。环氧树脂是常用的有机高分子修补材料，用于各种裂缝的灌浆处理。实践表明，树脂砂浆是处理表面砂浆缺陷的最理想的补强材料。环氧树脂砂浆与水泥的粘结强度很大，超过水泥砂浆的粘结强度；硬化树脂还具有抗磨性能好、抗冲击、耐化学腐蚀等优点。由于一般环氧树脂的黏度较大，对细微裂缝不易深入。掺加稀释剂可以降低环氧树脂黏度，但材料的早期发热量大，硬化浆体脆性大，收缩比较大，修补效果不理想。因此选择合适的环氧树脂与稀释剂是重要的。

应注意的是，固化剂是环氧树脂类修补材料力学性能与物理性能的主要影响因素之一。固化剂应优先选用低毒固化剂，也可采用乙二胺等各种胺类固化剂，对潮湿基层可采用湿固化型环氧树脂固化剂。不饱和聚酯树脂的固化剂应包括引发剂和促进剂。常用的引发剂应为过氧化环己酮二丁酯糊、过氧化甲乙酮二丁酯糊、过氧化苯甲酰二丁酯糊；促进剂应为环烷酸钴苯乙烯液、二甲基苯胺苯乙烯液。环氧树脂稀释剂宜采用丙酮、乙醇、二甲苯、甲苯；不饱和聚酯树脂的稀释剂应为苯乙烯。

4. 甲基丙烯酸树脂（MMA）基修补砂浆

混凝土裂缝或表面缺陷的修补时，对于细微裂缝，水泥基修补材料与聚合物改性水泥基修补材料无法进入裂缝，故不可使用。环氧树脂浆体常用于裂缝的修补。但环氧树脂的黏度较大，不易渗入细微裂缝内部。加入稀释剂可以降低环氧树脂的黏度，但这会导致硬化环氧树脂的脆性增大，且增大收缩。甲基丙烯酸树脂（MMA）黏度较小，强度高，适宜用作细微裂缝的修补。

MMA修补材料是由甲基丙烯酸树脂（MMA）和引发剂、增塑剂等组成，通过聚合度的控制，可调整黏度。采用纯甲基丙烯酸树脂作为修补材料时，浆体的黏度很小，但修补材料固化后收缩很大；增大修补材料黏度，收缩率减小。但是修补材料的黏度太大，不利于修补材料渗入裂缝内部，达不到修补的目的。可掺加无机改性剂来改善修补材料的收缩性能。掺加无机改性剂后，在20%掺加量内，修补材料的弯曲强度、粘结强度随掺量增加而提高，且断裂面也不是从修补材料处断开，而是从砂浆基相中断裂。这说明砂浆的界面粘结强度已完全超过了砂浆本身的抗折强度。同时，掺加无机改性剂可有效降低修补材料的成本。

9.5.2 修补砂浆的施工技术要求

（1）无机修补砂浆

① 混凝土路面的承载力应满足要求，若混凝土基层有缺陷，应进行灌浆修补。

② 修补时，应首先清理基面，除去松动颗粒，将混凝土路面打毛，达到粗糙、平整。

③ 施工现场隔天浇水润湿，使表面潮湿而无明水。

④ 配制修补砂浆，配制的材料量应合适，一次用完。

⑤ 在预修补的混凝土表面涂刷界面剂。

⑥ 在预修补的混凝土表面铺设修补砂浆，应适当振动、力求密实。

⑦ 修补工作完成后，保湿养护7d。

（2）聚合物改性水泥基修补砂浆

以水泥基单组分聚合物修补砂浆为例：

① 对施工部位进行清理，剔除疏松状残留物，然后用少量的水进行润湿。

② 检查修补材料，如粉料有较多结块，则不得使用。

③ 应根据搅拌机的容量选择每次加修补材料的数量。

④ 按照修补材料：水＝（7.5：1）～（8：1）的比例加水，搅拌3～5min。

⑤ 搅拌结束后，直接进行修补施工作业，于凝结时间内施工完毕，否则拌合物凝结无法施工。

⑥ 施工结束后，对施工部位加盖草袋，洒水养护2h。

⑦ 需在可工作时间内用完，一经稠化，不可重新加水搅拌使用。

⑧ 在较低温度下使用时，应覆盖保温并适当延长养护时间。

⑨ 应在干燥处保存，严禁受潮，最好一次用完。

⑩ 保质期为6个月，超过保质期时应重新进行性能检验，满足要求时方可重新使用。

（3）有机高分子修补砂浆

以环氧树脂修补施工为例：

① 混凝土基面应具有足够强度，不应粉化，否则在修补后，环氧树脂砂浆会脱落。

② 清理基面时，铲除松动砂浆、凿毛混凝土基面，使基面达到粗糙、平整，一般凿入5～19mm可满足要求。

③ 凿毛基面用工业吸尘器吸去灰尘。

④ 施工现场表面干燥后涂刷环氧树脂浆体底涂料。

⑤ 底涂料表面干后，涂刷环氧树脂砂浆。

⑥ 硬化浆体硬化后即可使用。

⑦ 施工温度以 10～30℃为宜。

⑧ 树脂浆液具有很强的粘结力和一定的腐蚀性，施工中必须注意避免浆液与人体直接接触，配制的工作要戴防腐口罩，以保证人的身体健康。

建筑砂浆基本性能试验方法标准

1 总　　则

1.0.1 为规范建筑砂浆性能的试验方法，提高砂浆试验精度和试验水平，并在检验或控制建筑砂浆的质量时采用统一的试验方法，制定本标准。
1.0.2 本标准适用于以无机胶凝材料、细集料、掺合料为主要材料，用于工业与民用建筑物和构筑物的砌筑、抹灰、地面工程及其他用途的建筑砂浆的基本性能试验。
1.0.3 按本标准进行砂浆性能试验时，除应符合本标准有关规定外，还应符合国家现行有关标准的规定。

2 术语和符号

2.1 术　　语

2.1.1 建筑砂浆　construction mortar

由水泥基胶凝材料、细集料、掺合料、水以及根据性能确定的各种组分按适当比例配合、拌制并经硬化而成的工程材料。分为施工现场拌制的砂浆或由专业生产厂生产的商品砂浆。

2.1.2 商品砂浆　ready-mixed mortar

由专业生产厂生产的湿拌砂浆或干混砂浆。

2.1.3 湿拌砂浆　wet-mixed mortar

水泥基胶凝材料、细集料、外加剂和水以及根据性能确定的其他组分，按一定比例在搅拌站经计量、拌制后，采用搅拌运输车运送至使用地点，放入专用容器储存，并在规定时间内使用完毕的砂浆拌合物。

2.1.4 干混砂浆　dry-mixed mortar

经干燥筛分处理的细集料与水泥基胶凝材料、以及根据性能确定的其他组分，按一定比例在专业生产厂混合而成，在使用地点按规定比例加水或配套液体拌合使用的干混拌合物。又称为干拌砂浆。

2.2 符　　号

A ——试件承压面积；

A_c——砂浆含气量的体积百分数；

A_p——贯入试针的截面积；

A_z——粘结面积：

E_m——砂浆弹性模量；

f_2——砂浆立方体试件抗压强度平均值；
$f_{m,cu}$——砂浆立方体试件抗压强度；
f_{mc}——砂浆轴心抗压强度；
f_{at}——砂浆拉伸粘结强度；
f_p——贯入阻力值；
K——换算系数；
N_p——贯入深度至 25mm 时的静压力；
N_u——试件破坏荷载；
N'_u——棱柱体破坏压力；
P——砂浆抗渗压力值；
t_s——砂浆凝结时间测定值；
W——砂浆保水率；
W_x——砂浆吸水率；
x——砂子与水泥的重量比；
y——外加剂与水泥用量之比；
ρ——砂浆拌合物的实测表观密度；
ρ_t——砂浆理论表观密度；
ε_{at}——相应为 t 时的砂浆试件自然干燥收缩值；
Δf_m——n 次冻融循环后的砂浆强度损失率；
Δm_m——n 次冻融循环后质量损失率。

3 取样及试样的制备

3.1 取 样

3.1.1 建筑砂浆试验用料应从同一盘砂浆或同一车砂浆中取样。取样量应不少于试验所需量的 4 倍。

3.1.2 施工中取样进行砂浆试验时，其取样方法和原则应按相应的施工验收规范执行。一般在使用地点的砂浆槽、砂浆运送车或搅拌机出料口，至少从三个不同部位取样。现场取来的试样，试验前应人工搅拌均匀。

3.1.3 从取样完毕到开始进行各项性能试验不宜超过 15min。

3.2 试样的制备

3.2.1 在试验室制备砂浆拌合物时，所用材料应提前 24h 运入室内。拌合时试验室的温度应保持在（20±5）℃。

注：需要模拟施工条件下所用的砂浆时，所用原材料的温度宜与施工现场保持一致。

3.2.2 试验所用原材料应与现场使用材料一致。砂应通过公称粒径 4.75mm 筛。

3.2.3 试验室拌制砂浆时，材料用量应以质量计。称量精度：水泥、外加剂、掺合料等为±0.5％；砂为±1％。

3.2.4 在试验室搅拌砂浆时应采用机械搅拌，搅拌机应符合《试验用砂浆搅拌机》（JG/T 3033）

的规定，搅拌的用量宜为搅拌机容量的 30%～70%，搅拌时间不应少于 120s。掺有掺合料和外加剂的砂浆，其搅拌时间不应少于 180s。

3.3 试验记录

3.3.1 试验记录应包括下列内容：

（1）取样日期和时间；

（2）工程名称、部位；

（3）砂浆品种、砂浆强度技术；

（4）试验依据；

（5）取样方法；

（6）试样编号；

（7）试样数量；

（8）环境温度；

（9）试验室温度、湿度；

（10）原材料品种、规格、产地及性能指标；

（11）砂浆配合比和每盘砂浆的材料用量；

（12）仪器设备名称、编号及有效期；

（13）试验单位、地点；

（14）取样人员、试验人员、复核人员。

4 稠度试验

4.0.1 本方法适用于确定配合比或施工过程中控制砂浆的稠度，以达到控制用水量的目的。

4.0.2 稠度试验所用仪器应符合下列规定：

（1）砂浆稠度仪：如图 4.0.2 所示，由试锥、容器和支座三部分组成。试锥由钢材或铜材制成，试锥高度为 145mm，锥底直径为 75mm，试锥连同滑杆的重量应为（300±2）g；盛载砂浆容器由钢板制成，筒高为 180mm，锥底内径为 150mm；支座分底座、支架及刻度显示三个部分，由铸铁、钢及其他金属制成；

（2）钢制捣棒：直径 10mm、长 350mm，端部磨圆；

（3）秒表等。

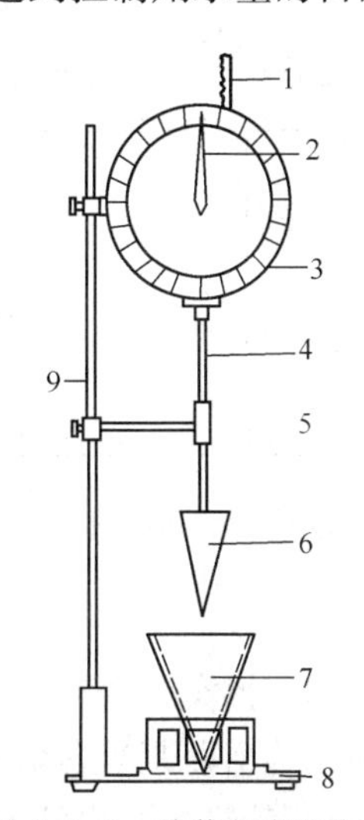

图 4.0.2 砂浆稠度测定仪
1—齿条测杆；2—摆针；3—刻度盘；4—滑杆；5—制动螺丝；6—试锥；7—盛装容器；8—底座；9—支架

4.0.3 稠度试验应按下列步骤进行：

（1）用少量润滑油轻擦滑杆，再将滑杆上多余的油用吸油纸擦净，使滑杆能自由滑动；

（2）用湿布擦净盛浆容器和试锥表面，将砂浆拌合物一次装入容器，使砂浆表面低于容器口约 10mm。用捣棒自容器中心向边缘均匀地插捣 25 次，然后轻轻地将容器摇动或敲击 5～6 下，使砂浆表面平整，然后将容器置于稠度测定仪的底座上。

（3）拧松制动螺丝，向下移动滑杆，当试锥尖端与砂浆表面刚接触时，拧紧制动螺丝，使齿条侧杆下端刚接触滑杆上端，读出刻度盘上的读数（精确至1mm）。

（4）拧松制动螺丝，同时计时间，10s时立即拧紧螺丝，将齿条测杆下端接触滑杆上端，从刻度盘上读出下沉深度（精确至1mm），即为砂浆的稠度值；

（5）盛装容器内的砂浆，只允许测定一次稠度，重复测定时，应重新取样测定。

4.0.4 稠度试验结果应按下列要求确定：

（1）取两次试验结果的算术平均值，精确至1mm；

（2）如两次试验值之差大于10mm，应重新取样测定。

5 表观密度试验

5.0.1 本方法适用于测定砂浆拌合物捣实后的单位体积质量（即质量密度）。以确定每立方米砂浆拌合物中各组成材料的实际用量。

5.0.2 表观密度试验所用仪器应符合下列规定：

（1）容量筒：金属制成，内径108mm，净高109mm，筒壁厚2mm，容积为1L；

（2）天平：称量5kg，感量5g；

（3）钢制捣棒：直径10mm，长350mm，端部磨圆；

（4）砂浆密度测定仪；

（5）振动台：振幅（0.5±0.05）mm，频率（50±3）Hz；

（6）秒表。

5.0.3 砂浆拌合物表观密度试验应按下列步骤进行：

（1）按本标准第4章的规定测定砂浆拌合物的稠度；

（2）用湿布擦净容量筒的内表面，称量容量筒质量 m_1，精确至5g；

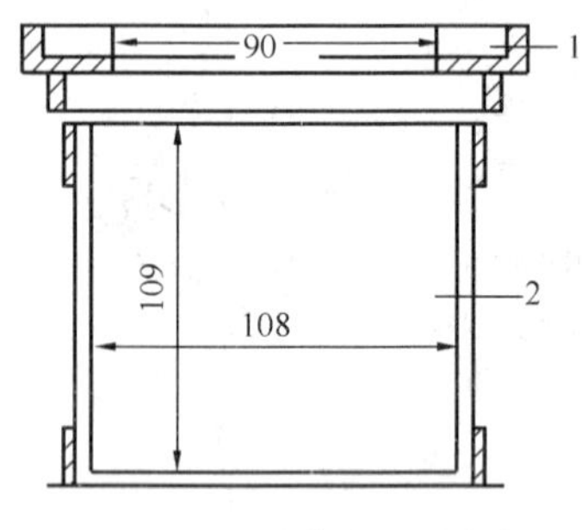

图5.0.3 砂浆密度测定仪
1—漏斗；2—容量筒

（3）捣实可采用手工或机械方法。当砂浆稠度大于50mm时，宜采用人工插捣法，当砂浆稠度不大于50mm时，宜采用机械振动法。

采用人工插捣时，将砂浆拌合物一次装满容量筒，使稍有富余，用捣棒由边缘向中心均匀地插捣25次，插捣过程中如砂浆沉落到低于筒口，则应随时添加砂浆，再用木锤沿容器外壁敲击5～6下。

采用振动法时，将砂浆拌合物一次装满容量筒连同漏斗在振动台上振10s，振动过程中如砂浆沉入到低于筒口，应随时添加砂浆。

（4）捣实或振动后将筒口多余的砂浆拌合物刮去，使砂浆表面平整，然后将容量筒外壁擦净，称出砂浆与容量筒总质量 m_2，精确至5g。

5.0.4 砂浆拌合物的表观密度应按下式计算：

$$\rho = \frac{m_2 - m_1}{V} \times 1000 \tag{5.0.4}$$

式中 ρ——砂浆拌合物的表观密度，kg/m^3；

m_1——容量筒质量，kg；

m_2——容量筒及试样质量，kg；

V——容量筒容积，L。

取两次试验结果的算术平均值，精确至 $10kg/m^3$。

注：容量筒容积的校正，可采用一块能覆盖住容量筒顶面的玻璃板，先称出玻璃板和容量筒质量，然后向容量筒中灌入温度为（20±5)℃的饮用水，灌到接近上口时，一边不断加水，一边把玻璃板沿筒口徐徐推入盖严。应注意使玻璃板下不带入任何气泡。然后擦净玻璃板面及筒壁外的水分，称量容量筒、水和玻璃板质量（精确至 5g)。后者与前者质量之差（以 kg 计）即为容量筒的容积（L)。

6 分层度试验

6.0.1 本方法适用于测定砂浆拌合物在运输及停放时内部组分的稳定性。

6.0.2 分层度试验所用仪器应符合下列规定：

(1) 砂浆分层度筒（见图 6.0.2）内径为 150mm，上节高度为 200mm，下节带底净高为 100mm，用金属板制成，上、下层连接处需加宽到 3～5mm，并设有橡胶热圈；

(2) 振动台：振幅（0.5±0.05）mm，频率（50±3）Hz；

(3) 稠度仪、木锤等。

6.0.3 分层度试验应按下列步骤进行：

(1) 首先将砂浆拌合物按稠度试验方法测定稠度；

(2) 将砂浆拌合物一次装入分层度筒内，待装满后，用木锤在容器周围距离大致相等的四个不同部位轻轻敲击 1～2 下，如砂浆沉落到低于筒口，则应随时添加，然后刮去多余的砂浆并用抹刀抹平；

(3) 静置 30min 后，去掉上节 200mm 砂浆，剩余的 100mm 砂浆倒出放在拌合锅内拌 2min，再按第 4 章稠度试验方法测其稠度。前后测得的稠度之差即为该砂浆的分层度值（mm)。

注：也可采用快速法测定分层度，其步骤是：(一）按第 4 章稠度试验方法测定稠度；(二）将分层度筒预先固定在振动台上，砂浆一次装入分层度筒内，振动 20s；(三）然后去掉上节 200mm 砂浆，剩余 100mm 砂浆倒出放在拌合锅内拌 2min，再按稠度试验方法测其稠度，前后测得的稠度之差即为该砂浆的分层度值。但如有争议时，以标准法为准。

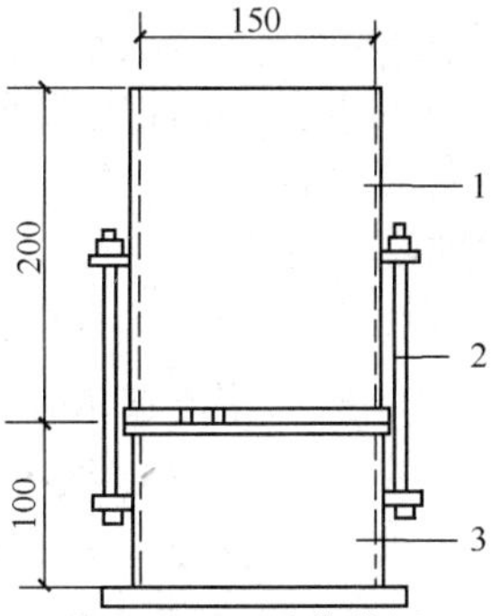

150
200
100
1
2
3

图 6.0.2 砂浆分层度测定仪

1—无底圆筒；2—连接螺栓；3—有底圆筒

6.0.4 分层度试验结果应按下列要求确定：

(1) 取两次试验结果的算术平均值作为该砂浆的分层度值；

(2) 两次分层度试验值之差如大于 10mm，应重新取样测定。

7 保水性试验

7.0.1 本方法适用于测定砂浆保水性，以判定砂浆拌合物在运输及停放时内部组分的稳定性。

7.0.2 保水性试验所用仪器应符合下列规定：

(1) 金属或硬塑料圆环试模，内径 100mm、内部高度 25mm；

（2）可密封的取样容器，应清洁、干燥；

（3）2kg 的重物；

（4）金属滤网：网格尺寸 45μm，圆形，直径为 110±1mm；

（5）超白滤纸，符合《化学分析滤纸》（GB/T 1914）中速定性滤纸。直径 110mm，$200g/m^2$；

（6）2 片金属或玻璃的方形或圆形不透水片，边长或直径大于 110mm；

（7）天平：量程 200g，感量 0.1g；量程 2000g，感量 1g；

（8）烘箱。

7.0.3 保水性试验应按下列步骤进行：

（1）称量下不透水片与干燥试模质量 m_1 和 15 片中速定性滤纸质量 m_2。

（2）将砂浆拌合物一次性填入试模，并用抹刀插捣数次，当填充砂浆略高于试模边缘时，用抹刀以 45°角一次性将试模表面多余的砂浆刮去，然后再用抹刀以较平的角度在试模表面反方向将砂浆刮平。

（3）抹掉试模边的砂浆，称量试模、下不透水片与砂浆总质量 m_3。

（4）用金属滤网覆盖在砂浆表面，再在滤网表面放上 15 片滤纸，用不透水片盖在滤纸表面，以 2kg 的重物把不透水片压着。

（5）静止 2min 后移走重物及不透水片，取出滤纸（不包括滤网），迅速称量滤纸质量 m_4。

（6）从砂浆的配比及加水量计算砂浆的含水率，若无法计算，可按 7.0.5 的规定测定砂浆的含水率。

7.0.4 砂浆保水性应按下式计算：

$$W=\left[1-\frac{m_4-m_2}{\alpha\times(m_3-m_1)}\right]\times100\% \tag{7.0.4}$$

式中 W——保水性（%）；

m_1——下不透水片与干燥试模质量，g；

m_2——15 片滤纸吸水前的质量，g；

m_3——试模、下不透水片与砂浆总质量，g；

m_4——15 片滤纸吸水后的质量，g；

α——砂浆含水率，%。

取两次试验结果的算术平均值作为砂浆的保水率，精确至 0.1%，且第二次试验应重新取样测定。当两个测定值之差超过 2%时，此组试验结果应为无效。

7.0.5 砂浆含水率测试方法

称取 100g 砂浆拌合物试样，置于一个干燥并已称重的盘中，在（105±5)℃的烘箱中烘干至恒重，砂浆含水率应按下式计算：

$$\alpha=\frac{m_6-m_5}{m_6}\times100$$

式中 α——砂浆含水率，%，砂浆含水率值应精确至 0.1%；

m_5——烘干后砂浆样本损失的质量，g；

m_6——砂浆样本的总质量，g。

8 凝结时间试验

8.0.1 本方法适用于用贯入阻力法确定砂浆拌合物的凝结时间。

8.0.2 凝结时间试验所用仪器应符合下列规定：

（1）砂浆凝结时间测定仪：如图 8.0.2 所示，由试针、容器、压力表和支座四部分组成，并应符合下列规定：

① 试针：不锈钢制成，截面积为 $30mm^2$；

② 盛砂浆容器：由钢制成，内径 140mm，高 75mm；

③ 压力表：称量精度为 0.5N；

④ 支座：分底座、支架及操作杆三部分，由铸铁或钢制成。

（2）时钟等

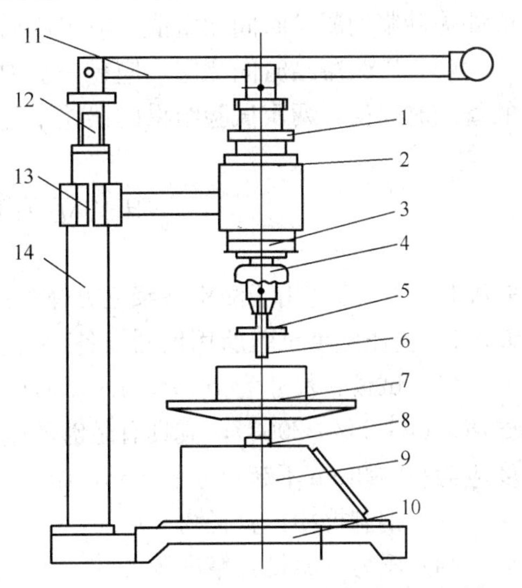

图 8.0.2 砂浆凝结时间测定仪示意图

1—调节套；2—调节螺母；3—调节螺母；4—夹头；5—垫片；6—试针；7—试模；8—调整螺母；9—压力表座；10—底座；11—操作杆；12—调节杆；13—立架；14—立柱

8.0.3 凝结时间试验应按下列步骤进行：

（1）将制备好的砂浆拌合物装入砂浆容器内，并低于容器上口 10mm，轻轻敲击容器，并予以抹平，盖上盖子，放在（20±2）℃的试验条件下保存。

（2）砂浆表面的泌水不清除，将容器放到压力表圆盘上，然后通过以下步骤来调节测定仪，

① 调节螺母 3，使贯入试针与砂浆表面接触；

② 松开调节螺母 2，再调节螺母 1，以确定压入砂浆内部的深度为 25mm 后再拧紧螺母 2；

③ 旋动调节螺母 8，使压力表指针调到零位；

（3）测定贯入阻力值，用截面为 $30mm^2$ 的贯入试针与砂浆表面接触，在 10s 内缓慢而均匀地垂直压入砂浆内部 25mm 深，每次贯入时记录仪表读数 Np，贯入杆离开容器边缘或已贯入部位至少 12mm。

（4）在（20±2）℃的试验条件下，实际贯入阻力值，在成型后 2h 开始测定，以后每隔半小时测定一次，至贯入阻力值达到 0.3MPa 后，改为每 15min 测定一次，直至贯入阻力值达到 0.7MPa 为止。

注：1. 施工现场凝结时间的测定，其砂浆稠度、养护和测定的温度与现场相同；

2. 在测定湿拌砂浆的凝结时间时，时间间隔可根据实际情况来定。如可定为受检砂浆预测凝结时间的 1/4、1/2、3/4 等来测定，当接近凝结时间时改为每 15min 测定一次。

8.0.4 砂浆贯入阻力值按下式计算：

$$f_p = N_p / A_p$$

式中 f_p——贯入阻力值，MPa；砂浆贯入阻力值应精确至 0.01MPa。

N_p——贯入深度至 25mm 时的静压力，N^2；

A_p——贯入试针的截面积，即 $30mm^2$。

8.0.5 由测得的贯入阻力值，可按下列方法确定砂浆的凝结时间。

（1）凝结时间的确定可采用图示法或内插法，有争议时应以图示法为准。

从加水搅拌开始计时，分别记录时间和相应的贯入阻力值，根据试验所得各阶段的贯入阻力与时间的关系绘图，由图求出贯入阻力值达到0.5MPa的所需时间 t_s（min），此时的 t_s 值即为砂浆的凝结时间测定值，或采用内插法确定；

（2）砂浆凝结时间测定，应在一盘内取两个试样，以两个试验结果的平均值作为该砂浆的凝结时间值，两次试验结果的误差不应大于30min，否则应重新测定。

9　立方体抗压强度试验

9.0.1 本方法适用于测定砂浆立方体的抗压强度。

9.0.2 抗压强度试验所用仪器设备应符合下列规定：

（1）试模：尺寸为70.7mm×70.7mm×70.7mm的带底试模，材质规定参照《混凝土试模》(JG 237—2008)，应具有足够的刚度并拆装方便。试模的内表面应机械加工，其不平度应为每100mm不超过0.05mm，组装后各相邻面的不垂直度不应超过±0.5°；

（2）钢制捣棒：直径为10mm，长为350mm，端部应磨圆；

（3）压力试验机：精度为1%，试件破坏荷载应不小于压力机量程的20%，且不大于全量程的80%；

（4）垫板：试验机上、下压板及试件之间可垫以钢垫板，垫板的尺寸应大于试件的承压面，其不平度应为每100mm不超过0.02mm。

（5）振动台：空载中台面的垂直振幅应为（0.5±0.05）mm，空载频率应为（50±3）Hz，空载台面振幅均匀度不大于10%，一次试验至少能固定（或用磁力吸盘）三个试模。

9.0.3 立方体抗压强度试件的制作及养护应按下列步骤进行。

（1）采用立方体试件，每组试件3个。

（2）应用黄油等密封材料涂抹试模的外接缝，试模内涂刷薄层机油或脱模剂，将拌制好的砂浆一次性装满砂浆试模，成型方法根据稠度而定。当稠度≥50mm时采用人工振捣成型，当稠度＜50mm时采用振动台振实成型。

① 人工振捣：用捣棒均匀地由边缘向中心按螺旋方式插捣25次，插捣过程中如砂浆沉落低于试模口，应随时添加砂浆，可用油灰刀插捣数次，并用手将试模一边抬高5mm～10mm各振动5次，使砂浆高出试模顶面6～8mm。

② 机械振动：将砂浆一次装满试模，放置到振动台上，振动时试模不得跳动，振动5～10秒或持续到表面出浆为止，不得过振。

（3）待表面水分稍干后，将高出试模部分的砂浆沿试模顶面刮去并抹平。

（4）试件制作后应在室温为（20±5)℃的环境下静置（24±2）h，当气温较低时，可适当延长时间，但不应超过两昼夜，然后对试件进行编号、拆模。试件拆模后应立即放入温度为（20±2)℃，相对湿度为90%以上的标准养护室中养护。养护期间，试件彼此间隔不小于10mm，混合砂浆、湿拌砂浆试件上面应覆盖以防有水滴在试件上。

（5）从搅拌加水开始计时，标准养护龄期应为 28d，也可根据相关标准要求增加 7d 或 14d。

9.0.4 砂浆立方体试件抗压强度试验应按下列步骤进行：

（1）试件从养护地点取出后应及时进行试验。试验前将试件表面擦拭干净，测量尺寸，并检查其外观。并据此计算试件的承压面积，如实测尺寸与公称尺寸之差不超过 1mm，可按公称尺寸进行计算；

（2）将试件安放在试验机的下压板（或下垫板）上，试件的承压面应与成型时的顶面垂直，试件中心应与试验机下压板（或下垫板）中心对准。开动试验机，当上压板与试件（或上垫板）接近时，调整球座，使接触面均衡受压。承压试验应连续而均匀地加荷，加荷速度应为每秒钟 0.25～1.5kN（砂浆强度不大于 2.5MPa 时，宜取下限，砂浆强度大于 2.5MPa 时，宜取上限），当试件接近破坏而开始迅速变形时，停止调整试验机油门，直至试件破坏，然后记录破坏荷载。

9.0.5 砂浆立方体抗压强度应按下式计算：

$$f_{m,cu} = K = \frac{N_u}{A}$$

式中 $f_{m,cu}$——砂浆立方体试件抗压强度，MPa；应精确至 0.1MPa。

N_u——试件破坏荷载，N；

A——试件承压面积，mm^2；

K——换算系数，取 1.35。

以三个试件测值的算术平均值作为该组试件的砂浆立方体试件抗压强度平均值（精确至 0.1MPa）。当三个测值的最大值或最小值中如有一个与中间值的差值超过中间值的 15%时，则把最大值及最小值一并舍除，取中间值作为该组试件的抗压强度值；如有两个测值与中间值的差值均超过中间值的 15%时，则该组试件的试验结果无效。

10 拉伸粘结强度试验

10.0.1 本方法适用于测定砂浆拉伸粘结强度。

10.0.2 试验条件标准试验条件为温度（23±5）℃，相对湿度 45%～75%。

10.0.3 试验仪器

（1）拉力试验机：破坏荷载应在其量程的 20%～80%范围内，精度 1%，最小示值 1N；

（2）拉伸专用夹具：符合《建筑室内用腻子》（JG/T 3049）的要求；

（3）成型框：外框尺寸 70mm×70mm，内框尺寸 40mm×40mm，厚度 6mm，材料为硬聚氯乙烯或金属；

（4）钢制垫板：外框尺寸 70mm×70mm，内框尺寸 43mm×43mm，厚度 3mm。

10.0.4 试件制备

10.0.4.1 基底水泥砂浆试件的制备

（1）原材料：水泥：符合 GB 175 的 42.5 级水泥；砂：符合 JGJ 52 的中砂；水：符合 JGJ 63 的用水标准。

（2）配合比：水泥∶砂∶水＝1∶3∶0.5（质量比）。

（3）成型：按上述配合比制成的水泥砂浆倒入70mm×70mm×20mm的硬聚氯乙烯或金属模具中，振动成型或用抹条刀均匀插捣15次，人工颠实5次，再转90°，再颠实5次，然后用刮刀以45°方向抹平砂浆表面；试模内壁事先宜涂刷水性脱模剂，待干、备用。

（4）成型24h后脱模，放入（20±2)℃水中养护6d，再在试验条件下放置21d以上。试验前用200#砂纸或磨石将水泥砂浆试件的成型面磨平，备用。

10.0.4.2 砂浆料浆的制备

（1）干混砂浆料浆的制备

① 待检样品应在试验条件下放置24h以上。

② 称取不少于10kg的待检样品，按产品制造商提供比例进行水的称量，若给出一个值域范围，则采用平均值。

③ 将待检样品放入砂浆搅拌机中，启动机器，徐徐加入规定量的水，搅拌3～5min。搅拌好的料应在2h内用完。

（2）湿拌砂浆料浆的制备

① 待检样品应在试验条件下放置24h以上。

② 按产品制造商提供比例进行物料的称量，干物料总量不少于10kg。

③ 将称好的物料放入砂浆搅拌机中，启动机器，徐徐加入规定量的水，搅拌3～5min。搅拌好的料应在规定时间内用完。

（3）现拌砂浆料浆的制备

① 待检样品应在试验条件下放置24h以上。

② 按设计要求的配合比进行物料的称量，干物料总量不少于10kg。

③ 将称好的物料放入砂浆搅拌机中，启动机器，徐徐加入规定量的水，搅拌3～5min。搅拌好的料应在2h内用完。

10.0.4.3 拉伸粘结强度试件的制备

将成型框放在按10.0.4.1条制备好的水泥砂浆试块的成型面上，将按10.0.4.2条制备好的干混砂浆料浆或直接从现场取来的湿拌砂浆试样倒入成型框中，用捣棒均匀插捣15次，人工颠实5次，再转90°，再颠实5次，然后用刮刀以45°方向抹平砂浆表面，轻轻脱模，在温度（23±2)℃、相对湿度60%～80%的环境中养护至规定龄期。每一砂浆试样至少制备10个试件。

10.0.5 拉伸粘结强度试验

10.0.5.1 拉伸粘结原强度试验

① 将试件在标准试验条件下养护13d，在试件表面涂上环氧树脂等高强度粘合剂，然后将上夹具对正位置放在粘合剂上，并确保上夹具不歪斜，继续养护24h。

② 测定拉伸粘结强度。其示意图如图10.0.5-1、10.0.5-2所示。

③ 将钢制垫板套入基底砂浆块上，将拉伸粘结强度夹具安装到试验机上，试件置于拉伸夹具中，夹具与试验机的连接宜采用球铰活动连接，以（5±1）mm/min速度加荷至试件破坏。试验时破坏面应在检验砂浆内部，则认为该值有效并记录试件破坏时的荷载值。若破坏形式为拉伸夹具与粘合剂破坏，则试验结果无效。

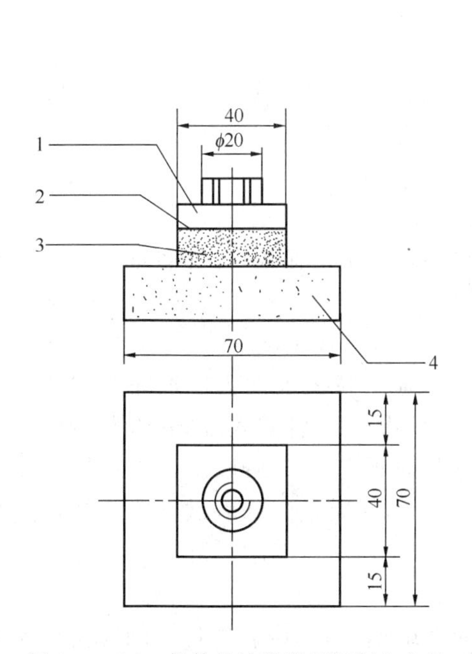

图 10.0.5-1 拉伸粘结强度用钢制上夹具

1—拉伸用钢制上夹具；2—粘合剂；
3—检验砂浆；4—水泥砂浆块

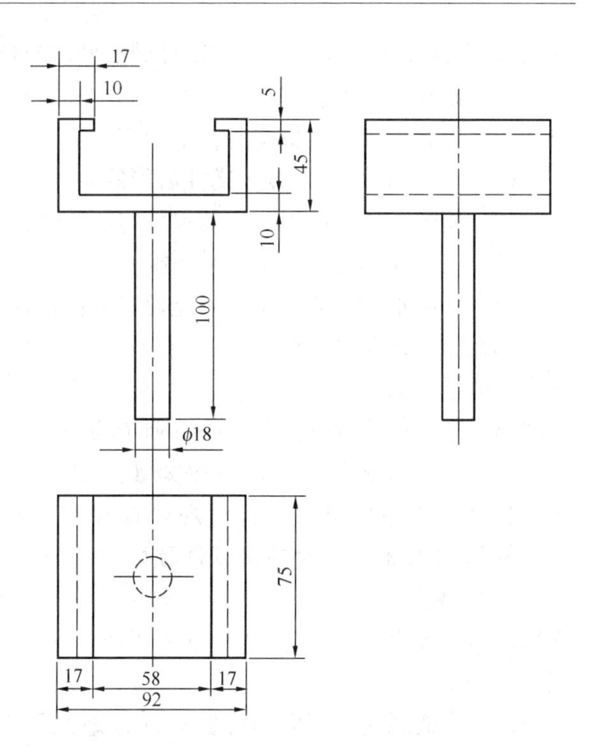

图 10.0.5-2 拉伸粘结强度用钢制下夹具

10.0.6 试验结果拉伸粘结强度应按下式计算：

$$f_{at}=\frac{F}{A_z} \tag{9.0.6}$$

式中 f_{at}——砂浆的拉伸粘结强度，MPa；

F——试件破坏时的荷载，N；

A_z——粘结面积，mm^2。

单个试件的拉伸粘结强度值应精确至 0.001MPa，计算 10 个试件的平均值，如单个试件的强度值与平均值之差大于 20%，则逐次舍弃偏差最大的试验值，直至各试验值与平均值之差不超过 20%，当 10 个试件中有效数据不少于 6 个时，取剩余数据的平均值为试验结果，结果精确至 0.01MPa。当 10 个试件中有效数据不足 6 个时，则此组试验结果无效，应重新制备试件进行试验。

10.0.7 有特殊条件要求的拉伸粘结强度，按要求条件处理后，重复上述试验。

11 抗冻性能试验

11.0.1 本试验方法适用于砂浆强度等级大于 M2.5 的试件在负温环境中冻结，正温水中溶解的方法进行抗冻性能检验。

11.0.2 砂浆抗冻试件的制作及养护应按下列要求进行：

（1）砂浆抗冻试件采用 70.7mm×70.7mm×70.7mm 的立方体试件，制备两组（每组三块），分别作为抗冻和与抗冻试件同龄期的对比抗压强度检验试件；

（2）砂浆试件的制作与养护方法同本标准第 9.0.3 条。

11.0.3 试验用仪器设备应符合下列规定：

（1）冷冻箱（室）：装入试件后能使箱（室）内的温度保持在－15～－20℃；

（2）篮框：用钢筋焊成，其尺寸与所装试件的尺寸相适应；

（3）天平或案秤：称量 2kg，感量 1g；

（4）溶解水槽：装入试件后能使水温保持在 15～20℃；

（5）压力试验机：精度 1%，量程能使试件的预期破坏荷载值不小于全量程的 20%，也不大于全量程的 80%。

11.0.4 砂浆抗冻性能试验应按下列步骤进行：

（1）试件如无特殊要求应在 28d 龄期进行冻融试验。试验前两天应把冻融试件和对比试件从养护室取出，进行外观检查并记录其原始状况，随后放入 15～20℃的水中浸泡，浸泡的水面应至少高出试件顶面 20mm，冻融试件浸泡两天后取出，并用拧干的湿毛巾轻轻擦去表面水分，然后对冻融试件进行编号，称其质量。冻融试件置入篮框进行冻融试验，对比试件则放回标准养护室中继续养护，直到完成冻融循环后，与冻融试件同时试压；

（2）冻或融时，篮框与容器底面或地面须架高 20mm，篮框内各试件之间应至少保持 50mm 的间距；

（3）冷冻箱（室）内的温度均应以其中心温度为准。试件冻结温度应控制在－15～－20℃。当冷冻箱（室）内温度低于－15℃时，试件方可放入。如试件放入之后，温度高于－15℃时，则应以温度重新降至－15℃时计算试件的冻结时间。从装完试件至温度重新降至－15℃的时间不应超过 2h；

（4）每次冻结时间为 4h，冻后立刻取出并应立即放入能使水温保持在 15～20℃的水槽中进行溶化。此时，槽中水面应至少高出试件表面 20mm，试件在水中溶化的时间不应小于 4h。溶化完毕即为一次冻融循环。取出试件，送入冻冷箱（室）进行下一次循环试验，以此连续进行直至设计规定次数或试件破坏为止；

（5）每五次循环，应进行一次外观检查，并记录试件的破坏情况；当该组试件 3 块中有 2 块出现明显破坏（分层、裂开、贯通缝）时，则该组试件的抗冻性能试验应终止；

（6）冻融试验结束后，将冻融试件从水槽取出，用拧干的湿布轻轻擦去试件表面水分，然后称其质量。对比试件提前两天浸水，再把冻融试件与对比试件同时进行抗压强度试验。

11.0.5 砂浆冻融试验后应分别按下式计算其强度损失率和质量损失率。

（1）砂浆试件冻融后的强度损失率应按下式计算；

$$\Delta f_{m} = (f_{m1} - f_{m2}) \times 100 / f_{m1} \quad (11.0.5\text{-}1)$$

式中 Δf_{m}——n 次冻融循环后的砂浆强度损失率，%；

f_{m1}——对比试件的抗压强度平均值，MPa；

f_{m2}——经 n 次冻融循环后的 3 块试件抗压强度平均值，MPa。

（2）砂浆试件冻融后的质量损失率应按下式计算：

$$\Delta m_{m} = (m_{0} - m_{n}) \times 100 / m_{0} \quad (11.0.5\text{-}2)$$

式中　Δm_m——n 次冻融循环后的质量损失率，以 3 块试件的平均值计算，%；

m_0——冻融循环试验前的试件质量，g；

m_n——n 次冻融循环后的试件质量，g。

当冻融试件的抗压强度损失率不大于 25%，且质量损失率不大于 5%时，则该组砂浆在试验的循环次数下，抗冻性能为合格，否则为不合格。

12　收缩试验

12.0.1　本方法适用于测定砂浆的自然干燥收缩值。

12.0.2　收缩试验所用仪器应符合下列规定：

(1) 立式砂浆收缩仪：标准杆长度为（176±1）mm，测量精度为 0.01mm（见图 12.0.2-1）；

(2) 收缩头：黄铜或不锈钢加工而成（见图 12.0.2-2）；

(3) 试模：尺寸为 40mm×40mm×160mm 棱柱体，且在试模的两个端面中心，各开一个 ϕ6.5mm 的孔洞。

12.0.3　收缩试验应按下列步骤进行：

(1) 将收缩头固定在试模两端面的孔洞中，使收缩头露出试件端面（8±1）mm；

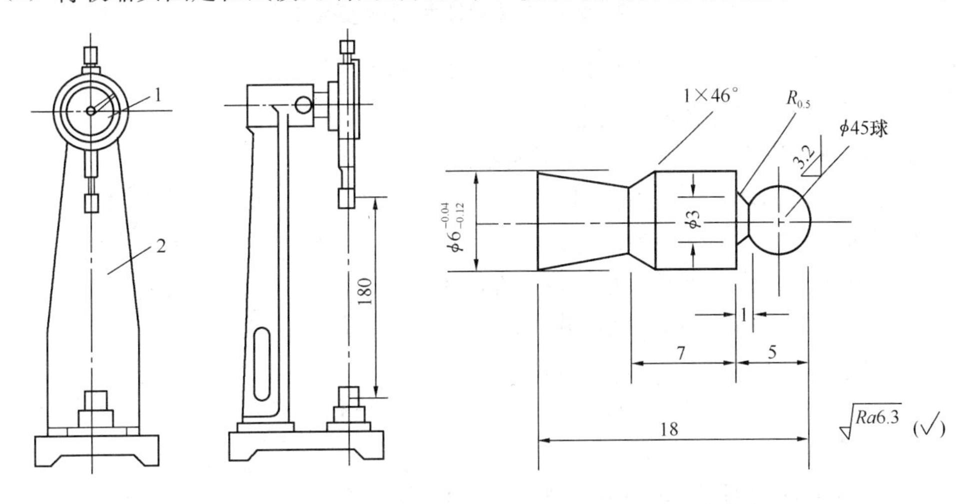

图 12.0.2-1　收缩仪（mm）

1—千分表；2—支架

图 12.0.2-2　收缩头（mm）

(2) 将拌合好的砂浆装入试模中，振动密实，置于（20±5)℃的预养室中，4h 之后将砂浆表面抹平，砂浆带模在标准养护条件（温度为（20±2)℃，相对湿度为 90%以上）下养护，7d 后拆模，编号，标明测试方向；

(3) 将试件移入温度（20±2)℃，相对湿度（60±5)%的测试室中预置 4h，测定试件的初始长度，测定前，用标准杆调整收缩仪的百分表的原点，然后按标明的测试方向立即测定试件的初始长度；

(4) 测定砂浆试件初始长度后，置于温度（20±2)℃，相对湿度为（60±5)%的室内，到第 7d、14d、21d、28d、56d、90d 分别测定试件的长度，即为自然干燥后长度。

12.0.4 砂浆自然干燥收缩值应按下式计算：

$$\varepsilon_{at} = (L_0 - L_t)/(L - L_d) \quad (12.0.4)$$

式中 ε_{at}——相应为 t 天（7、14、21、28、56、90d）时的自然干燥收缩值；

L_0——试件成型后 7d 的长度即初始长度，mm；

L——试件的长度 160mm；

L_d——两个收缩头埋入砂浆中长度之和，即（20±2）mm；

L_t——相应为 t 天（7、14、21、28、56、90d）时试件的实测长度，mm。

12.0.5 试验结果评定：

（1）干燥收缩值取三个试件测值的算术平均值，如一个值与平均值偏差大于 20%，应剔除，若有两个值超过 20%，则该组试件无效。

（2）每块试件的干燥收缩值取两位有效数字，精确至 10×10^{-6}。

13 含气量试验

13.0.1 砂浆含气量的测定有两种方法，一种是仪器法，一种是容重法，有争议时以仪器法为准。

13.1 砂浆含气量试验（仪器法）

13.1.1 本方法适用于采用砂浆含气量仪测定砂浆含气量。

13.1.2 试验所用仪器应符合下列规定：

（1）砂浆含气量测定仪：如图 13.1.2 所示。

（2）天平：最大称量 15kg，感量 1g。

13.1.3 含气量试验应按下列步骤进行：

（1）将量钵水平放置，将搅拌好的砂浆均匀地分三次装入量钵内，每层由内向外插捣 25 次，并用木锤在周围敲几下，插捣上层时捣棒应插入下层 10～20mm。

（2）捣实后刮去多余砂浆，用抹刀抹平表面，使表面平整无气泡。

（3）盖上测定仪量钵上盖部分，卡紧卡扣，保证不漏气。

（4）打开两侧阀门并松开上部微调阀，用注水器通过注水阀门注水，直至水从排水阀流出，立即关紧两侧阀门。

（5）关紧所有阀门，用气筒打气加压，再用微调阀调整指针为零。

（6）按下按钮，刻度盘读数稳定后读数。

（7）开启通气阀，压力仪示值回零，重复 13.1.3 的（5）～（7）的步骤，对容器内试样再测一次压力值。

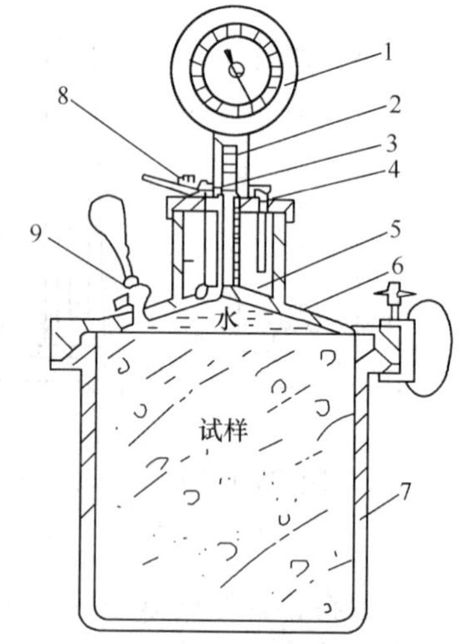

图 13.1.2 浆含气量测定仪

1—压力表 2—出气阀 3—阀门杆；4—打气筒；5—气室；6—钵盖；7—量钵；8—微调阀；9—水龙头

13.1.4 试验结果

（1）如二次测值的相对误差小于 0.2%，则取二次试验结果的算术平均值为砂浆的含气量，如二次的相对误差大于0.2%，试验结果无效。

（2）所测含气量数值<5%时，测试结果精确到0.1%；所测含气量数值≥5%时，测试结果精确到0.5%。

13.2 气量试验（容重法）

13.2.1 本方法是根据一定组成的砂浆理论密度与实际密度的差值确定砂浆中的含气量。理论密度通过砂浆中各组成材料的密度与配比计算得到，实际密度按本标准第5章测定。

13.2.2 砂浆实际密度的测定砂浆实际密度的测定应按本标准第5章的规定进行。

13.2.3 砂浆含气量应按下式计算：

$$A_c = \left(1 - \frac{\rho}{\rho_t}\right) \times 100 \tag{13.2.3-1}$$

其中：

$$\rho_t = \frac{1 + x + y + W_c}{\frac{1}{\rho_c} + \frac{x}{\rho_s} + \frac{y}{\rho_p} + W_c} \tag{13.2.3-2}$$

式中 A_c——砂浆含气量的体积体积百分数，%，应精确至0.1%；

ρ——砂浆拌合物的实测表观密度，kg/m^3；

ρ_t——砂浆理论表观密度，kg/m^3，应精确至$10kg/m^3$；

ρ_c——水泥实测表观密度，g/cm^3；

ρ_s——砂的实测表观密度，g/cm^3；

W_c——砂浆达到指定稠度时的水灰比；

ρ_p——外加剂的密度，g/cm^3。

x——砂子与水泥的重量之比；

y——外加剂水泥用量之比，当y小于1%时，可忽略不计。

砂浆含气量应精确至1%；砂浆理论密度应精确至$10kg/m^3$。

14 吸水率试验

14.0.1 本方法适用于测定砂浆的吸水率。

14.0.2 试验所用仪器应符合下列规定：

（1）天平：称量1000g，感量1g；

（2）烘箱；

（3）水槽。

14.0.3 吸水率试验应按下列步骤进行：

（1）按本标准第9章的规定成型及养护试件，第28d取出试件，在（105±5）℃温度下烘干（48±0.5）h，称其质量m_0，然后将试件成型面朝下放入水槽，下面用两根ϕ10mm的钢筋垫起。

（2）试件浸入水中的高度为35mm，应经常加水，并在水槽要求的水面高度处开溢水孔，以保持水面恒定，水槽应加盖，放入温度（20±3）℃，相对温度80%以上的恒温室中，但注意试件表面不得有结露或水滴，然后在（48±0.5）h取出，用拧干的湿布擦去表面水，称其质量m_1。

14.0.4 砂浆吸水率应按下式计算：

$$W_x = (m_1 - m_0)/m_0 \tag{14.0.4}$$

式中 W_x——砂浆吸水率，%；取3块试件的平均值，精确至1%；

m_1——吸水后试件质量，g；

m_0——干燥试件的质量，g。

15 抗渗性能试验

15.0.1 本方法适用于测定砂浆抗渗性能。

15.0.2 抗渗性能试验所用仪器应符合下列规定：

(1) 金属试模：上口直径70mm，下口直径80mm，高30mm的截头圆锥带底金属试模；

(2) 砂浆渗透仪

15.0.3 抗渗试验应按下列步骤进行：

(1) 将拌合好的砂浆一次装入试模中，用抹刀均匀插捣15次，再颠实5次，当填充砂浆略高于试模边缘时，用抹刀以45°角一次性将试模表面多余的砂浆刮去，然后再用抹刀以较平的角度在试模表面反方向将砂浆刮平，共成型6个试件。

(2) 试件成型后应在室温(20±5)℃的环境下，静置(24±2) h后脱模。试件脱模后放入温度(20±2)℃，湿度90%以上的养护室养护至规定龄期，取出待表面干燥后，用密封材料密封装入砂浆渗透仪中进行透水试验。

(3) 从0.2MPa开始加压，恒压2h后增至0.3MPa，以后每隔1h增加0.1MPa，当6个试件中有3个试件端面呈有渗水现象时，即可停止试验，记下当时水压。在试验过程中，如发现水从试件周边渗出，则应停止试验，重新密封。

15.0.4 砂浆抗渗压力值以每组6个试件中4个试件未出现渗水时的最大压力计算，应按下式计算：

$$P = H - 0.1 \tag{15.0.4}$$

式中 P——砂浆抗渗压力值，MPa，精确至0.1MPa；

H——6个试件中3个渗水时的水压力，MPa。

本标准用词说明

(1) 为便于在执行本标准条文时区别对待，对于要求严格程度不同的用词说明如下：

①表示很严格，非这样做不可的：正面词采用“必须”；反面词采用“严禁”。

②表示严格，在正常情况下均应这样做的：正面词采用“应”；反面词采用“不应”或“不得”。

③表示允许稍有选择，在条件许可时，首先应这样做：

正面词采用“宜”或“可”；反面词采用“不宜”。

(2) 条文中指明必须按其他有关标准执行的写法为：“应按……执行”或“应符合……要求（或规定）”。

参考文献

[1] 王培铭. 商品砂浆[M]. 北京：化学工业出版社，2008.

[2] 张雄，张永娟. 建筑功能砂浆[M]. 北京：化学工业出版社，2006.

[3] 王迎春，苏英，周世华. 水泥混合材和混凝土掺合料[M]. 北京：化学工业出版社，2011.

[4] 黄新友，高春华. 新型建筑材料及其应用[M]. 北京：化学工业出版社，2012.

[5] 张秀芳，赵立群，王甲春. 建筑砂浆技术解读470问[M]. 北京：中国建材工业出版社，2009.

[6] 王栋民，张琳. 干混砂浆原理与配方指南[M]. 北京：化学工业出版社，2010.

[7] 鞠丽艳，张雄. 系列粉煤灰干粉砂浆产品的组分及性能[J]. 粉煤灰综合利用，2002，(6).

[8] 秦翻萍. 建筑干混砂浆的生产工艺技术. 2004年中国国际干混砂浆生产应用技术研讨会论文集，2004.

[9] 刘江平，孙振平，蒋正武. 干粉砂浆的研制及机理[J]. 混凝土与水泥制品，2003，(4).

[10] 薛鹏万，韩建军. 商品干粉砂浆的研究与开发[J]. 建材技术与应用，2003，(4).

[11] 熊大玉. 国内减水剂新品种的研究与发展[J]. 混凝土，2001，(11).

[12] 徐立斌，丁银仙，董艺. 机制山砂在预拌砂浆中的应用技术研究[J]. 施工技术，2013，(11).

[13] 温艳芳. 建筑施工预拌砂浆应用技术[J]. 混凝土，2013，(5).

[14] 杨铮，郭文瑛，彭启冬. 高保水性砌筑水泥性能的研究[J]. 混凝土与水泥制品，2013，(1).

[15] 蒋青青，丁常正，孙寅斌. 预拌砂浆质量控制技术[J]. 墙体革新与建筑节能，2013，(1).

[16] 李楠楠，陈东，张颜科. 普通干粉砌筑砂浆的配制与性能研究[J]. 四川建材，2011，(5).

[17] 沙克. 浅谈预拌砂浆的发展[J]. 散装水泥，2011，(1).

[18] 初景峰，李家和，赵松安. 缓凝型保水增稠剂对预拌砂浆性能的影响[J]. 低温建筑技术，2010，(10).

[19] 詹镇峰，李从波，陈文钊. 纤维素醚的结构特点及对砂浆性能的影响[J]. 混凝土，2009，(10).

[20] 吴耀鸿，唐兵，刘继龙. 混凝土搅拌站生产预拌砂浆初探[J]. 商品混凝土，2009，(9).

[21] 郑旭. 水泥基修补砂浆的研究[D]. 北京工业大学硕士学位论文，2008.

[22] 王新民，薛国龙，何俊高. 干粉砂浆百问[M]. 北京：中国建筑工业出版社，2006.

[23] 王培铭，张国防，张永明. 聚合物干粉对水泥砂浆力学性能的影响[J]. 化学建材，2005，(8).

[24] 王培铭. 荐论干混砂浆的发展和聚合物干粉的作用. 2004年中国国际建筑干混砂浆生产应用技术研讨会论文. 2004.

[25] 吴科如，张雄. 土木工程材料[M]. 上海：同济大学出版社，2003.

[26] 张雄. 建筑功能外加剂[M]. 北京：化学工业出版社，2006.

[27] 尤大晋. 预拌砂浆实用技术[M]. 北京：化学工业出版社，2011.

[28] 预拌砂浆应用技术规范. JGJ/T 223—2010.

[29] 兰明章. 预拌砂浆实用检测技术[M]. 中国标准出版社，2008.

[30] 预拌砂浆生产与应用技术规程. DB51/T 5060—2013.

[31] 刘其城. 混凝土外加剂[M]. 北京：化学工业出版社，2009.

[32] 杨绍林. 建筑砂浆实用手册[M]. 北京：中国建筑工业出版社，2003.

[33] 王新民. 干粉砂浆添加剂选用[M]. 北京：中国建筑工业出版社，2007.

[34] 王培铭，李东旭. 商品砂浆的理论与实践[M]. 北京：化学工业出版社，2014.

[35] 赵春林，李北星. 生态干混砂浆[M]. 北京：化学工业出版社，2012.

[36] 苏德利．砂浆配合比设计手册[M]．北京：中国建筑工业出版社，2013.
[37] 王栋民，张琳．干混砂浆原理与配方指南[M]．北京：化学工业出版社，2010.
[38] 钱觉时．粉煤灰特性与粉煤灰混凝土[M]．北京：科学出版社，2002.
[39] 龚洛书，柳春圃．轻集料混凝土[M]．北京：中国铁道出版社，1996.
[40] 徐伟，苏宏阳，金福安．土木工程施工手册[M]．北京：中国计划出版社，2003.
[41] 朱维益，刘宪文，张玉凤．建筑施工便携手册[M]．北京：机械工业出版社，2003.
[42] 钱中秋．预拌砂浆中保水增稠剂的研究与应用[J]．墙体革新与建筑节能，2007，(12).
[43] 马一平．基于粉煤灰掺量的砂浆塑性收缩开裂本构关系的研究[J]．粉煤综合利用，2013，(6).
[44] 刘桂凤，李世超，秦彦龙．机制砂颗粒级配对砌筑干混砂浆力学性能的影响[J]．河南理工大学学报，2013，(6).
[45] 赖学全．聚丙烯纤维砂浆抗裂性能的实验研究[J]．江西建材，2014，(1).
[46] 代若奇，王日东．网络职能干混砂浆搅拌站[J]．工程机械，2014，(1).
[47] 张海忠，钟建军．浅析聚合物水泥砂浆使用性能及应用[J]．河南建材，2013，(6).
[48] 邱聪．可再分散乳胶粉对干混砂浆物理性能影响研究[J]．福建建材，2013，(9).
[49] 杨绍林．建筑砂浆实用手册[M]．北京：中国建筑工业出版社，2003.
[50] 王秀华．建筑材料[M]．北京：机械工业出版社，2005.